세계지도 속
환경 이야기

세계지도 속
환경 이야기

2025년 06월 26일 초판 01쇄 발행
2025년 10월 10일 초판 02쇄 발행

지은이 최원형

발행인 이규상 편집인 임현숙
편집장 김은영 책임편집 강정민
콘텐츠사업팀 강정민 정윤정 오희라 윤선애 오은서
디자인팀 최희민 두형주
채널 및 제작 관리 이순복 회계팀 김하나

펴낸곳 (주)백도씨
출판등록 제2012-000170호(2007년 6월 22일)
주소 03044 서울시 종로구 효자로7길 23, 3층(통의동 7-33)
전화 02 3443 0311(편집) 02 3012 0117(마케팅) 팩스 02 3012 3010
이메일 book@100doci.com(편집·원고 투고) valva@100doci.com(유통··사업 제휴)
블로그 blog.naver.com/100doci_ 인스타그램 @blackfish_book
X @BlackfishBook

ISBN 978-89-6833-501-3 03980
ⓒ 최원형, 2025, Printed in Korea

세계지도 속 환경 이야기

세계시민을 위한 80개 나라
지리X환경 일주

최원형 지음

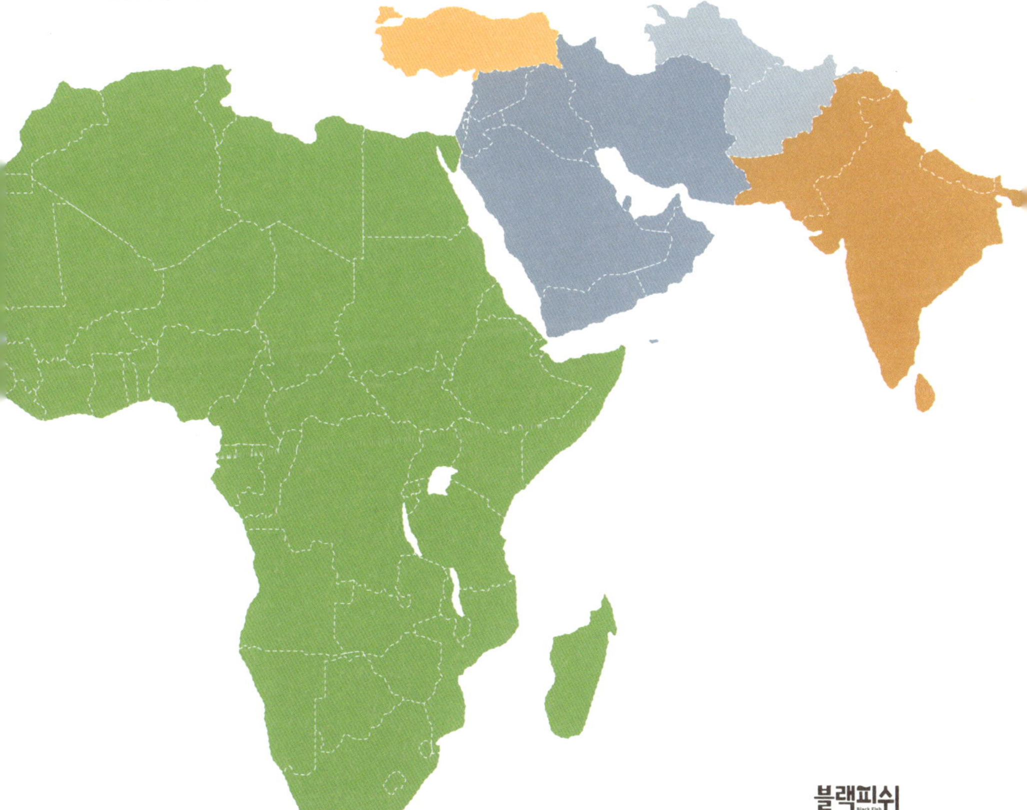

블랙피쉬
Black Fish

켄 사로 위와를 기억하며

　　어느 날 지방 강연을 마치고 플랫폼에서 서울행 기차를 기다리고 있을 때였어요. 시간 여유가 꽤 있던 터라 벤치에 앉아 책을 읽고 있는데 옆 선로로 기차 지나가는 소리가 들려요. 플랫폼에서는 늘 있는 일이죠. 그런데 기차가 계속 지나가고 있다는 느낌이 들었어요. 문득 궁금해져 고갤 들어 그 선로 쪽을 보니 승객이 아닌 컨테이너를 실은 화물 열차는 유난히 길게 느껴졌어요. 마침내 꼬리를 보이며 시야에서 사라질 즈음 대체 어떤 물건들로 저 많은 컨테이너가 채워졌을까 궁금했지요. 그 역은 경부선이 지나는 곳이었으니 컨테이너를 실은 기차의 종착지는 부산역이었을 겁니다. 부산에 도착한 킨테이너는 화물차에 실려 항구로 이동할 테고, 항구에서 배에 실릴 거예요. 배는 지구의 대양 위를 떠다니며 여러 나라의 항구에 들러 컨테이너를 내려놓을 거고요. 항구에 도착한 컨테이너는 또다시 기차나 화물 트럭에 실려 물건이 필요한 어딘가로 가겠지요.

차도 위에서 벌어지는 로드킬처럼 화물선에 고래, 상어 등 해양 동물이 치이는 일명 해상 로드킬 발생률도 증가하는 추세입니다. 무려 100톤 이상의 거대한 화물선들이 대양 위에서 원료와 물건을 싣고 떠다니고 있으니까요. 지구 반대 방향으로도 물건은 이동할 거고, 마지막 종착지가 우리 동네 마트일 수도 있어요. 이런 과정을 물류라고 해요. 화물 열차가 컨테이너를 줄줄이 매단 채 달리던 장면이 대단히 인상적이었어요. 보통 화물 열차는 30량쯤 되는데, 당시 봤던 화물 열차는 보통 화물 열차보다 2.5배 이상 많은 80량의 화물칸을 갖춘 '장대 화물 열차'로 길이가 무려 1.2km나 됩니다. 그러니 그토록 오래 역을 지나갔던 거였어요. 지구 곳곳으로 유통되고 소비하고 버려지는 수많은 물건의 시작점부터 끝점, 그러니까 한 물건의 생애 '전체'에 대해 궁금했던 게 그 무렵부터였던 것 같아요.

코로나19 팬데믹을 겪으며 지구가 거대한 하나의 물류 체인으로 연결돼 있다는 걸 우리는 생생하게 느낄 수 있었어요. 코로나가 급속도로 번지기 시작하면서 각 나라가 봉쇄에 들어갔을 때, 세계 곳곳에서는 더 이상 물건을 수입할 수 없는 상황이 왔어요. 경제 대국 1위인 미국에서는 휴지가 바닥이 나는 어처구니없는 일이 벌어졌지요. 2021년 수에즈 운하에 화물선이 끼는 사고가 발생하자 아시아와 유럽을 연결하는 물류가 일주일 동안 멈추면서 전 세계적인 물류 대란이 벌어진 거예요. 21세기에 들어서면서 해운 교통량이 전반적으로 증가하는 추세입니다. 2018년 유엔 무역개발회의 자료에 따르면 전 세계적으로 등록된 100톤 이상 대형 상선의 수는 9만 4,000척 이상으로 증가했어요. 그뿐만 아니라 앞으로 해운 교통량은 폭발적인 증가세를 보일 것으로 예상하지요. 물건의 이동은 단순히 상품을 소비한다는 것 이상의 의미를 내포하고 있어요. 상품 이면에 가려 보이지 않던 저렴한 자연과 저렴한 노동이 상품에 어떻게 켜켜이 스며 있는지, 수많은 상품은 왜 불평등의 결과인지 알게 될 거예요.

아프리카, 남아시아 그리고 남아메리카에 이르는 지구 남반구의 많은 나라가 저렴한 자연과 저렴한 노동의 출처입니다. 이들 나라는 과거에 제국주의와 식민주의를 거치면서 유럽을 비롯한 북반구로부터 착취와 약탈의 시기를 거쳤어요. 그런데 21세기에도 여전히 착취와 약탈의 시간은 지속되는 중이며 점점 불평등이 심화되고 있습니다. 전 세계 부의 고작 2%만을 소유한 전 세계 가난한 절반의 인구. 그들이 겪고 있는 불평등은 누구의 책임일까요? 지구 남반구에서 벌어지는 수많은 불행의 책임이 북반구 잘사는 나라의 풍요로운 소비와 밀접하다는 사실을 알고 나면 책임에서 결코 자유로울 수 없을 것 같아요.

생산하는 곳과 소비하는 곳을 가깝게 연결하는 문제는 비단 생태적인 측면에서뿐 아니라 사회적 측면, 나아가 민주적인 측면에서도 반드시 해결해야 할 문제라 생각합니다. 글로벌 공급망을 살펴보면 이토록 세계가 촘촘히 연결돼 있고 필요를 부추기는 수많은 상품이 세계를 뒤덮으면서도, 남반구 가난한 이들에겐 생필품조차 제대로 공급되지 못하는 모순이 그대로 드러납니다. 원인을 찾는다는 것은 해석의 영역입니다. 해석은 실천이 아니기에 문제를 해결할 수는 없어요. 그렇지만 남반구의 불평등한 현실을 들여다보고 그 문제에 대한 제대로 된 해석을 할 때 비로소 해결의 문이 열릴 거예요. 세계화에 반대하며 대안적인 운동으로 내세웠던 '이타적 보호무역주의'를 다시 제안해 보고 싶습니다. 자국의 이익만을 위한 것이 아니라 노동자의 권리를 보호하고 환경을 보존하는 공정한 무역이 절실한 시절이니까요.

그래서 저는 자료를 찾고 글을 쓰는 과정에서 만났던 한 사람을 기억하려 합니다. 나이지리아의 작가이자 인권·환경 운동가였던 켄 사로 위와(Ken Saro Wiwa)입니다. 저와 비슷한 이력을 지녔던 켄 사로 위와는 나이저 삼각주(Niger Delta)에서 오랫동안 살아온 오고니족 출신으로, 오고니족의 삶터인 나이저 삼각주에 원유가 유출되면서 땅이 오염되는 과정을 지켜보았어요. 유출로 오염을 시키고도 책임을 지지 않는 거대 석유 기업 '셸'의 부당함을 바로잡기 위해 사로 위와는 투쟁합니다. 그러나 셸은 책임을 지기는커녕 나이지리아 정부를 부추겨 켄 사로 위와를 비롯한 활동가들을 처형합니다. 자료를 찾으며 몇 번이나 가슴이 먹먹했고 그의 용기에 박수를 보냈어요. 사실 이런 일은 아프리카뿐 아니라 남반구 여러 나라에서 여전히 벌어지고 있거든요. 특히 아마존을 지키던 수많은 환경 활동가가 살해당했고 여전히 살해 협박에 시달리고 있어요.

이 책에 미처 싣지 못한 다양한 환경문제로 고군분투하는 세계 곳곳의 시민과 활동가들에게 미안한 마음이 큽니다. 인간의 욕망을 채우느라 서식지를 잃고 밀려난 수많은 생명에게도 애도의 마음을 보냅니다. 이 책이 지구 곳곳에서 벌어지는 수많은 환경문제에 독자들의 눈을 트이게 할 마중물 같은 역할을 했으면 좋겠습니다. 책과 함께 세계 곳곳에서 벌어지고 있는 더 많은 사례를 찾아보길 권합니다. 그리고 우리는 어떤 삶을 살아야 할지 사유해 보면 좋겠습니다. 남반구 시민들과도, 대대손손 지구에서 살아갈 미래 세대와도 유한한 지구 자원을 공유할 수 있는 방법을 찾는 길에 여러분을 초대합니다.

끝으로, 이 책을 꼼꼼히 읽어 오류를 바로잡아 주시고, 따뜻한 추천사까지 써 주신 성남고등학교 윤신원 선생님께 이 자리를 빌려 깊은 감사의 마음을 전합니다.

최원형

차 례

PART 1 _ 유럽과 러시아

PART 2 – 아프리카

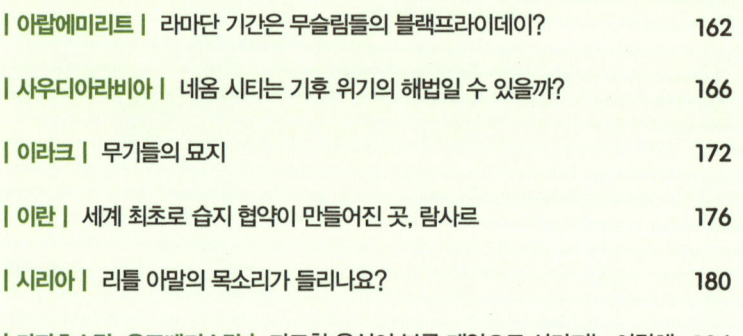

PART 3 – 서남아시아 · 중앙아시아

PART 4 – 남아시아 · 동남아시아

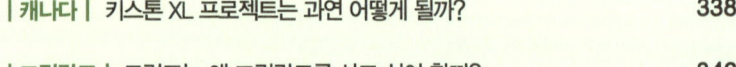

PART 7 _ 북아메리카·극지방

PART 8 _ 동아시아

PART 1

유럽과 러시아

유럽은 긴 시간 기후 위기에 한몫해 왔어요. 식민지 개척 이후 장기간에 걸쳐 아프리카의 자원과 노동력을 수탈했고, 산업혁명으로 환경오염을 가속화했습니다. 기후 파괴의 주범이지만, 이제는 그 피해를 직격으로 맞는 피해국이기도 해요. 한편 지구환경을 위해 여러 노력을 기울이는 유럽 내 국가도 많아지고 있어요. 유럽과 이웃한 러시아에는 종자 저장고도 있지요. 지리×환경 세계 일주, 유럽과 러시아로 먼저 떠나 볼까요?

노르웨이해

아이슬란드

아일랜드

영국

포르투갈

에스파냐

바렌츠해

노르웨이

스웨덴

핀란드

에스토니아

라트비아

리투아니아

덴마크

러시아

폴란드

벨라루스

독일

체코

슬로바키아

우크라이나

르크

스위스

오스트리아

헝가리

몰도바

슬로베니아

크로아티아

루마니아

보스니아
헤르체고비나

세르비아

이탈리아

코소보

불가리아

흑해

조지아

카스피해

몬테네그로

북마케도니아

아르메니아

아제르바이잔

알바니아

그리스

튀르키예

지중해

키프로스

노르웨이

기온 상승으로 바뀌는 수산물지도

#세계 최대 고등어 수출국   #해수 온도 상승   #남획

  어느 날부터 우리 식탁에 올라오는 국민 생선 고등어는 더 이상 우리 앞바다에서만 건져 올린 생선이 아닙니다. 멀리 북유럽 노르웨이에서도 많이 오더라고요. 고등어뿐일까요? 갈치는 세네갈, 문어는 모리타니, 홍어는 칠레에서 오지요. 오래도록 우리 식탁 위에 자주 오르던 생선들이 왜 먼 아프리카며 북유럽에서 오는 걸까요? 동해안에서 흔하던 오징어도 눈에 띄게 줄었고 명태는 이미 씨가 마른 지 오래되었어요. 갈치, 문어가 뒤따르고 있어요. 지구 기온이 상승하면서 바닷물 온도도 오르다 보니 수산물지도가 바뀌었기 때문이지요. 또 하나, 남획으로 물고기 씨가 마른 것도 수입에 의존하는 이유입니다. 직접 바다에 나가서 물고기를 잡는 어업 활동도 있지만 가둬 놓고 기르는 양식어업도 있지요. 그런데 해마다 폭염으로 양식장 물고기가 폐사하는 일도 늘고 있어요. 국내산을 구하는 일이 점점 어려워지자 비슷한 맛과 외형을 지닌 생선을 전 세계에서 수입합니다. 이렇게 수입할 경우 환율에 따라, 유가에 따라 가격 변동이 있을 거라서 물가에도 영향을 줄 수밖에 없어요. 우리 밥상의 자립이 절실합니다.

노르웨이 사람들은 먹고 남는 고등어를 수출하는 걸까요? 노르웨이는 연어, 대구 그리고 청어가 풍부한 어장을 갖고 있지요. 고등어는 사실 많이 잡히는 생선이 아니었어요. 그런데 1990년 후반부터 노르웨이에서 고등어가 늘어나더니 2010년 이후 폭발적으로 증가했어요. 노르웨이 주변 북유럽 바다의 기온이 상승하면서 고등어가 살기에 적당한 온도가 되었거든요. 정확히 말하면 고등어가 좋아할 만한 먹잇감이 기온 상승으로 증가한 겁니다. 고등어는 이동성이 무척 강한 어종이어서 먹이가 많은 바다로 몰리게 된 거고요. 그런데 고등어는 노르웨이 사람들이 흔히 먹는 생선이 아니다 보니 원치 않은 생선이 많이 잡히는 게 고민이 되었어요. 그러다 동아시아의 일본, 한국, 중국에서 고등어를 즐긴다는 사실을 알게 되었고, 마침 이 나라들의 바다에서 고등어 개체 수가 줄어드는 시기와 맞아떨어지면서 노르웨이는 세계 최대 고등어 수출국이 됩니다.

고등어가 많이 몰리니 노르웨이로서는 좋기만 한 걸까요? 고등어는 먹성이 아주 좋은 물고기예요. 동물성 플랑크톤, 작은 물고기 등 닥치는 대로 먹어 치우며 청어, 어린 대구 같은 다른 종과 경쟁하게 되었어요. 물고기뿐만 아니라 바닷새와 해양 포유류 역시 먹이를 놓고 고등어와 경쟁하는 관계가 되었지요. 생태계 균형에도 문제가 되고요. 노르웨이 사람들이 즐겨 먹는 생선에 피해를 줄 수밖에 없겠지요?

한편 바렌츠해 북쪽으로 고등어가 이동하면서 주변 나라들과 어획 할당량에 대한 분쟁이 발생하고 있어요. 고등어 개체 수가 갑자기 증가하면서 고등어 어획 할당량에 대한 국제적 합의가 없었기 때문입니다. 고등어가 이동할 때마다 해당 국가에서 많이 잡게 되면 남획에 따른 환경문제를 일으킬 수도 있고요. 우리 식탁 위에는 여전히 고등어가 오르지만 그 고등어는 그 고등어가 아니지요. 고등어 때문에 북유럽 여러 나라는 새로운 어업 협정에 합의가 필요한 시점입니다.

생각해 보기

• 또 어떤 해외 수산물이 우리 식탁에 오르고 있을까?

2024년, 영국 스코틀랜드 에이셔 지역의 한 농장에서 광우병이 발생했어요. 이미 폐사한 소를 검사한 결과 양성 진단이 나왔고 세계동물보건기구(WOAH)에 보고되었지요. 광우병은 바이러스가 아니라 프리온이라는 일명 '살인 단백질'이 일으키는 치명적인 질병입니다. 2008년 우리나라에서도 당시 이명박 정부가 미국산 소고기 수입 협상을 진행하면서 국민의 생명, 건강, 안전과 관련이 있는 정보를 투명하게 소통하지 않아 광우병 촛불로 한바탕 갈등을 겪기도 했어요. 미국에서 광우병이 발생한 뒤에 소고기를 수입하는 문제라 국민은 매우 민감한 상태였어서요. 먹을거리 문제는 곧 생명과 직결되는 문제니까요. 당시 협상 내용에는 '미국에서 광우병이 다시 발생한다고 해도 수입을 금지할 수 없다'는 내용이 담겨 있었지만, 이 내용을 국민에게 제대로 밝히지 않았어요. 결국 많은 시민이 광화문 광장에서 촛불을 들었고, '미국은 30개월령이 안

된 소에서 나온 소고기만 우리나라로 수출'하도록 기준을 수정했어요. 시민들 관심의 결과입니다.

광우병이 두려운 건 인간도 감염되기 때문입니다. 광우병을 일으키는 원인 단백질인 프리온이 인류 역사에 처음 등장한 것은 250여 년 전이었어요. 1765년 11월, 베네치아의 존경받던 한 의사가 사망하는데요. 이 의사는 이탈리아 명문 파도바 의과대학 출신으로, 1764년 여름부터 알 수 없는 불면증에 시달리다가 숨을 거둡니다. 프리온이 갉아 먹은 뇌로 숙면할 능력을 상실하고 기진맥진해서 죽음에 이르게 되었어요. 이후 이 의사의 후손들이 200여 년 넘게 비슷한 증세를 보이며 죽어요. 크로이츠펠트-야코프병이었어요. 의사가 죽을 무렵 양 떼도 원인을 알 수 없는 일로 쓰러져 갔어요. 양들은 꼬리와 등에 피가 나도록 바위나 벽을 긁어 대는 증상을 보이다 죽었는데, 그런 증상을 따서 이 질병에 스크래피라는 이름을 붙였어요. 그리고 1980년대 후반에 비슷한 증상이 소에게서 나타납니다. 광우병이었어요. 이처럼 사람, 양 그리고 소에게서 나타난 이 세 가지 질병을 일으키는 감염성 병원체는 무생물 단백질인 프리온이었어요. 프리온 자체는 정상 단백질이지만 이게 특정 요인에 의해 변형되면 치명적인 신경질환을 일으킵니다.

18세기 영국은 산업혁명과 이에 따른 인구 급증으로 더 많은 식량이 필요했어요. 당시 영국은 과학기술로 쌓은 인간의 지식과 이

성에 대한 자신감이 충분한 상태였지요. 이런 사회 분위기 속에서 영국의 한 축산업자가 적은 사료로 더 많은 양고기를 얻기 위해 기술을 도입해요. 원래 양은 몸집이 별로 크지 않았다고 해요. 그런데 이런 양을 머리가 작고 목은 짧으면서 다리는 가늘지만 가슴과 엉덩이는 엄청나게 큰 양으로 만들려고 한 것이죠. 결국 우수한 형질을 지닌 어미 양과 그 새끼를 교배해서 새로운 품종을 개발해요. 동종교배 기법이지요. 이로부터 30년 후 스크래피 증상이 나타나며 영국의 양들이 죽어 갑니다. 이게 프리온 질병의 원조 격입니다. 양뿐만 아니라 소한테도 인간의 자신감이 가닿아요. 더 많은 우유를 생산하기 위해 소를 비롯한 다른 동물을 갈아 넣은 동물사료를 소에게 먹인 거예요. 19세기 독일 화학자 폰 리비히는 가죽 공장에서 버려지는 소 사체에서 고단백 소고기 추출액을 뽑아 농축물을 만들었어요. 이걸 돼지에게 먹이기 시작했고, 소와 닭의 먹이로도 사용했어요.

파푸아뉴기니의 쿠루족에게서도 양에게서 나타난 스크래피 증상과 비슷한 증상이 나타났어요. 이 쿠루족의 증상은 죽은 친척의 시체를 나눠 먹으면서부터 시작되었어요. 인육의 풍습은 결국 인간을 병들게 했어요. 만약 인류 역사에 인육의 풍습이 있었어도 그 전통은 오래갈 수가 없었겠다 싶은 생각이 들지요?

광우병의 원인이 동물성 사료라는 게 밝혀지면서 여러 나라에서 동물사료를 금지하기 시작했어요. 초식동물에게 동물사료를 먹이는 일은 오랜 시간 동안 자리 잡은 자연의 질서를 넘어서는 행위지요. 프리온은 살아 있는 병원체가 아니라 그저 단백질일 뿐인데, 프리온 질병은 유전이 되기도 하고 프리온 단백질을 섭취하면서 전염되기도 하고 또 어떤 경우는 정말 운이 없어서 우연히 생기기도 해요. 이렇게 프리온이 다양한 방식으로 발병하는 일은 전례가 없는 일입니다. 물론 중요한 것은 우리가 넘지 말아야 할 선을 잘 지키는 일입니다.

생각해 보기

• 광우병 외에 인간이 걸릴 수 있는 동물 전염병에는 또 무엇이 있을까?

프랑스

전자제품 수리비와
의류 수선비를 지원한다고?

#수리 가능성 지수 #지속 가능 소비 #순환 경제

　　쓰레기를 줄이는 방법은 뭘까요? 가능하면 물건을 오래 사용하고 더 이상 사용이 어려울 때는 재활용하는 겁니다. 그런데 오래 사용하고 싶어도 고장이 나면 어떡할까요? 서비스센터에 가져가면 수리 비용이 많이 드는 반면, 새 제품은 계속 쏟아져 나오니까 굳이 낡은 물건에 돈을 쓰기보단 새 제품을 사려는 쪽으로 마음을 먹게 되지요. 그런데 만약 수리 비용이 부담스럽지 않다면 어떨까요? 고쳐 쓰고 싶은 생각이 들까요?

　　2019년에 유럽연합(EU)은 경제, 사회, 환경문제를 보다 나은 방향으로 해결하겠다는 의지의 표현으로 순환 경제로의 전환을 내세웠어요. 순환 경제란 선형 경제의 반대 개념이에요. 생산-소비-폐기를 거듭하며 계속 원료를 채굴하고 쓰레기를 생산하는 그런 경제가 아니라, 폐기 단계를 생산 단계와 연결해서 순환시키는 경제를 의미합니다. 2020년에는 '새로운 순환 경제 계획'을 발표하면서 '소비자 참여'와 '지속 가능한 소비 권리의 보장'을 이 계획에 포함했어요. 계속해서 새로운 자원을 채굴하고 생산하고 버리는 사회에서 벗어나 순환 경제로 전환하려면 소비자가 더욱 능동적으로 참여하고 역할을 해야 한다는 게 이 계획의 핵심 내용이었어요. 이전까지 순환 경제 실행 계획이 주로 폐기 이후의 관리에 초점을 맞춘 것과는 완전히 달라진 모습입니다.

순환 경제는 제품의 생산 단계에서 시작됩니다. 제품의 내구성을 높여서 오래 사용할 수 있고 수리가 쉽도록 설계하는 게 중요하니까요. 또 제품의 핵심 부품 확보를 의무적으로 지키도록 해서 사용 중 고장이 나더라도 사용자가 쉽게 수리해서 재사용이 가능하도록 시스템을 갖춰야 합니다. 수리가 도저히 불가능해서 폐기할 수밖에 없을 때는 제품을 쉽게 분해해서 부품을 다른 용도로 재활용할 수 있도록 재활용 시장을 만드는 일도 필요합니다. 결국 순환 경제의 핵심은 수리와 재사용이라는 걸 알 수 있어요. 수리는 단지 고장 났을 때 서비스센터에 찾아가 고치는 것만을 의미하지 않아요. 소비자가 스스로 제품을 고칠 권리도 필요하고요. 이러한 권리들을 충족시키려면 수리 과정이 쉬워야 해요. 제조사의 서비스센터뿐만 아니라 사설 수리 업체에서 수리할 권리도 필요합니다. 어디서든 수리가 편리하게 이루어지고 비용이 많이 들지 않는다면 사람들의 관심을 끌 수밖에 없어요.

2022년에 유럽연합 집행위원회에서는 '지속 가능한 제품 이니셔티브'를 발표해요. 현재 대부분의 전자제품과 자동차에는 에너지 효율 등급을 알리는 스티커가 붙어 있어요. 제품을 살 때 선택 기준의 하나가 되지요. 그런데 이제 유럽연합 시장에 출시되는 제품에는 에너지 효율성뿐 아니라 수리 가능성, 업그레이드 가능성, 내구성, 재활용성 등이 함께 고려되어야 합니다.

유럽연합 회원국 가운데 수리권 강화를 위한 입법을 가장 먼저 추진한 나라가 프랑스였어요. 2020년 2월 순환 경제를 위한 낭비 방지법을 제정했고, 다음 해인 2021년 1월부터 유럽 최초로 '수리 가능성 지수(repairability index)' 표시를 의무화했어요. 수리 가능성 지수는 수리 난이도, 부품 공급 원활 정도, 부품 가격 등에 따라 제품에 1점부터 10점까지 점수를 매기는 제도입니다. 일단 대상 제품은 소비자가 가장 많이 사용하는 휴대폰, 노트북, 세탁기, 텔레비전, 잔디 깎는 기계이고요. 이를 통해 전자제품 수리 비중을 높이는 게 목표입니다. 2022년 12월에는 전자제품 수리비를 일부 지원하고 2023년 10월부터는 의류 수선비도 지원하고 있어요. 의류에는 신발도 포함되는데요. 패션의 나라 프랑스에서 의류 수선비를 지원한다는 사실이 흥미롭습니다. 프랑스 생태전환부에 따르면 프랑스에서는 해마다 70만 톤의 옷이 버려지고 있고, 이 가운데 3분의 2를 매립합니다. 이런 상황에 의류 수선비 지원은 옷 폐기물을 줄이는 데

기여할 거라 생각됩니다. 수선하는 곳이 늘어날수록 일자리 창출에
도 도움이 됩니다. 프랑스 정부는 이뿐 아니라 2024년 1월부터 의
류 라벨에 물 소비량, 화학물질 사용량, 미세플라스틱 배출 위험도,
재활용 섬유 사용 여부 등을 상세히 적어 놓도록 규정하고 있어요.
이런 제도가 있다는 걸 알기만 해도 버리려던 옷을 수선해 볼까, 하
는 마음이 들지 않을까요? 제도가 오히려 환경문제에 관심을 갖게
만들고 경각심을 불러일으켜 실천을 독려할 수도 있을 것 같아요.

　　우리나라는 수리할 권리에 대한 법안을 논의조차 못 하고 있
어요. 언제쯤 실현될까요? 누가 움직여야 실현이 가능할까요? 수리권
을 요구하는 운동이 필요해 보이지 않나요?

생각해 보기

• 주변에서 '수리 가능성 지수'를 표시하면 좋을 물건이 있는지 찾아보자.

독일

판트하며 재활용률을 높이다

#판트   #재활용   #보증금 반환 제도

빈 병 보증금이라는 마크가 붙은 병을 들고 마트에 가서 교환해 본 적 있나요? 제가 사는 동네 마트에는 빈 병 무인 회수기가 있어요. 모은 병을 들고 가서 바코드를 찍으면 반환한 빈 병 개수와 보증금이 적힌 영수증이 출력됩니다. 그걸 들고 계산대에 가서 현금으로 돌려받아요. 이 돈은 보너스일까요? 보증금은 물건을 살 때 미리 용깃값을 지불하고, 나중에 돈을 돌려받는 거예요. 현재 우리나라에서는 맥주와 소주병에만 빈 병 보증금 제도를 시행하고 있어요. 왜 음료병이나 생수병에는 없을까요? 알루미늄 캔은요? 알루미늄은 원료인 보크사이트를 채굴한 뒤 여기에 여러 공정을 더해 만드는데요. 이 과정에서 생태계 파괴는 말할 것도 없고 무척 많은 에너지가 소비됩니다. 만약 재활용이 온전하게 이루어진다면 새로운 원료를 채굴하느라 자연 생태계가 망가지는 범위도 줄일 수 있고, 원료를 운반하거나 여러 공정에 사용되는 에너지도 많이 줄일 수 있을 겁니다.

　독일은 유리병뿐만 아니라 페트병과 캔에도 보증금 제도를
적용하고 있어요. 바로 보증금이라는 뜻의 판트(Pfand)입니다. 판트
는 재활용을 장려하고 폐기물을 줄이기 위해 고안된 보증금 반환
제도입니다. 독일은 2000년 이전부터 다회용 용기, 즉 재사용 가능
한 병에 대한 보증금 제도를 시행하고 있었어요. 그러다가 2003년
1월부터 쓰레기를 줄이고 재활용률을 높이기 위해 일회용 음료 용
기도 보증금 제도에 포함합니다. 대부분 미리 용깃값을 지불하고
음료를 사기 때문에 여러 병을 살 경우 보증금 또한 만만치 않은 금
액이어서 반환이 잘될 수밖에 없어요. 또한 이 제도를 통해 쓰레기
를 줄이고 자원 재활용이 잘 이루어지니 일석 몇 조인가요? 재사용
이 가능한 병의 경우 종종 유리 또는 두꺼운 플라스틱으로 만들어
요. 세척, 살균 과정을 거쳐서 유리는 최대 50회, 플라스틱은 최대
20회 재사용합니다.

　전 세계에서 독일이 가장 높은 재활용률을 자랑하는 건 바로
이런 판트 같은 제도 덕분입니다. 판트 병의 98% 이상이 반환되거든
요. 이렇게 높은 보증금 반환 제도가 시행될 수 있도록 전국에 있는
무인 회수기 4만 대가 원활하게 운영되기 때문에 누구나 편리하게 이
용할 수 있어요. 베를린에는 돈을 벌기 위해 빈 병을 모으는 이들도
있어요. 그런 사람들을 위해 쓰레기통 아래에 빈 병을 두는 센스가 발

휘된 장면을 만나기도 해요. 쓰레기통을 뒤지는 수고로움을 덜어 주려는 마음이 느껴졌어요. 반면 우리나라는 한국 자원순환보증금관리센터가 운영하는 국내 무인 회수기가 약 200대뿐입니다. 그것도 술병에 한해서만 보증금 제도가 운영되고 있고요. 재활용률을 높이기 위해서 우리나라의 제도가 어떻게 개선되어야 하는지 이미 롤 모델이 있지요? 우리들의 목소리가 필요할 것 같아요.

생각해 보기

• 보증금 제도는 병 외에 또 어떤 물건에 적용할 수 있을까?

유럽

체코

헝거 스톤, 기근을 기록한 돌

#열파　#헝거 스톤　#물 부족

　　20세기까지는 주로 남반구 국가들에서 벌어지던 기후 재난이 이제는 남반구, 북반구를 가리지 않고 일상다반사가 되었습니다. 2003년 유럽의 열파(여름철 수일 또는 수주간 이어지는 이상 고온 현상)로 7만 명이 넘는 사망자가 나왔던 건 매우 충격적인 일이었어요. 그전까지 유럽의 여름 기온이 그토록 올랐던 적이 거의 없었기에 폭염에 어떻게 대처해야 할지 몰라 사망자가 더 늘었던 거라고 해요. 이젠 해마다 여름이면 '올해가 역사상 가장 더운 해'라는 수식어가 붙습니다. 해마다 더 더워지고 있다는 뜻이지요. 유럽도 여름이면 폭염과 가뭄이 이어집니다. 그런데 강 수위가 낮아지며 강물 속에 잠겨 있던 돌이 드러났어요. 얼마든지 돌이 드러날 수 있지요. 그런데 어떤 돌에는 연도와 함께 짤막한 글귀가 새겨져 있기도 했는데요. 1947년, 1959년, 2003년, 2018년 등 유난히 가물었던 해를 새겨 놓은 헝거 스톤 이야기입니다. 유럽 내륙을 관통해 흐르는 라인

강, 엘베강 그리고 다뉴브강의 수위가 가뭄으로 낮아지면서 헝거스톤이 드러나기 시작했어요. 체코와 독일 사이를 흐르는 엘베강에는 1616년에 새겨진 돌이 발견되기도 했는데요. 이 돌에는 "Wenn du mich seehst, dann weine"이 새겨져 있어요. 번역하면 "내가 보이면 울어라"라는 섬뜩한 글귀였어요. 얼마나 가물었는지를 그 돌이 증명해 줘요. 비가 내리지 않아 농사를 망치게 됐고 많은 사람이 굶어 죽었다는 기록이니까요. 요즘이야 외국에서 식재료 수입도 가능하고, 가뭄이 더 심각해지면 국제적으로 도움받을 수도 있는 시대예요. 하지만 과거엔 어땠을까요? 그린 글귀를 새긴 사람은 어떤 심정으로 새겼을까요? 생각만으로도 슬퍼집니다.

한편 유럽 내륙을 흐르는 강은 중요한 물류 이동 통로이기도 해요. 가뭄으로 수위가 낮아지면 배에 신는 물건의 양을 줄일 수밖에 없겠죠? 많이 실으면 그만큼 흘수선(배가 물 위에 떠 있을 때 배와 수면이 접하는, 경계가 되는 선)이 내려가야 하는데 그렇게 되면 배 밑바닥이 강바닥에 닿아 배가 운항할 수 없으니까요. 외부에서 식량을 나눠 주고 싶어도 식량을 운송하는 일이 어려워진다면 어떻게 될까요? 한 번에 수송할 수 있는 양을 강물이 줄어서 두세 번 나누어 운송할 경우, 비용이 증가하고 운송 기간도 길어집니다. 강물에 의존하는 공장과 산업도 지장을 받을 수밖에 없고요. 습지나 호수, 강에 사는 어류, 조류, 수생 식물이 받는 스트레스는 또 어떨까요?

2050년쯤 되면 유럽 대부분 지역 특히 남부 지역은 만성적인 물 부족에 직면할 것으로 추정하고 있어요.

강물이 마르면서 강바닥에 있는 유물이 발견되는 일도 있었어요. 7,000년 전 에스파냐판 스톤헨지(영국 솔즈베리 근교에 있는 고대의 거석 기념물)와 청동기 시대 건물터, 그리고 네로 황제가 건설한 다리 등 인류 문화유산들이 가뭄으로 드러났어요. 세르비아 항구도시 프라호보 인근 다뉴브강에서는 제2차 세계대전 당시 침몰한 독일 군함 수십 척이 수면 위로 드러나기도 했어요. 중국 양쯔강도 가뭄으로 수위가 낮아지면서 600년 전 불상이 강바닥에서 모습을 드러내는가 하면, 늘 물에 잠겨 있는 세계 최대 석불인 러산대불의 받침대가 드러나기도 했어요. 비가 많이 올 때는 발까지 물에 잠기는데 받침대가 드러날 정도로 가뭄이 심각했던 거죠. 가뭄 끝에 기다리던 비가 내리는데 이번에는 너무 많은 비가 내려 홍수가 발생합니다. 불규칙한 기후 패턴 역시 기후 재난이지요. 헝거 스톤이 오늘 우리에게 주는 교훈을 잘 새겨야 할 것 같지요?

생각해 보기
- 우리나라에서 가뭄과 홍수가 자주 발생하는 지역은 어디인지 알아보자.

핀란드

중고 가게 많은 나라, 세계 행복 지수 1위 나라

#키르푸토리 #중고 가게 #재사용 #순환 경제

유엔 산하 자문 기구인 지속 가능 발전 해법 네트워크(SDSN) 는 해마다 세계 행복 보고서(World Happiness Report)를 발간합니다. 이 보고서에는 각 나라 국민 스스로가 자신의 삶의 질을 평가하는 주관적 행복도를 측정한 행복 지수를 실어요. 국내총생산(GDP), 기대 수명, 사회적 지지, 자유, 부정부패, 관용 등 여섯 개 항목의 3년간 자료를 토대로 행복 지수를 산출한 뒤, 순위를 매깁니다. 행복에 왜 순위를 매기냐며 동의하지 못할 사람도 분명히 있을 거예요. 그럼에도 행복 지수에 관심이 가는 것은 행복한 삶이 가능하려면 어떤 부분이 충족되어야 하는지 나름의 기준을 항목들을 통해 엿볼 수 있기 때문입니다. 핀란드는 2024년까지 7년 동안 1위 자리를 지키고 있고 유럽 여러 나라가 행복 지수 상위권을 휩쓸고 있어요.

핀란드 하면 행복이 연결되는 이미지이기에 핀란드 사람들은 늘 행복한 삶을 살아왔을 것 같지만 사실 핀란드의 역사를 살펴보면 행복과는 거리가 멉니다. 일제강점기를 거쳐 독립한 이후 한국전쟁을 치렀던 우리와 비슷한 역사가 있거든요. 핀란드는 오랜 시간 스웨덴과 제정 러시아의 식민 지배를 받았어요. 1917년 러시아 혁명 후 독립을 이뤄 냈지만 1939년 소련(소비에트 연방)의 침공을 받아요. 이런 핍박의 시간을 거치며 핀란드 사람들에게 검소한 삶은 몸에 배었다고 해요. 물질적으로 경제적 생활 수준이 우리보다 특별히 더 높은 것도 아니고 군사적으로 러시아와 국경을 맞대고 있는 등 강대국의 위협이 늘 상존하고 있지요. 겨우 100여 년의 역사에 자원이 풍부한 것도 아닌데 핀란드 국민은 어째서 이토록 행복하다고 생각하는 걸까요?

핀란드에는 중고 가게가 정말 많아요. 키르푸토리(kirpputori)라고 쓴 간판을 자주 보게 되는데요. 핀란드어로 벼룩시장, 중고 가게란 뜻입니다. 물가가 비싼 핀란드에서 좋은 물건을 저렴하게 고를 수 있는 곳이 바로 키르푸토리거든요. 중고 가게가 많다는 것은 이용자가 많다는 뜻입니다. 카페만큼이나 많아서 볼일 중간에 시간이 남을 경우 중고 가게에 들어가 필요한 물건을 살필 수도 있다고 해요. 우리나라에도 녹색 가게, 아름다운 가게, 굿윌스토어 등의 중고 가게가 있지만 드물어 접근이 쉽지 않아요.

핀란드 사람들이 연간 사용하는 비닐봉지 개수가 화제가 되었던 적이 있어요. 2019년 기준 1인당 68개로 2025년까지 40개로 줄이는 걸 목표로 하고 있어요. 한국환경공단의 자료에 따르면 같은 시기 우리나라 평균 비닐봉지 사용량은 약 414장으로 OECD 평균보다 훨씬 높은 편입니다. 핀란드인의 환경 인식 수준은 높습니다. 많은 공중화장실에 다회용 리넨 타월이 있어요. 사용한 부분은 기계로 들어가 자동 살균되면서 몇 번이고 사용 가능합니다. 핀란드는 삼림이 풍부해서 제지 산업이 발달한 나라인데도 종이 타월 대신 리넨 타월을 선호합니다. 반면 천연 펄프를 100%는 수입하는 우리는 종이 타월이나 핸드드라이어를 많이 사용합니다. 공중화장실에서 "한 장이면 충분합니다"라는 문구가 붙어 있는 장면을 종종 목격할 수 있는데요. 한 장을 사용하는 사람들이 대다수라면 굳이 붙여 놓을 이유가 없지 않을까요?

핀란드에도 독일 판트 같은 제도가 있어요. 빈 병뿐 아니라 캔과 페트병까지 보증금 제도에 포함하고 있지요. 유럽 최대 철강 제조 기업인 오우토쿰푸(OutoKumpu)는 지속 가능한 철강업을 주도하고 있어요. 2022년 기준 재생 원료 사용률이 94%였고요. 생산 공정에서 발생하는 철강 슬러그와 쇳가루 등을 건설자재 원료로 100% 재사용하고 있어요. 요하 에르킬라 오우토쿰푸 부사장은 2023년 핀란드 헬싱키에서 열린 세계 순환 경제 포럼에서 "오우토쿰푸는 철강 회사가 아닌 재활용 회사"라면서 기업의 순환 경제 실천 철학을 강조했어요. 탄소 배출을 줄이는 계획도 꼼꼼하고 확실하게 세우고 있더군요. 피스카스(FISKARS) 기업은 1649년에 설립되어서 300년 넘게 가위를 비롯한 절단 도구를 만들어 온 핀란드의 유서 깊은 대표 기업인데요. 로열 덜큰, 로열 코펜하겐, 웨지우드 등의 브랜드들이 이 회사의 자회사입니다. 기업의 중고 제품을 사고파는 빈티지숍을 운영하고 사용 중인 프라이팬에 코팅과 세척 서비스를 제공합니다. 새로 사지 말고 오래 사용하라는 의미겠지요? 그뿐 아니라 재사용 원료나 생분해성 원료로 만든 제품을 개발하며 원료를 회수해서 재활용률을 높여 제품 생산부터 유통에 이르는 과정에서 발생하는 쓰레기를 줄이려 노력하는 기업입니다. '환경을 생각하는 기업이라면 이래야 한다'는 당위를 실천하는 기업이 가능하다는 걸 보여 주는 사례이지요.

이런 기업이 핀란드에서 생겨날 수 있는 배경이 저는 행복 지수와 관련이 있다고 생각합니다. 핀란드 사람들에게는 '보통 사람들의 법칙'이라는 게 있어요. 모든 사람은 평등하고 평범하다는 생각이지요. 그리고 틀림과 다름의 의미를 명확하게 구분하고 타인의 취향을 존중하며 무엇보다 다른 사람의 인생에 크게 관심이 없고 자기 인생을 살아요. 자신의 취미가 소중한 삶이라고 생각해 보면 어때요? 핀란드는 잘 알려져 있듯이 복지 국가인데요. 이 복지에 드는 비용은 많은 세금이 있어서 가능합니다. 부자들은 기꺼이 많은 세금을 내고요. 내 형편이 어렵다면 국가의 복지 혜택을 누리면 그뿐이에요. 제가 청소년 대상 강의를 다니다 보면 꿈이 건물주, 돈 많은 백수라는 학생들을 어렵지 않게 만납니다. 노력하지 않고 편안히 살겠다는 발상인데요. 이 나라 기성세대의 책임이 크다고 생각합니다. 핀란드에서는 노동을 하지 않고 벌어들인 소득에 어마어마한 세금이 부과됩니다. 기업을 운영하면서도 환경을 생각하고, 남이 가진 게 부러운 게 아니라 내가 어떤 취미를 즐기며 인생을 행복하게 살 것인가를 고민하는, 그런 삶의 철학을 우리라고 꿈꾸지 못할 이유가 있나요?

생각해 보기

• 재활용 등 순환 경제를 실천하는 기업엔 또 어느 곳이 있을지 찾아보자.

스웨덴

도시 전체가 이사하는 키루나

#철광석   #채굴   #싱크홀   #키루나 포털

물건 하나가 세상에 나오려면 그걸 만드는 데 필요한 자원을 지구에서 채굴해야 합니다. 우리는 채굴한다는 의미를 이해는 하지만 실제로 가까이에서 본 적이 별로 없어요. 그래서 채굴로 인해 생길 문제에 대해 상상을 잘 못 합니다.

스웨덴 최북단에 있는 도시 키루나에는 철광석이 무척 풍부하게 매장돼 있어요. 철광석은 자동차, 건물, 철도, 기계 등 모든 산업에 빠질 수 없는 매우 중요한 자원이지요. 1900년대부터 스웨덴 국영 광산 기업인 LKAB는 키루나에 매장된 철광석을 캐내기 시작합니다. 유럽 최대 철광석 회사라는 수식어답게 어마어마한 철광석을 채굴했어요. 해마다 키루나에서 2,600만 톤의 철광석을 캐냈는데, 이는 날마다 에펠탑 여섯 개를 만들 수 있는 분량이었어요. 100년쯤 채굴하고 나자 땅이 가라앉기 시작합니다. 2004년부터는 깊이 1,400m까지 내려가며 채굴을 하는데, 문제는 도심과 거리가 겨우 2~3km밖에 떨어져 있지 않은 가까운 곳에 광산이 있다는 거예요. 도시 곳곳의 땅에 금이 가고 싱크홀이 생겼어요. 일부 건물에서 균열이 보이고 붕괴 전조 현상이 발생했고요. 그렇다고 철광석 채굴을 당장 멈추라고 요구할 수도 없어요. 북극권 한계선에서 145km 떨어진 키루나에 사람이 살게 된 게 광산이 개발되면서였고, 주민 상당수가 LKAB와 직접 혹은 간접적으로 관계를 맺고 살아가고 있으니까요. 더구나 유럽에서 나는 철광석의 90%가 키루나에서 생산되니 채굴을 멈추는 결정은 거의 불가능한 일이겠지요.

　　여러 방법을 의논하던 끝에 2035년까지 도심 전체를 이주하기로 결정합니다. 구도심에서 대략 3km 떨어진 곳으로 새 도심을 현재 조성하는 중입니다. 1912년에 지어진 키루나 교회는 키루나의 상징적인 건축물로 무척 아름다운 붉은색 목조 건물이에요. 교회 건물은 여러모로 보전 가치가 있어 부술 수가 없었어요. 해체 후 재조립도 어렵다는 판단이 내려지자 통째 옮기는 걸로 결론이 났어요. 이 교회를 옮기기 위해 길도 새로 내야 하고 대형 트레일러도 구해야 하는 등 준비할 것도 많아요. 2026년에 교회를 옮길 예정이라고 하니 어떻게 무사히 잘 옮겨질지 벌써 궁금해집니다. 이주에 들어갈 비용 등 보상을 LKAB에서 충분히 하기로 했지만 아무리 충분한 보상이어도 오래도록 살던 곳을 떠나 새로운 곳으로 가는 일에는 크나큰 상실감이 따를 거예요. 특히 나이가 많은 이들일수록 더 그런 마음이겠지요.

2035년까지 도시 이주를 마무리 지을 예정인데, 철도역, 시청 등 주요 건물 20여 개는 그대로 분해해서 새 도심에 옮겨 조립하기로 했어요. 시청 지붕 위에 있던 철 시계탑도 그대로 가져와 새 광장에 두기로 했고요. 키루나시는 헐린 집에서 나온 여러 건축 자재를 모아 두고 누구든 가져다 재활용할 수 있도록 키루나 포털을 만들었어요. 쓰레기와 비용을 줄이려는 면도 있지만 과거의 기억을 공유하려는 의도도 있답니다.

우리나라는 아파트를 30년만 되면 부수고 새로 짓습니다. 그래서 안전진단 결과에서 가장 낮은 등급을 받으면 환영하는 현수막을 걸곤 해요. 얼른 부수고 새 아파트로 돈을 벌겠다는 심리가 아니고서는 도무지 이해할 수 없는 행태입니다. 콘크리트 건물은 100년을 갈 수 있다고 하지만 그걸 지키는 걸 한국 땅에서 본 기억은 별로 없어요. 새로 지으면서 버려지는 건축 폐기물이 전체 폐기물 가운데 가장 많은 부분을 차지하고 더 이상 쓰레기를 매립할 땅은 부족한데도 우리는 왜 이토록 낭비를 하는 걸까요? 아파트와 30년을 함께 살면서 아름드리가 된 나무들이 속절없이 사라지고 나서 그곳에 깃들어 살던 새들이며 동물들을 기억하는 사람들은 몇이나 될까요? 마을이나 도시는 단지 그곳을 채우고 있는 건물만을 의미하는 건 아니잖아요? 그 안에 살아가는 사람과 동식물의 관계, 그리고 기억이 모두 합쳐진 게 마을이고 도시 아닐까요? 비록 시작은 광산으로 인한 구도심의 훼손 때문이었지만, 이주 과정을 보면 키루나시의 결정이 우리에게 던지는 메시지는 결코 가볍지 않은 것 같아요.

생각해 보기

• 우리나라는 건축 폐기물을 어떻게 처리하고 있을까?

에스파냐
백색혁명으로 고통받는 유럽의 채소밭

ESPAÑA

　　국제우주정거장에서 에스파냐 알메리아 남서쪽 해안 평야 지
대를 찍은 사진 두 장이 공개되었는데요. 1974년과 2004년 이렇게.
30년의 시차를 두고 찍은 사진 속 풍경은 매우 달랐어요. 10년이면
강산도 변한다는데 한 세대가 바뀔 시간이니 당연한 변화죠. 그런데
30년 전 초록색이던 곳이 온통 하얀색으로 바뀌었어요. 하얀색은 바
로 비닐하우스였습니다. 비닐은 플라스틱이잖아요. 이렇게 우주에서
지구를 보면 플라스틱 지구로 보이는 면적이 꽤 된다고 해요. 튀르키
예, 중국 그리고 남미 에콰도르의 안데스산맥 고지대에 위치한 카얌
베 계곡에서도 하얀색이 보입니다. 전 세계에서 비닐하우스가 가장
많은 나라는 중국으로 농경지의 3%에서 비닐하우스 농사를 짓고 있
다는 보도가 있어요. 중국에 이어 비닐하우스가 많은 나라가 에스파
냐이고 우리나라와 튀르키예가 뒤를 잇습니다.

　　에스파냐 알메리아의 비닐하우스 밀도는 세계에서 중국 다음

으로 높은 곳입니다. 이곳에서 생산한 과일과 채소의 80%가량은 유럽으로 갑니다. 연중 일조량은 평균 3,000시간이 넘어요. 참고로 우리나라는 2,219시간이 조금 넘어요. 그러니 알메리아는 일조량이 무척 좋은 곳이지요. 그래서 겨울에도 농사가 가능합니다. 알메리아는 건조하고 더운 날씨로 사람이 살기 힘든 곳이어서 에스파냐 50개 주 가운데서 가장 가난한 지역이었어요. 그런데 1970년대부터 하우스 농업을 시작하면서 도시가 활기를 띠기 시작합니다. 1950년대 미국에서 개발된 비닐하우스 농사는 농작물을 재배할 수 있는 기간을 늘려 주고 온도와 습도를 조절할 수 있어 결국 수확량을 늘리는 게 가능해졌어요. 비닐하우스 농사가 불러온 농산물 증산 효과를 '백색혁명'이라 부르기도 합니다. 강우량이 연중 200mm 정도밖에 안 되어 물 공급이 관건이었는데 비닐하우스가 어느 정도 그 문제를 해결해 주었을 겁니다. 그럼에도 농사에는 당연히 더 많은 물이 필요해서 지하 대수층에서 끌어 올린 지하수로 농사를 지었어요. 그러나 강우량보다 더 많은 양의 물을 퍼 올려 쓰다 보니 지하수가 고갈되고 보호 습지도 선소해지고 있어요. 지하수위가 낮아지자 바닷물이 유입되면서 지하수의 염분 농도가 증가하고 있고요.

에스파냐는 유럽의 대표적 물 부족 국가입니다. 그래서 에스파냐에서는 해수 담수화 기술이 발달해서 알메리아의 물 부족 역시 해수 담수화 기술로 극복하고 있어요. 그러나 해수 담수 플랜트를 가

동시키려면 많은 에너지가 필요해요. 아무리 일조량이 좋아도 겨울철 농사는 난방이 필요할 수밖에 없어요. 비닐하우스 농업은 화석연료 소비가 많아요. 농업에 쓰이는 비닐은 하우스만이 아니에요. 멀칭이라고 해서 잡초를 피하기 위해 밭고랑에 설치하는 비닐 덮개도 있어요. 작물 수확이 끝나고 나면 비닐은 제대로 수거가 될까요? 내버려두면 잘개 쪼개지면서 미세플라스틱이 토양을 오염시킬 테고, 태우면 유독성 물질을 배출해서 대기를 오염시킬 텐데 말입니다. 더 풍요로운 식탁을 차리는 인류가 늘어 갈수록 비닐 수요는 더 늘어날 수밖에 없어요. 유엔 식량농업기구(FAO)의 2021년 보고서에 따르면 농업용 플라스틱의 전 세계 수요는 2018년에 610만 톤에서 2030년이면 950만 톤으로 50% 증가할 전망입니다.

유럽 요리에 거의 필수 재료인 토마토는 에스파냐와 튀르키예에서 비닐하우스 농업으로 생산되는 대표 농작물 가운데 하나입니다. 채식이 육식보다 기후에 덜 해롭다 생각할지 모르지만 토마토 한 알을 생산하는 데도 이토록 화석연료가 많이 소비되고 오염 물질이 많이 나온다는 사실은 정말 불편합니다. 일조량도 높은데 비닐하우스 안에서 일하는 노동자들은 얼마나 더 힘들까요? 주로 북아프리카와 사하라 이남 출신 이주 노동자들이 낮은 임금으로 긴 노동 시간을 감내하며 일하고 있어요. 유럽의 잘사는 나라들이 플라스틱 빨대는 잘 사용하지 않지만 정작 그들이 수입하는 채소와 과일이 비닐하우스에서 재배된다는 사실에 대해서는 알고 있을지 궁금합니다. 인권에 관심이 많은 유럽의 잘사는 나라 사람들이 그들의 식탁에 오르는 채소와 과일이 하우스 속에서 일하는 이주 노동자의 인권과 연결된다는 사실을 알고 있을지 궁금합니다. 유럽 잘사는 나라 사람들을 우리로 바꾸어도 질문은 달라지지 않아요. 다양한 요리를 즐기는 걸 반드시 나쁘다고 할 수는 없지만 풍요로운 식탁을 떠받치고 있는 불편한 진실들을 기억해야 할 것 같아요. 골고루 영양소를 갖추되 소박한 밥상이야말로 지구에서 우리의 삶을 지속 가능하게 한다는 사실 역시 잊지 말아야겠지요.

생각해 보기

• 오늘 식탁에 놓인 식재료가 어디서 왔는지 알아보자.

네덜란드
사람보다 자전거가 더 많은 나라

#세계 최대 규모 자전거 주차장   #대중교통

자동차 도로 옆으로 자전거가 오갈 수 있는 꽤 넓은 자전거 길
이 있는 나라가 있어요. 이 나라에서는 대부분의 사람들이 자전거를
타기 위해 헬멧을 쓰지 않아요. 출근하는데 헬멧을 쓰면 머리 스타일
을 망칠 수 있잖아요? 헬멧 대신 안전한 자전거 길을 확보하면 되지
요. 바로 네덜란드 이야기입니다. 네덜란드는 세계에서 가장 많은 자
전거 이용자가 있는 나라입니다. 또한 세계에서 자전거를 타기에 가
장 안전한 나라이기도 하지요. 네덜란드 어딜 가더라도 자전거 길을
비롯한 자전거 관련 시설이 있어 편리하게 이용할 수 있으니 자전거
를 많이 이용하는 건 당연한 현상입니다. 그렇다면 어떻게 네덜란드
에는 이토록 편리하게 자전거를 이용할 수 있는 시설이 생겨난 걸까
요? 네덜란드의 자전거 길이 처음부터 이렇게 편리했던 건 아니에요.
좁고 제대로 관리도 되지 않았고 자전거 길 중간중간이 끊어져 있었
지요.

제2차 세계대전 이후, 전후 복구를 하면서 네덜란드의 국민 소득이 올라갔어요. 비싼 물건을 살 여유가 생기자 자동차를 소유하는 사람들이 늘기 시작했고 도로는 차들로 채워졌어요. 갑자기 증가한 차들이 다닐 공간이 부족해진 거지요. 오래된 건물이며 시설들을 부숴 주차장을 만들었습니다. 당연했겠죠. 인류 역사에 자동차가 등장하면서 수가 늘어나기 시작한 게 그때가 처음이었으니까 주차장이란 공간이 있었을 리 없잖아요? 이후 새롭게 건설되는 도시들은 도로를 크게 만들었어요. 이게 우리가 오늘날 살고 있는 도시의 모습이지요. 자동차가 증가하고 도로가 뚫리면서 먼 거리를 빠르게 이동할 수 있게 되었어요. 자전거를 타고 다니던 사람들도 점점 자전거를 버리고 자동차를 선택합니다. 해마다 6%씩 자전거 이용자가 줄었어요. 자동차가 증가하면서 사고로 목숨을 잃는 이들도 증가했어요. 1971년 한 해에만 3,300명의 사망자가 발생했고 이 가운데 400명 이상이 14살도 되지 않은 아이들이었어요. 이에 "어린이 학살을 멈추라(Stop de Kindermoord)"는 피켓을 들고 어른들이 거리로 뛰쳐나와 시위를 시작합니다. 마침 1970년대 초에 국제 유가가 치솟자 네덜란드 정부가 제안합니다. 지금의 생활을 바꿔 에너지에 의존하는 비중을 줄이자고요. 삶의 질을 낮추지 않고도 가능한 일이 바로 자동차를 멈추고 자전거를 다시 타는 거지요. 자전거를 위한 정책을 정부에서 만들기 시작합니다. 일요일에는 자동차 통행을 금지시켜 기름을 아끼면서 동시에

차가 없는 도시가 어떤 모습인지를 느끼도록 해 줍니다. 이때 도심으로 자동차가 출입할 수 없는 거리가 처음으로 만들어졌어요. 요즘 유럽에 가면 이렇게 도심으로 자동차 출입이 금지된 도시가 꽤 많아요.

네덜란드 시민들은 정부의 자전거 정책을 지지하고, 정부는 안전하면서도 완벽한 자전거 길을 만들기 위한 실험을 합니다. 이런 결과로 오늘날 인구수보다 많은 자전거를 가진 네덜란드가 된 겁니다. 네덜란드 암스테르담 중앙역 근처의 자전거 주차장에는 세계에서 자전거 이용률이 가장 높은 나라답게 많은 자전거가 주차되어 있어요. 위트레흐트에는 세계 최대 규모의 자전거 주차장도 있지요. 현재 네덜란드는 직장인의 절반, 학생의 75%가 자전거를 이용하는 등 자전거를 교통수단으로 이용하는 비율이 대중교통의 3배 이상 높아요.

자전거는 인류의 놀라운 발명품입니다. 자전거는 인간의 동력으로 움직이며 사람이 다닐 수 있는 정도의 공간만 있으면 어디든 이용 가능한 탈것이고요. $6m^2$ 면적에 자전거를 적어도 10대는 세울 수 있지만 자동차 1대를 주차하려면 $11.5m^2$의 주차 공간이 '반드시' 필요해요. 자전거 주차 면적의 20배가 넘지요. 자동차 운행과 상관없이 도로와 주차장은 그 공간을 24시간 점유하고 있습니다. 겨울부터 봄까지 미세먼지로 마스크와 공기청정기가 필수품이 되어 버렸지만 자동차 수는 날로 증가하고 있습니다. 2020년 기준으로 대한민국의 자동차 등록 대수는 2,437만 대로 2.7명당 1대

꼴로 차를 소유한 셈입니다. 유엔은 '단순하고, 쉽고, 신뢰할 수 있고, 환경 친화적이면서 지속 가능한 운송 수단인 자전거의 중요성, 지속성, 다양성을 확인하는' 날이라며 6월 3일을 자전거의 날로 정했어요. 이제 자전거는 대세이고, 좀 더 많은 사람이 자전거를 쾌적하게 이용할 수 있는 인프라가 필요합니다. 자전거로 막힘없이 어디든 다닐 수 있도록 우리도 자전거 길을 만들라고 지자체에 요구해 보아요. 자동차 도로를 줄이고 안전하고 쾌적하게 자전거를 탈 수 있는 공간을 확보하라고 말이지요.

생각해 보기

• 우리나라에도 자전거 친화 도시가 있을까?

스위스
어느 빙하의 장례식

#오크 빙하　#피졸 빙하　#담수 보관 창고

SWITZERLAND

　"앞으로 100년에 걸쳐 지구상에 있는 물의 성질이 근본적으로 달라질 것"이라고 아이슬란드 작가이자 환경 운동가인 안드리 스나이어 마그나손은 그의 책《시간과 물에 대하여》에서 언급했어요. 아이슬란드는 화산과 빙하가 공존해서 '불과 얼음의 나라'로 불려요. 바로 그 아이슬란드에서 2021년 8월 18일에 700살 된 빙하의 장례식이 거행되었어요. 1980년대까지 해발 1,198m의 오크 화산 정상에 있어서 오크 빙하라 불렸던 빙하의 장례식이었어요. 이 빙하가 있던 곳을 기념하기 위해 동판이 기념물로 설치되었는데 동판에는 "미래로 보내는 편지"라는 글귀와 함께 "다음 200년 동안 빙하들이 모두 이 길을 따를 것"이라는 우려가 담겨 있어요. "무슨 일이 벌어지고 있고, 어떤 일을 해야 하는지를 알리기 위한 기념물"이라는 설명과 함께요. 오크 빙하는 2014년부터 빙하 연구자들로부터 죽은 빙하 판정을 받았고, 2021년에는 완전히 사라진 상태에서 빙하 장례식이 치러졌어요.

　　빙하 장례식은 스위스 북동부 알프스산맥 기슭에서도 열렸어요. 피졸 빙하는 2006년 이후 13년 만에 원래 크기의 80~90%를 잃어 사실상 사망 선고를 받은 상태였어요. 참석자들은 검은색 옷을 차려입고, 일부 여성은 얼굴을 가리는 검은 베일까지 드리운 채 빙하 장례식에 참석했어요. 이미 빙하가 사라진 자리에 돌무더기를 쌓고 꽃을 놓으며 사람의 장례식과 같은 의례를 치렀어요. 이런 상징적인 의식을 치른 까닭은 그만큼 빙하가 사라지는 것에 대한 위기감을 사람들에게 알리기 위함이지요. 빙하학자에 따르면 1850년 이후 스위스에서만 500개가 넘는 빙하가 사라졌고 이 가운데 50여 개는 이름도 있는 꽤 규모가 큰 빙하였다고 해요. 알프스는 동쪽으로 오스트리아에서 시작해 이탈리아 북부, 스위스, 리히텐슈타인, 독일을 지나 프랑스에 이르는 그야말로 유럽 중부를 동서로 활처럼 가로지르는 산맥입니다. 알프스가 이고 있는 빙하는 수백만 주민들에게 물을 공급해주는 중요한 수원입니다. 빙하가 사라진다면 이 많은 사람들은 어디서 물을 공급받을 수 있을까요? 위성 관측 결과를 토대로 스위스여방공과대학 연구진은 알프스 지역 소규모 빙하의 60% 이상이 2050년 이전에 사라질 것으로 예측했어요. 기후변화가 완화되지 않고는 그 이전에 지질학적인 시간 척도에 해당하던 빙하의 변화가 불과 수십년 안에 발생할 수 있다고 경고한 겁니다.

빙하가 지구에서 가장 많은 민물을 저장하고 있는 담수 보관 창고라는 건 누구나 알지요. 지구에서 빙하가 차지하는 면적은 육지의 10% 정도입니다. 빙하 대부분은 남극 대륙과 그린란드의 빙상이고, 나머지가 전 대륙에 걸쳐 고산지대에 있는 빙하입니다. 빙하와 거리가 멀 것 같은 아프리카와 적도에도 심지어 빙하가 있어요. 아프리카 대륙의 최고봉인 킬리만자로에 푸르트뱅글러 빙하, 케냐의 마운트 케냐 빙하, 적도의 빙하라고 알려진 인도네시아의 푼착자야의 얼음층까지 빙하는 모든 대륙에 고루 있어요. 이렇게 빙하가 존재하니 물이 있고 그래서 사람이 살 수 있었던 거지요.

빙하가 빠른 속도로 녹으면서 생기는 문제도 있어요. 알프스는 눈을 구경하기가 어려워졌어요. 눈이 녹아 질척거리는 흙으로 몽블랑 봉우리 일대 등산로가 폐쇄되고 스키장도 문을 닫았지요. 스위스 남부 마터호른 봉우리는 여름 스키장 운영을 잠정적으로 중단했고요. 눈은 거의 내리지 않고 빙하마저 녹으면서 등산로는 모두 위험 구간으로 변했어요. 2022년 7월, 유럽에 닥친 폭염으로 이탈리아 북부 돌로미티산맥의 최고봉인 마르몰라다 정상에서 빙하 덩어리와 바윗덩이까지 쏟아지는 바람에 11명이 목숨을 잃는 일이 벌어졌어요. 히말라야에 있는 빙하도 빠르게 녹으며 아래쪽에 빙하호수를 계속 키우고 있어요. 그러다가 너무 많은 물을 감당 못 한 호수의 둑이 터지면서 호수 아래쪽에 있는 마을을 덮치는 빙하 쓰나미가 발생합니다. 잠재적인 빙하 쓰나미의 위험성을 안고 있는 빙하호수가 히말라야 전역에 2만 개쯤 있다고 해요. 이뿐만 아니라 한번 쓰나미로 쏟아지고 나면 하천은 말라붙어 물이 부족해지고 극심한 가뭄으로 더 이상 그곳에서 사람이 살 수 없게 됩니다.

빙하 장례식의 의미는 무겁습니다. 지구상에 있는 물의 성질을 근본적으로 바꾼 장본인이 바로 잘사는 나라의 우리들이라는 사실을 얼른 알아차리고 탄소 배출을 줄일 수 있는 모든 방법을 다 실천해야 하지 않을까요?

생각해 보기

• 기후 위기 시대에 또 어떤 장례식이 생길 수 있을까?

세르비아

녹색 차 대신
깨끗한 사과와 녹색 잔디를!

#리튬   #채굴   #리튬 이온 배터리

유럽의 화약고라 불리는 세르비아와 코소보는 복잡한 정치 상황에 놓여 있어요. 그래서 세르비아의 유럽연합 가입이 계속 보류되는 중이에요. 이를 해결할 방법으로 유럽연합은 리튬 광산 개발을 제시했어요.

세르비아 서부에 위치한 자다르 지역 광산에 매장된 리튬의 양이 유럽 최대 규모인 것으로 밝혀졌어요. 미국 지질조사국(USGS)에 따르면 자다르 광산의 리튬 매장량은 약 120만 톤으로 전 세계 12위, 유럽 3위에 해당합니다. 리튬은 배터리의 주요 재료로 전기차와 스마트폰을 비롯한 AI 관련 산업에 매우 중요한 광물입니다. 중국은 전 세계에서 리튬과 희토류를 가장 많이 보유하고 있는 나라예요. 그런데 중국과 정치적, 경제적 갈등이 생길 경우 희토류 공급이 차단될 수 있기에 북미와 유럽 등의 국가에서는 희토류를 안정적으로 공급받을 곳을 찾습니다. 마침 유럽에서 최대 규모의 리튬 광산을 발견했으니 환호했겠지요. 문제는 모두가 환호할 수 없다는 데 있어요.

"나는 녹색 차가 필요 없다. 내가 필요한 것은 깨끗한 사과와 녹색 잔디다." 리튬 채굴지 주민들이 리튬 채굴을 반대하며 시위를 벌이고 있어요. 세르비아 정부는 국내총생산(GDP) 증가와 일자리 창출 등 리튬 채굴에서 비롯되는 경제적 이익을 홍보하며 법률을 개정했어요. 그러나 환경 영향 평가조차 제대로 수행하지 않았다는 사실이 밝혀지면서 주민들의 격렬한 저항에 부딪혔어요. 리튬을 채굴하면서 벌어질 온갖 환경문제를 고려하지 않은 처사라는 거지요. 채굴 지역 주민들은 환경 파괴를 우려하고 있고 그래서 시위에 나선 겁니다. 시민들과 환경 운동가들은 리튬 광산 개발이 근처 농경지와 수자원을 오염시킬 수 있다고 강하게 반발하고 있어요. 이에 더해 리튬과 붕소 채굴을 영구적으로 금지하는 법안을 통과시키라고 세르비아 의회에 요구합니다. 세르비아 정부는 누구도 위험에 빠뜨리지 않겠다고 했지만 그걸 믿는 주민들은 별로 없어 보입니다. 시위대 일부는 세르비아의 수도인 베오그라드의 주요 기차역 두 곳을 점거하고 철로에 누워 철도 운행을 방해하기도 했어요. 현재 세르비아에서 리튬 광산을 개발하는 주체는 앵글로-오스트레일리아 광산 기업인 리오 틴토입니다. 채굴 전문 기업인데요. 지금까지 지구에서 벌어진 채굴 가운데 친환경적인 채굴이 있었는지를 살펴보면 자다르 광산에서 리튬 채굴이 진행되면서 벌어질 일을 충분히 예견할 수 있어요.

　　세르비아 자다르 밸리의 리튬·붕산염 광산을 리오 틴토가 개발하는 것과 관련하여 2024년 7월 과학 학술지 〈네이처〉에는 "서부 세르비아의 잠재적 리튬 광산 탐사 활동이 환경에 미치는 영향"이라는 제목의 논문이 게재되었어요. 논문은 자다르 광산이 인구 밀집 지역이며 농업 지역인 곳에서 세계 최초의 리튬 광산이 될 거라고 예측했습니다. 대개 사람이 살지 않는 곳에서 광산 개발이 이루어지는 것과는 전혀 다른 양상이지요. 그렇기에 광산 개발에 따른 지하수 및 토양 오염, 물 사용, 생물 다양성 손실 및 폐기물 축적에 대한 잠재적인 영향이 있을 것이고 이 때문에 채굴에 반대하는 지역의 목소리가 있을 거라는 내용도 실려 있습니다. 이미 리오 틴토가 연구 시추를 하면서 환경 피해가 발생했고, 탐사 우물에서 높은 수준의 붕소가 포함된 광산수가 누출되어 작물이 말라 죽는 일이 벌어졌다고 논문은 밝히고 있어요. 연구자의 조사에 따르면 광산 인근 강 상류 지역에 비해 하류 지역에서 붕소, 비소 및 리튬 농도가 상당히 높은 것으로 나타났고요. 토양 샘플을 채취했더니 토양의 표면과 지하수 모두 환경에 영향을 미치는 한곗값을 위반한 사례가 반복적으로 보였어요. 또 채굴 과정에서 발생할 소음, 대기 오염, 폐수 등의 문제가 수많은 지역사회의 삶을 위험에 빠뜨리고, 하천, 농경지, 가축에 위협을 초래할 뿐만 아니라 그 지역 주민의 자산을 망가뜨릴 것으로 명시하고 있어요.

　　리튬이 기후 위기를 줄일 전기차와 휴대폰을 비롯한 여러 전자제품의 필수 원료이긴 한데요. 그렇다면 재활용 측면에서도 과연 친환경인가 살펴봐야 합니다. 고밀도의 에너지를 저장할 수 있는 장점 때문에 리튬을 배터리 원료로 선호하지만 리튬 이온 배터리는 재활용률이 현저하게 떨어지기 때문에 계속 채굴을 필요로 합니다. 지구에 리튬이 풍부하지만 수익성 있게 추출할 수 있는 농축된 매장량은 많지 않아요. 더구나 염수에서 리튬을 채굴하는 방식이 아니라 자다르 광산처럼 광석에서 리튬을 채굴할 경우 심각한 환경문제가 발생한다고 논문은 밝히고 있습니다.

　　결국 끝없는 소비가 계속되는 한 친환경은 불가능합니다. 채굴을 통한 원료 확보에 집중하기보다는 폐기율을 줄이고, 폐기된 부품을 어떻게 되살려 재활용할 것인지 그 부분에 기술을 집중하는 것이 가장 친환경이 아닐까 싶어요. 녹색 차가 필요 없다던 자다르 지역 주민의 외침을 곱씹어 볼 필요가 있을 듯합니다.

생각해 보기

• 전기차나 휴대폰에 들어가는 부품 중 리튬 배터리와 비슷한 문제를 가진 것에는 무엇이 있을지 알아보자.

튀르키예

마르마라해를 뒤덮은
점액질의 정체는?

TÜRKIYE

#튀르키예 해협   #유기물층   #해양오염

　　보스포루스 해협을 기준으로 유럽과 아시아를 구분하다 보니 해협이 있는 튀르키예는 유럽과 아시아 대륙에 걸쳐 있게 되었어요. 그렇다면 튀크키예는 어느 대륙에 속하는 걸까요? 면적으로 따지면 튀르키예 국토의 대부분이 아시아에 위치합니다. 그러나 수도인 이스탄불이 유럽 쪽에 있기에 튀르키예는 유럽 소속 국가예요. 튀르키예에는 흑해와 에게해를 연결하는 해상 통로가 두 개 있어요. 보스포루스 해협과 다르다넬스 해협입니다. 통칭해서 튀르키예 해협으로 불러요. 튀르키예 해협은 고대부터 현대까지 전략적 요충지입니다. 만약 이 해협이 없다면 흑해 연안에 위치한 나라들이 에게해나 지중해로 가기 위해 엄청나게 먼 거리를 돌아가야 하니까요. 2023년 기준 세계 해상 물동량의 3.1%가 튀르키예 해협을 지나 운송되었어요.

　　1936년 튀르키예 해협에 관한 몽트뢰 협약이 체결되었는데

요. 몽트뢰 협약은 튀르키예 해협에 대한 주권과 군사 통제권을 튀르키예가 갖고 있으며 전쟁이 벌어졌을 때 튀르키예가 해상 교통을 제한할 수 있도록 허용한 협약이에요. 실제 2022년 러시아-우크라이나 전쟁이 벌어졌을 때 우크라이나는 튀르키예에 몽트뢰 협약을 발동시켜 러시아 군함이 흑해에 진입하는 걸 차단해 달라고 요청했고 튀르키예는 이 요청을 받아들였어요. 그렇다고 튀르키예가 러시아와 적대적인 관계인 것은 아니기 때문에 우크라이나 군함 역시 이 해협을 통과할 수 없었지요. 튀르키예가 해협에 대한 통제권을 갖고 있어서 전쟁 중에 우크라이나가 흑해를 통해 식량을 수출할 수 있도록 허용하는 '흑해 곡물 협정'을 중재하는 데에도 중요한 역할을 했어요.

전략적 요충지로 많은 배가 드나드는 이 해협은 군사적으로 예민한 곳일 뿐 아니라 환경문제로도 몸살을 앓고 있어요. 2021년 이곳 해수면에 어마어마한 유기물층이 바다를 뒤덮는 일이 벌어졌습니다. 역사상 최대 규모로 알려진 해양 점액이었어요. 두껍고 젤라틴 같은 유기물층이 넓은 지역을 뒤덮으면서 생태적으로 심각한 위협이 발생했어요(이는 경제적인 문제로도 이어졌어요). 튀르키예 인구의 30%, 산업 시설의 50%가 마르마라해 근처에 밀집해 있어요. 그렇다 보니 제대로 처리되지 않은 생활하수와 산업 폐수에서 나오는 과도한 영양소(주로 질소와 인)가 식물성 플랑크톤을 과다 증식시켰고 이 때문에 유기물층 오염이 발생한 거예요. 지구온난화로 해수 온도가 상승하면서 이런 점액질 형성 생물이 번성하기에 좋은 환경이 된 거죠. 두꺼운 점액질이 수면을 덮어 버리니 물고기나 갑각류 그리고 기타 해양 생물에게 필요한 산소가 차단되었고 대량 폐사로 이어졌어요. 그물이 점액에 막혀 낚시가 거의 불가능했고, 오염된 해산물은 건강 문제를 일으켰지요. 점액질이 뒤덮인 바다에다 해양 생물이 썩으면서 악취가 발생하자 관광객이 줄어들었고요.

튀르키예 정부는 마르마라해로 유입되는 폐수 처리 시설을 개선하고 오염 물질 배출을 엄격히 관리하려 했습니다. 마르마라해 다섯 곳을 선정해서 수심 30m 깊이에 산소를 인공으로 주입했으며 대규모 정화 작업을 하며 수천 톤의 점액을 제거했어요. 그런데 2021년 마르마라해의 해수 온도는 평균보다 2~3℃ 상승해 비정상적으로 높은 온도를 기록했어요. 따뜻한 물은 미생물 활동을 촉진하고 점액질 분해를 늦추기 때문에 해양오염 문제는 언제든 다시 발생할 가능성이 높다고 과학자들은 경고해요. 지역에서 배출하는 폐수도 문제지만 지형적인 문제도 있어요. 마르마라해는 반폐쇄형의 좁은 두 해협으로 물 교환이 제한적입니다. 그런 곳으로 많은 배들이 지나다니면서 배에서 배출하는 오염 물질도 있을 테고요. 평형수라고 해서 배의 균형을 잡기 위해 넣는 물이 있는데요. 배가 정박할 경우 이 물을 빼고 채우는 과정이 있는데 이 과정에서 오염된 물 등이 유입되는 경우도 생깁니다. 현재 전 세계 물류의 80%가 배로 이동하고 있기에 선박으로 인한 여러 오염 문제가 자주 발생합니다. 특히 마르마라해처럼 내해이거나 반폐쇄적인 아드리아해, 발트해, 카스피해 등에서도 이와 비슷한 사건들이 벌어져요.

생각해 보기

• 세계 주요 해협과 그 해협들로 어떤 물건들이 이동하는지 알아보자.

벨라루스
체르노빌 핵발전소 사고의 최대 피해국

#핵발전소 #핵에너지

미국 스리마일섬, 우크라이나 체르노빌 그리고 일본 후쿠시마, 세 곳의 공통점은 뭘까요? 바로 핵발전소 사고입니다. 모두 5등급 이상의 대규모 사고였어요. 세계적으로 큰 규모의 이 핵발전소 사고 세 개는 모두 다른 원인으로 발생했어요. 체르노빌은 우크라이나 북쪽 벨라루스와의 국경 지역에 있는 도시인데, 체르노빌 원전 사고가 발생했던 당시에는 소련에 속해 있었어요. 체르노빌 사고가 소련 붕괴의 원인 가운데 하나가 되었다는 주장도 있습니다.

1986년 4월 26일 새벽 1시 23분쯤 엔지니어들이 체르노빌 핵발전소의 4번 원자로에 있는 일부 시스템 전원을 차단한 채로 터빈 가동 시간을 측정하려는 실험을 진행했어요. 정전일 때를 대비하기 위한 실험이었지요. 안전을 확보하려는 이 시도가 원자로 자체의 결함과 엔지니어들의 조작 실수로 통제할 수 없는 사고로 이어지게 되었어요. 가열된 원자로가 폭발한 것이었죠. 돔의 지붕과 측면에 구멍

이 뚫리고 원자로 뚜껑이 날아갈 정도였어요. 노심(핵분열 연쇄 반응이 이루어지는 곳)이 노출되며 어마어마한 양의 방사성 물질이 쏟아져 나온 끔찍한 사고였어요.

2006년 유럽 전문가들의 독립적인 연구로 작성된 토치(TORCH) 보고서에 따르면 체르노빌 방사성 낙진이 멀게는 8,000km 떨어진 일본 히로시마에서도 검출되었어요. 예상치도 못했던 원자로 폭발로 당시 현장에 있던 두 명이 사망하고 화재 진압에 참여했던 소방대원, 군인, 발전소 노동자들 대부분이 심각한 방사능에 노출되었어요. 석 달 동안 29명이 사망했고 발전소 주변

30km 이내에 살고 있는 주민 13만 8,000명은 모두 강제 이주되었어요. 이후 20만 명이 자발적으로 다른 지역으로 이주했어요. 토치 보고서는 3만~6만 명 이상의 암 사망을 전망했는데, 특히 벨라루스에서만 1만 8,000~6만 6,000명의 갑상선암 추가 발생을 예측했어요. 2025년 기준으로 사고가 발생한 지 39년이 지났으나 여전히 사고 지역은 사람이 살 수 없을 뿐만 아니라 언제 다시 사람이 거주할 수 있을지 현재로서는 예측할 수 없어요. 우크라이나 정부는 체르노빌 핵발전소 인근 21만 헥타르 규모의 지역을 '국가 방사능 생태 보호 구역'으로 지정해서 출입을 철저히 통제하고 방사능이 생태계에 미치는 영향을 연구 중이에요. 사고 당시 폭발했던 원자로는 현재 3만 5,000톤 무게의 콘크리트 방호벽으로 가려져 있을 뿐입니다. 그 안에 얼마나 많은 핵연료가 있는지 정확히 알려진 바가 없어요. 유럽은 대륙으로 붙어 있어서 체르노빌 핵발전소 사고는 이웃 나라들에도 적지 않은 피해를 줬어요. 그 가운데 가장 큰 피해를 입은 지역이 벨라루스입니다.

체르노빌 사고가 발생한 시각이 새벽이기도 했지만, 소련이 사고 소식을 처음부터 알리지 않아 피해가 더 커졌어요. 그런데 무엇보다 결정적이었던 건 바람의 방향이었어요. 사고 당시 남동풍이 부는 바람에 사고가 난 우크라이나의 체르노빌보다 북서쪽에 위치한 벨라루스로 방사능 낙진의 70%가 날아갔다고 해요. 벨라루스 정부

자료에 따르면 국토의 95%가 요오드, 스트론튬, 세슘 등 방사성 물질에 오염되었다고 합니다. 농경지의 20%에서 3만 7,000베크렐의 세슘137이 검출되었고, 1만 7,200km² 규모의 산림이 방사능에 오염되었어요. 1995년 갑상선 질환자가 4,000명으로 급증하면서 벨라루스 인구 대부분이 갑상선암을 유발하는 방사능 물질 요오드131에 피폭된 사실이 확인되었고요. 사고 발생 30주년 되던 해에 벨라루스 정부가 그동안 재난을 극복하느라 들인 비용과 각종 피해를 환산해 보니 총 2,350억 달러(한화 254조 원 이상)가 들어간 것으로 추정된다고 해요. 사고 전 갑상선암 환자에 비해 사고 10년 뒤 18세 이하 갑상선암 환자는 무려 39배 많이 발생했어요.

대참사로 인적 물적 손실이 컸고 여전히 문제는 해결되지 않은 상태인데요. 이런 상황임에도 사고 발생 20년이 되던 2006년에 벨라루스는 서북쪽에 있는 아스트라벳에 핵발전소 건설을 승인했어요. 아스트라벳은 벨라루스에서 가장 아름다운 곳 가운데 하나로 북쪽에는 자연보전 구역으로 지정된 국립공원이 있어요. 여전히 고대의 건축양식을 그대로 간직한 건물도 많은 지역인데 위험천만한 핵발전소가 들어선다는 것은 비극이 아닐 수 없어요. 이 지역에 핵발전소가 들어오는 것을 반대한 사람이 없었던 건 아니지만 그런 사람들은 억류되거나 추방당하는 등 정권의 탄압을 받았다고 해요. 민주주의가 건강하게 유지되는 사회가 아닐 경우 충분히 가능한 일이 벌어진 거죠. 또 벨라루스 정부는 핵발전소가 가장 값싸고 안전한 전력원이라고 강조합니다. 벨라루스는 주연료 및 에너지 소비의 85%를 수입에 의존해야 하는 상황입니다. 동아시아에 있는 대한민국과 너무나 흡사한 점이 많아요. 다만 우리는 아직 핵 사고가 발생하지 않았다는 점에서 다르지요. 한반도에서는 핵 사고가 벌어지지 않길 간절히 바라며 이 위험천만한 핵발전소 대신 한시바삐 재생에너지로 안전한 에너지 전환이 이루어지길 기원합니다.

생각해 보기

• 핵발전소를 보유하고 있는 나라들을 조사해 보자.

우크라이나

세계의 곡창지대가 된 건 체르노젬 덕분?

#유럽의 빵 바구니　#체르노젬(흑토)　#대기근

2022년 2월 24일 러시아가 우크라이나를 침공하면서 전쟁이 벌어졌어요. 당시는 전 세계가 코로나19 팬데믹으로 힘든 시간을 보내던 중이었는데 전쟁 소식까지 덮치며 무척 뒤숭숭했지요. 러시아가 우크라이나를 침공했을 뿐이니 국지전이라 생각할 수 있지만 더 이상 우리가 사는 세상은 지역의 문제가 특정 지역에만 머물지 않아요. 러시아는 유럽 여러 나라에 가스를 공급하는 위치에 있고 우크라이나는 유럽의 빵 바구니, 세계의 곡창지대라는 수식어가 붙을 정도로 세계 식량 공급에 큰 영향을 끼치는 나라입니다. 러시아가 우크라이나를 공격했기에 미국은 러시아에 경제 제재를 가했어요. 그러자 러시아는 유럽으로 보내는 가스관인 노르트스트림을 잠가 버렸어요. 마침 2월 말이어서 기온은 점점 올라가는 시기이니 난방 에너지에는 당장 큰 문제가 되지 않았어요. 하지만 전쟁으로 우크라이나가 항구에서 배를 출항하지 못하게 되면서 어떤 일이 벌어졌을까요? 우크라이나는 옥수수, 밀, 보리 그리고 해바라기유의 주요 수출국입니다. 러시아가 우크라이나를 침공했을 당시에 우크라이나 항구를 봉쇄하면서 곡물 약 2,000만 톤이 수출되지 못한 채 묶여 버렸어요. 공급되는 식량이 부족해지니 세계 식량 가격이 오를 수밖에 없었습니다. 실제로 전쟁이 시작되면서 식량 가격이 사상 최고치를 기록했어요. 우크라이나 농무부에 따르면 러시아의 침공 전에 비해 우크라이나의 식량 수출 규모가 30% 정도 줄었어요. 나라의 많은 부분이 전쟁터로 변하면서 농사지을 공간이 부족해진 것도 생산량이 감소한 원인 중 하나입니다. 이 세상 모든 전쟁에 반대하는 까닭입니다.

특히 우크라이나에 곡물 의존도가 높은 곳이 중동과 아프리카입니다. 유엔에 따르면 러시아-우크라이나 전쟁이 발발한 이후 이들 지역에서 주요 식량 가격이 평균 30% 이상 폭등했어요. 안토니우 구테흐스 유엔 사무총장은 38개국 4,400만 명이 '긴급 수준'의 기아에 직면해 있다고 언급했고요. 특히 가뭄으로 극심한 기아에 시달리는 소말리아, 에티오피아, 지부티 등 아프리카 뿔 지역에 곡물 공급이 줄어든다면 상황은 더욱 심각해질 거라고 세계 분쟁 상황을 분석하고 방지하는 민간 기구인 국제위기감시기구(ICG)가 우려를 표했어요. 전쟁 중이었지만 우크라이나 항구가 봉쇄되면서 연쇄적으로 식량 가격 폭등에 심각한 기아 문제까지 발생하자 러시아, 우크라이나, 튀르키예, 유엔이 의견을 모아서 '흑해 곡물 협정'을 이끌어 냈어요. 흑해 곡물 협정은 우크라이나 항구에서 곡물과 식품이 안전하게 흑해를 지나다닐 수 있도록 하는 협정입니다. 그런데 러시아는 2023년 7월 이후 곡물 협정을 중단했어요. 이에 우크라이나 지도부는 몰도바 등 이웃 국가들과 협력하여 다뉴브강을 이용하는 농산물 수출 대체 경로를 적극적으로 개발하고 있어요.

그렇다면 왜 이토록 많은 나라가 우크라이나에 곡물을 의존하게 되었을까요? 일단 우크라이나는 유럽에서 면적이 가장 넓기도 하고, 비옥한 토양으로도 유명합니다. 우크라이나의 농업을 들여다보면 바로 답을 찾을 수 있을 텐데요. 2022년 기준 감자는 세계 3위, 옥수수는 세계 4위, 호밀은 세계 6위, 보리는 세계 8위, 그리고 밀은 세계 9위 생산국입니다. 우크라이나는 농작물이 잘 자라 수확량이 많아요. 우크라이나 서부와 북부 일부를 제외한 거의 모든 지역에는 러시아어로 검은 흙, 흑토라는 뜻의 체르노젬이 있는데요. 체르노젬은 식물이 자라는 데 필요한 성분을 거의 완벽하게 갖춘 흙이라 할 수 있어요. 일명 부식토라 불립니다. 봄에 식물이 자라다 겨울이면 죽지요? 죽은 풀이 그대로 쌓인 채 마르고 썩으며 오랜 시간 퇴적된 흙이 체르노젬입니다. 역설적으로 풀이 죽어 쌓여서 만들어진 흙은 식물이 잘 자라는 데 필요한 모든 성분을 갖춘 흙이 됩니다. 비료가 필요 없는 땅인 거지요. 비가 많이 내리지 않으니 빗물에 씻겨 나가는 양도 적어 퇴적되기에 적절한 환경입니다. 씨앗을 심기만 해도 다른 곳보다 훨씬 많은 수확량을 얻을 수 있어요. 이렇게 농사가 잘되는 땅을 가진 우크라이나는 그 이유 때문에 늘 이민족의 침입이 잦을 수밖에 없었어요. 거기 더해서 우크라이나는 흑해와 닿아 있기에 뱃길도 편리했어요. 어디로든 물건을 실어 나르기에 최적의 조건인 거죠. 그런데 러시아가 이 항구를 봉쇄하자 전 세계가 도미노처럼 영향을 받게 된 거지요.

아일랜드 대기근에 대해 들어 봤을 거예요. 감자 역병이 발생한 데다 영국인 지주들이 아일랜드에서 거둔 곡식을 영국으로 실어 나른 바람에 아일랜드 사람들은 굶어 죽거나 바다 건너 다른 곳으로 이주했어요. 당시 아일랜드 인구의 4분의 1이나 줄었다고 하니 대기근이라 불릴 만해요. 비슷한 일이 100년 뒤에 그것도 세계의 곡창지대라 불리는 우크라이나에서 일어납니다. 우크라이나어로 '기아에 의한 죽음'이라는 뜻의 '홀로도모르(Holodomor)'는 1932년과 1933년 당시 소련의 일부였던 우크라이나에서 일어난 대량 아사를 가리키는 고유명사예요. 당시 굶어 죽는 사람뿐만 아니라 기근과 함께 닥친 감염병, 그리고 태어날 때부터 부실한 영양으로 목숨을 잃은 영유아까지 합쳐 최대 2,000만 명의 사망자가 발생했던 끔찍한 사건이었어요. 흉작이 닥치긴 했지만 그럼에도 체르노젬이었기에 곡물이 제대로 분배되었더라면 대량 아사는 발생하지 않았을 텐데도, 소련은 샅샅이 곡물을 징발해서 외국으로 수출했다고 해요. 심지어 씨앗까지 모두 빼앗긴 바람에 이듬해에 농민들은 농사를 지을 수가 없었고 기근은 더욱 심해졌던 거죠.

이 세상에 좋은 전쟁이란 없고, 아무리 좋은 토양을 가졌다고 해도 정치가 제대로 역할을 못 하면 굶주림이 찾아올 수 있다는 걸 우크라이나를 통해 배웁니다.

생각해 보기

• 우리나라에서도 대기근이 발생한 적이 있는지 알아보자.

러시아

진정한 세계주의자, 바빌로프

#씨앗 #종자 저장고

'농부는 굶어 죽어도 씨앗을 베고 죽는다'는 말이 있어요. 굶어 죽을 정도라면 씨앗을 먹고 살아남는 게 현명한 방법이 아닐까 싶은 생각이 들지 않나요? 씨앗이라고 하지만 콩도 옥수수도 밀도 다 씨앗이면서 주식으로 먹는 곡물입니다. 대체 왜 굶어 죽으면서도 씨앗을 먹지 않는다는 말이 있을까요? 씨앗이 의미하는 건 바로 미래이기 때문이지요. 스발바르 제도에 종자 저장고를 만든 것과 같은 생각일 겁니다. 어떤 이유에서든 큰 재난이 닥친 뒤, 살아남은 인류에게 씨앗은 '시작'을 뜻하니까요. 농사를 지을 수 있다는 건 삶을 지속해 나갈 수 있다는 의미이고요. 그래서 씨앗을 지킨다는 것은 다음을 생각하는 숭고한 마음입니다. 실제로 굶어 죽으면서까지 씨앗을 지킨 사람들이 인류 역사에 있어요. 때는 제2차 세계대전 중이던 1941년 6월, 독일은 소련과 불가침 조약을 맺고도 이를 일방적으로 파기하면서 소련을 침공해요. 공격 목표는 러시아의 당시 수도였던 레닌그라드(지금

74

은 상트페테르부르크)였어요. 9월에 독일군이 도시를 완전히 포위했고, 고립되어 외부로부터 물자를 공급받지 못한 레닌그라드에서는 굶어 죽거나 치료를 못 받아 죽는 사람이 속출했어요.

레닌그라드에는 소련 최대 농업 작물 종자와 표본을 보전하는 바빌로프 식물산업연구소가 있어요. 이 연구소에 있던 러시아 과학자 12명이 목숨을 걸고 연구소에서 보전하고 있던 종자를 지켜 냅니다. 피난도 거부하고 연구소에 남아 종자를 지키다 굶어 죽거나 독일군의 폭격으로 목숨을 잃었어요. 훗날 종자를 지켰던 이들 중 살아남은 과학자가 인터뷰를 했는데, 종자를 먹지 않고 버티는 게 힘들지 않았냐는 질문에 하루하루 버티는 일상은 너무 힘들었지만 종자를 먹지 않는 건 하나도 힘들지 않았다고 답해요. 종자를 먹는다는 건 상상할 수도 없는 일이라며 종자는 자신과 동료들의 삶의 이유가 담겨 있는 거라고 했더군요. 배고픈 고통이 얼마나 힘든지 먹을 게 지천인 지금 우리는 잘 상상할 수도 없어요. 죽는 순간까지 미래에 남겨질 사람들을 생각한 이들이 얼마나 고귀한 사람들인지 느껴지지 않나요?

자기 목숨과 씨앗을 맞바꾼 이 과학자들이 일하던 연구소 이름이 바빌로프지요? 20세기 최고의 식량학자였던 니콜라이 바빌로프의 이름을 딴 이 연구소는 1921년에 바빌로프가 레닌그라드에 설립했어요. 1887년 러시아 소작농 집안에서 태어난 바빌로프는 페트롭스키 농업학교에 진학하면서 과학자의 꿈을 키워요. 그러던 중 제1차 세계대전이 발발했습니다. 1916년 식물학자 자격으로 전쟁터에 파견된 바빌로프는 러시아 북부의 농지를 다 망쳐 버린 흰가룻병 문제를 해결하라는 임무를 받아요. 그리고 흰가룻병에 내성이 강한 밀 품종을 찾아내어 임무를 성공적으로 마칩니다. 이후 세계를 돌아다니면서 씨앗 찾기에 나서요. 바빌로프는 1916년에 이란으로 첫 해외 수집 여행을 떠났고, 1932년까지는 세계 거의 모든 나라에서 씨앗을 수집했어요. 에티오피아, 아마존 열대우림, 파미르고원 심지어 우리나라에도 바빌로프가 씨앗을 모으러 다녀갔다고 해요. 이렇게 전 세계를 샅샅이 뒤지며 척박한 땅에서도 잘 자라는 식물을 찾아 나섰던 거예요. 이후 바빌로프는 식물 배양을 시작했고, 1933년까지 14만 8,000개 이상의 표본을 보유한 세계 최대의 씨앗 은행을 만들기에 이르러요. 그러나 스탈린의 정치적 음모에 휘말려 창문도 없는 사형수용 지하 감옥에 투옥된 바빌로프는 안타깝게도 55세의 나이에 쓸쓸한 죽음을 맞이합니다. 그의 연구 철학은 식물종 유전자 수집의 필요성을 일깨우는 계기가 되었어요. 2008년 노르웨이 북단에 있는 스발바르 국제 종자 저장고가 바빌로프의 영향이라 할 수 있습니다.

　　내 나라만을 사랑하는 애국이 아닌, 인류를 굶주림으로부터 벗어나게 하겠다며 전 세계 오지 탐험에 나서 다양한 식물 종자를 채집하던 바빌로프야말로 진정한 세계주의자가 아닐까요? 다양한 식물 종자는 기후 위기 시대에 매우 중요한 식량 기지 역할을 할 거니까요.

생각해 보기
• 우리나라에도 씨앗 종자를 저장하고 보관하는 곳이 있는지 알아보자.

PART 2

아프리카

서사하라

카보베르데

모리타니

세네갈

감비아

기니비사우

기니

시에라리온

라이베리아

코트디▪

남대서양

아프리카에는 분쟁 지역을 빼고 55개 나라가 있어
요. 대륙을 가로질러 사하라 사막이 넓게 펼쳐져 있
지요. 흔히 사막 하면 생명체가 살 수 없는 곳이라
생각하기 쉽지만, 환경에 따라 다양한 생물이 살아
갑니다. 아프리카는 야생동물 최대 서식지이자 수
많은 천연자원이 매장되어 있는, 지구의 보물 창고
입니다. 기후 위기 시대에 아프리카를 더 주의 깊게
살펴야 하는 까닭이 여기에 있어요.

지중해

튀니지

알제리

리비아

이집트

홍해

말리

니제르

부르키나파소

차드

수단

에리트레아

지부티

소말리아

베냉

나이지리아

에티오피아

토고

가나

중앙아프리카공화국

남수단

상투메프린시페

적도
기니

카메룬

가봉

콩고
공화국

우간다

케냐

인도양

콩고민주공화국

르완다
부룬디

탄자니아

세이셸

코모로

앙골라

잠비아

말라위

마다가스카르

나미비아

짐바브웨

모잠비크

모리셔스

보츠와나

에스와티니 왕국

남아프리카공화국

레소토

보츠와나

좋은 정치는
다이아몬드처럼 빛난다

#다이아몬드   #민주정치   #코끼리 밀렵

최근 연구에 따르면 우리와 유전적으로 동일한 직계 조상인 호모 사피엔스 사피엔스가 처음으로 등장한 지역이 보츠와나 북부라고 합니다. 보츠와나는 아프리카 대륙 남쪽에 있습니다. 인류의 시작점인 보츠와나를 중심으로 서쪽에는 나미비아, 남쪽에는 남아프리카 공화국이 있어요. 세계지도를 펼쳐 보면 이 세 나라의 땅 대부분이 누런색으로 표시되어 있는데, 바로 칼라하리 사막입니다. 흔히 사막 하면 생명체가 살 수 없는 곳이라 생각하기 쉽지만, 사막에서도 환경에 따라 다양한 생물이 살아갑니다.

보츠와나에는 세계에서 가장 큰 내륙 삼각주인 오카방고 삼각주가 있어요. 이곳은 거대한 자연 보호 구역입니다. 풍부한 생명으로 넘쳐 나는 곳이지요. 보통 삼각주는 강이 바다와 만나는 지점에 형성되는데, 오카방고 삼각주로 모여든 강물은 바다를 만나지 못하고 아래쪽에 형성돼 있는 칼라하리 사막으로 흘러들며 증발하거나 지하로

보츠와나-오카방고 삼각주 .

스며들어요. 카방고의 뜻이 선주민 언어로 '결코 바다를 찾지 못한다' 는 뜻이라고 해요. 바다를 찾지 못하고 사막에 물을 공급한 덕분에 칼라하리 사막은 다양한 동식물을 품어 주지요.

보츠와나에는 생물종만 풍부한 것이 아닙니다. 광물자원도 많아요. 사실 아프리카 사하라 이남은 지구 전체 광물의 30% 정도가 매장되어 있는 자원 부자 지역입니다. 그런데 왜 지구 전체에서 가장 가난한 나라들이 많이 있는 걸까요? 아프리카를 오랜 시간 식민 지배한 유럽 열강의 책임이 가장 큽니다. 식민지로부터 독립했는데도 여전히 가난한 까닭은 정치가 부패한 탓이지요. 모든 규칙에 예외가 있듯 이런 아프리카 나라 중에도 예외인 나라가 있는데 그게 바로 보츠와나입니다. 보츠와나는 1966년 영국으로부터 독립했을 때 세계에서 가장 가난한 나라였어요. 대학 교육을 받은 사람은 고작 22명뿐이었고 국민 대다수가 문맹이었다고 해요. 그런데 독립 다음 해인 1967년 다이아몬드 광산이 발견되었어요. 아프리카의 많은 나라에 귀한 자원이 매장돼 있지만 대다수 사람들이 가난할 수밖에 없는 건 자원을 혼자 독차지하려는 독재자와 부패한 정치 때문입니다. 그런데 보츠와나는 달랐어요. 보츠와나 정부는 매장된 많은 양의 다이아몬드로 벌어들이는 수익을 국민들에게 고루 돌아가도록 했답니다. 민주적인 정치를 폈던 거지요. 다이아몬드 광산이 1970년대, 1980년대에도 잇따라 개발되면서 보츠와나는 세계적인 다이아몬드 생산국이 되었어요. 현재 다이아몬드 생산량 전 세계 2위 국가이지요. 보츠와나는 아프리카의 풍부한 자원을 어떻게 사용해야 하는지 보여 주는 좋은 본보기이며 정치가 우리 삶과 얼마나 가깝게 연결돼 있는지 배울 수 있는 좋은 사례입니다.

보츠와나에는 다이아몬드 말고 코끼리도 많아요. 아프리카에 서식하는 코끼리의 3분의 1이 보츠와나에 살고 있지요. 코끼리가 많은 인도보다 3배나 더 많습니다. 보츠와나는 국토의 20%가 보호 구역인데, 그럼에도 코끼리나 코뿔소의 밀렵이 끊이지 않고 벌어집니다. 상아나 뿔을 얻을 목적에서요. 국제적으로 상아와 뿔의 매매가 금지되었는데도 말이지요. 그런데 보츠와나 정부는 최근 들어 코끼리 사냥을 다시 허용하려 해요. 기후변화로 코끼리의 활동 반경이 넓어지면서 코끼리들이 농지에 들어가서 농작물을 훼손하고 농민들을 해칠 수도 있다는 이유에서입니다. 전 세계에서 코끼리 수가 가장 많은 보츠와나에서 사냥이 합법화된다면 이후 코끼리 개체 수에 문제가 생기지 않을까요? 2020년에 밀렵이 아닌데도 코끼리가 두 달 동안 350마리 이상이 죽는 일이 벌어졌어요. 물웅덩이 주변에서 떼죽음이 벌어진 것과 물웅덩이 주변을 빙빙 도는 이상행동을 하는 코끼리를 조사한 결과 원인을 밝혀냈어요. 기후변화로 수온이 오르면서 물웅덩이에 생긴 독성 녹조(시아노박테리아의 신경독) 때문이었지요. 밀렵이 아니어도 언제 어떤 위험 요소가 코끼리 개체 수에 영향을 미칠지 몰라요. 코끼리 사냥을 허용하는 대신 다른 좋은 방법은 없을지, 보츠와나의 현명한 정치를 기대해 봅니다.

생각해 보기

• 다이아몬드 생산량 1위 국가는 어디일까? 그 나라는 풍부한 자원을 국민과 나누고 있는지 알아보자.

마다가스카르
바오밥나무를 지켜라!

#바오밥나무 #자연 물탱크

MADAGASCAR

바오밥나무를 알고 있나요? 생텍쥐페리의 《어린 왕자》를 읽은 친구들이라면 고개를 끄덕일 겁니다. 어린 왕자가 사는 B612별에는 무서운 씨앗이 있어요. 바로 바오밥나무 씨앗이죠. 별은 작은데 바오 밥나무는 얼마나 잘 자라는지요. 바오밥나무가 너무 많으면 나무뿌리 가 별 깊숙이 구멍을 뚫어 별이 터져 버릴까 봐 어린 왕자는 싹이 보 이는 대로 뽑아 버려요.

《어린 왕자》를 통해 처음 바오밥나무를 알게 되었을 때는 두 려움이 컸어요. 실재하는 나무일 거라고는 미처 생각지 못했거든요. 그런데 알고 보니 아프리카를 대표하는 나무였어요. 어린 왕자에겐 골칫덩이였던 바오밥나무가 아프리카 사람들에게는 전혀 아니었던 거죠. 우리는 세상의 수많은 존재와 관계를 맺고 살아갑니다. 작게는 가족부터 이웃, 학교 친구, 학원이나 그 밖에 사회에서 만나는 수많 은 사람 그리고 동물, 식물과도 관계를 맺고 살아가지요. 여러분은 나

84

무나 새와 어떤 관계를 맺고 있나요? '아니, 나무나 새는 말도 통하지 않는데 어떻게 관계를 맺어?'라고 생각한다면 바오밥나무와 깊은 관계를 맺고 살아가는 사람들의 이야기를 들어 보세요. 과연 사람이 아닌 존재와 어떤 관계를 맺는지, 여러분이 미처 발견하지 못한 관계에 대해서도 생각해 볼 기회가 되면 좋겠어요.

　　아프리카 동쪽으로 커다란 섬이 있어요. 마다가스카르입니다. 마다가스카르는 그린란드, 뉴기니, 보르네오에 이어 세계에서 네 번째로 큰 섬으로 세계 영토 순위에서는 우크라이나와 비슷한 46위이고, 면적은 우리나라의 6배가량 됩니다. 아프리카 대륙에서 가장 가까운 모잠비크와는 400km 떨어져 있지만 마다가스카르에 사는 사람들은 무려 6,900km 떨어진 인도네시아 보르네오에서 건너온 것으로 알려져 있어요. 마다가스카르에는 전 세계 여덟 종의 바오밥나무 가운데 여섯 종이 살고 있지요. 바오밥나무는 뿌리와 줄기가 거꾸로 박힌 듯한 모양새의 나무인데요. 생김새가 무척 독특할 뿐만 아니라 크고 오래 사는 나무랍니다. 바오밥나무는 그 지역의 생태계 균형을 유지하고 지역 문화 형성에도 중요한 역할을 해요. 마치 우리나라의 느티나무가 그랬던 것처럼요. 바오밥나무는 20m까지 자라요. 크게 자라기 위해서는 뿌리도 땅속으로 깊고 넓게 뻗어야겠지요? 가장 오래 산 바오밥나무는 남아프리카공화국에 있는 글렌코바오밥인데요. 나이는 대략 1,840세 정도로 추정합니다. 이 나무는 2009년에 몇 개로 쪼개지면서 더는 살아 있지 않아요. 이 나무를 근거로 바오밥나무는 대략 2,000년 정도 살 거라 추정합니다. 이토록 오래 사는 나무니까 할머니의 할머니의 할머니도 지금 살고 있는 손녀와 똑같은 나무를 보고 있다는 거잖아요. 경이로운 일이죠.

　이렇게 오래 살다 보니 바오밥나무 줄기 안쪽이 썩으면서 크고 작은 공간이 생겨요. 이 공간을 과거에는 곡식 창고나 감옥으로도 사용했고 요즘은 관광객들을 위한 숙박 시설이나 작은 가게 등으로 활용한다고 해요. 새나 작은 포유동물이 둥지를 틀고 살아가는 공간이 되기도 하고요. 나무는 줄기 바깥으로 성장하기 때문에 안쪽은 썩어도 생존하는 데 문제가 되지 않아요. 우기에 많은 비가 내리면 이곳에 물이 저장됩니다. 지역 사람들에게 요긴한 우물 같은 역할을 하지요. 건조한 지역이다 보니 우기에는 땅속으로 넓게 뻗어 간 뿌리가 펌프처럼 깊은 곳에 있는 물을 끌어와 최대 10만 리터 이상 줄기에 저장할 수 있다고 해요. 자연이 만든 거대한 물탱크인 셈이죠.

　건기에 물이 부족하면 사람들은 바오밥나무 껍질을 벗겨 가축에게 먹여요. 코끼리나 개코원숭이를 비롯한 동물들도 건기에 바오밥나무 껍질을 씹으며 수분을 보충하고요. 나무껍질이 손상되어도 바오밥나무는 빠르게 재생됩니다. 나무껍질에 수분이 많아 목재로는 잘 쓰이지 않지요. 오히려 유연해서 강풍에 쉽게 부러지지 않으며 오랜 시간을 살아남을 수 있다고 해요. 잎이나 껍질에서 섬유를 뽑아내어

바오밥나무.

밧줄이나 바구니 등 생활용품을 만들고 관광객들에게 팔 기념품부터 악기 등 다양한 제품을 만듭니다. 열매는 딱딱한 껍질을 제거하고 안쪽에 있는 과육으로 가루를 내어 주스나 빵을 만들어 먹습니다. 바오밥나무 열매는 오렌지보다 6배 많은 비타민C, 우유보다 3배 많은 철분을 함유하고 있어요. 바오밥나무는 그 지역 사람들에게 병원이자 약국 같은 존재였지요. 나무가 크다 보니 넓은 그늘이 생겨 모임 장소를 제공하기도 하고요. 사람들은 나무와 오랜 시간을 더불어 살며 다양한 방식으로 활용해 왔습니다. 이토록 소중한 바오밥나무가 사라진다면 어떤 일이 벌어질까요?

2020년 1월부터 2023년 5월까지 3년 4개월 동안 코로나19 팬데믹은 전 세계인에게 고통의 시간이었어요. 그런데 마다가스카르의 사람들은 기록적인 가뭄으로 심각한 기근을 겪으며 훨씬 더 힘든 시기를 보냈어요. 전체 인구의 75%가 농업에 종사하고 있는데 지구 온난화에 엘리뇨까지 겹치면서 기온 상승과 이상 기후로 비가 내리지 않아 농산물 수확량이 크게 줄었기 때문이지요. 마다가스카르 남부의 상황이 훨씬 더 심각했는데 이 지역에 사는 사람들은 식량이 부족해지자 곤충이나 선인장 잎을 먹으며 연명했다고 해요. 코로나가 아니었다면 다른 지역으로 이동해서 일하며 먹고살 수 있었겠지만 그조차 어려워 130만 명이 기근으로 고통받았어요. 유엔 세계식량계획(WFP)에 따르면 이 기간 동안 마다가스카르에 있는 5세 미만 영유아들이 심각한 영양실조를 겪었어요. 어릴 적 겪은 심각한 영양실조에는 평생 후유증이 따라다녀요. 팬데믹은 끝났지만 계속되는 극심한 가뭄 등으로 마다가스카르에는 빈곤에 처한 사람이 많습니다. 세계은행에 따르면 2023년에는 마다가스카르 사람 10명 중 여덟 명이 극심한 빈곤에 처해 있었으며, 하루 소득이 2.15달러 미만이었다고 합니다.

극심한 가뭄은 사람뿐만 아니라 바오밥나무에도 심각한 영향을 줍니다. 과거에는 5~7년마다 발생하던 가뭄이 해마다 발생하면서 농업 생산량이 떨어지자 이제는 더 넓은 농경지를 확보하기 위해 벌목하고 산림에 불을 질러요. 드러난 흙은 빗물에 쓸려 가 사라지며 악순환이 벌어집니다. 이런 환경은 토양 생태계에도 영향을 줍니다. 급격한 환경 변화로 가뜩이나 약해진 바오밥나무는 인도양에서 불어오는 사이클론, 강력한 번개 등에 쓰러지기도 합니다. 흉작으로 식량이 부족한데 바오밥나무까지 이렇게 쓰러진다면 사람들의 삶은 더 고달파질 수밖에 없겠지요. 바오밥나무는 아프리카 문화에서 중요한 한 축을 담당하고 있는데요. 어린 왕자가 21세기에 지구에 온다면 바오밥나무 싹을 뽑아 버리는 게 아니라 귀하게 여기며 잘 돌볼 것 같지 않나요? 그때까지 우리가 잘 돌보기로 해요. 바오밥나무를 잘 돌보는 방법은 기후 위기가 더 악화되지 않도록 하는 거지요. 그래야 바오밥나무도 뿌리를 내린 그곳에서 잘 살아갈 테니까요.

생각해 보기

• 바오밥나무처럼 물탱크 역할을 하는 나무로 또 어떤 것들이 있는지 알아보자.

모잠비크

땅뺏기 싸움에서 승리한
농부와 시민의 연대

#프로사바나 프로젝트　#농지 쟁탈전

MOZAMBIQUE

　　2008년 세계 식량 위기 이후, 기본 식료품 가격이 2~3배 오르자 남반구 특히 사하라 이남 아프리카에서 농지 확보 쟁탈전이 벌어집니다. 에티오피아에서 콩고민주공화국, 세네갈에서 수단에 이르는 수억 헥타르의 땅을 '수출용 작물' 재배를 목적으로 매입했어요. 2010년대 초에는 모잠비크, 브라질, 일본 이렇게 세 나라가 협력해서 대규모 농업 개발 사업인 '프로사바나(ProSavana) 프로젝트'에 착수합니다. 모잠비크 북부의 나칼라 회랑 지역을 농업 생산 지역으로 전환하는 것이 주 내용이었어요. 모잠비크는 광대한 국토에 비해 상대적으로 인구가 적어 최적의 투자처로 떠올랐어요. 2010년 사우디아라비아 리야드에서 열린 국제회의에서 모잠비크 농업부 장관은 헥타르당 1달러로 50년간 토지를 임대하겠다고 제안합니다. 1970~1990년 사이 브라질 마투그로수(Mato-Grosso)의 세하두(Cerrado, 브라질의 열대 사바나 지형)를 세계 최대 콩 생산지로 탈바꿈시킨 실험을 재현하는 게 이 프로젝트의 목표였어요. 프로사바나 프로젝트에 아시아 국가인 일본이 참여하게 된 배경에는, 세하두 지역이 세계 최대 농업 지대로 발전하는 데 일본의 기술과 막대한 재정 지원이 있었기 때문이에요. 이 프로젝트에는 농식품 그룹 외에도 수익을 추구하는 투자자들이 참여했어요. 골드만삭스, 메릴린치 같은 금융권에서 일하던 사람들이 설립한 투자 펀드 회사까지 참여했고요. 그들에게 중요한 것은 오직 큰 수익이었어요.

거의 무상이나 다름없는 토지가 제공되고, 농산물을 모잠비크에서 중국으로 실어 나르는 운송료가 브라질보다 저렴하다는 게 이 프로젝트를 기획하고 투자한 사람들이 꼽는 성공 요인이었어요. 문제는 그 지역에 살고 있는 농부들은 이 사실을 전혀 모르고 있었다는 것입니다. 2011년 8월 농업부 장관이 브라질 신문에서 한 인터뷰를 통해 프로사바나 프로젝트가 처음으로 모잠비크 주민들에게 알려졌어요. 여러 아프리카 국가와 마찬가지로 모잠비크의 토지는 국가 소유로 매매할 수 없어요. 대신 정부가 법적으로 공동체나 개인에게 소규모 토지를 경작하고 개발할 권리를 부여해요. 많은 농부가 이 권리에 크게 신경을 쓰지 않는 사이에 정부가 토지 주인을 바꿔 버린 거지요. 뒤늦게 이 사실을 알게 된 농민들은 30년 전 브라질의 마투그로수에서 어떤 일이 일어났는지 직접 브라질로 가서 확인하고 큰 충격을 받아요.

"수백 킬로미터를 이동하는 동안 우리가 본 것은 거대한 콩밭뿐이었어요. 농부도 없고 마을도 없었어요. 나무도 동물도 없었어요. 살충제와 비료를 많이 사용하여 그 지역이 사막으로 변했기 때문입니다. 우리 집이 그렇게 텅 빈 황무지가 될 수 있다는 생각에 소름이 끼쳤어요."

이들의 브라질 여행은 다큐멘터리로 제작되어 모잠비크 전역에 상영되었고, 거센 저항 운동이 일어났어요. 브라질과 일본, 모잠비크에서 농민 단체와 NGO들이 정보를 공유하고 활동을 조율했어요. 이들은 세 나라의 정부에 공개서한을 보내서 자신들의 삶에 직접적인 영향을 미치는 사회, 경제, 환경 관련한 문제에 대해 넓고 투명하고 민주적인 공론의 장이 없었다는 점을 규탄했어요. 43개 국제기구가 이 서한에 공동 서명하고 배포했습니다. 이러한 활동은 유럽 시민사회에까지 영향을 끼치며 결국 프로사바나 프로젝트를 중단시키기에 이르렀어요. 세상은 저절로 좋아지지 않아요. 때론 힘든 저항도 필요하다는 사실을 좌초된 프로사바나 프로젝트에서 느낄 수 있지 않나요?

생각해 보기

• 우리나라에도 대규모 농업 개발지가 있는지 조사해 보자.

르완다

비닐봉지 없는 나라, 마운틴고릴라 있는 나라

#아프리카에서 가장 깨끗한 나라   #고릴라 관광

RWANDA

인류의 고향인 아프리카는 오랜 시간 유럽의 식민지로, 서양 열강의 무수한 침탈로 얼룩진 역사를 지닌 대륙입니다. 이집트와 튀니지 정도를 제외하면 아프리카는 나라의 개념보다는 부족의 개념이 더 강한 곳이에요. 크고 작은 수천 개 부족이 사는 대륙이지요. 주로 언어와 혈통 그리고 사는 지역에 따라 형성된 문화로 부족이 나뉩니다. 보통 세계 여러 나라의 국경선을 보면 강이나 산을 중심으로 꼬불꼬불하지요. 그런데 아프리카 국경선은 대체로 반듯해요. 유럽 열강이 아프리카에 침입해서는 넓은 땅을 멋대로 나눴기 때문이지요. 자신들의 편의대로 국경선을 정하는 동안 그곳 주민의 의견은 전혀 반영되지 않았어요. 그 바람에 서로 적대적인 부족이 한 나라로 묶이고, 같은 부족이 쪼개지는 비극이 곳곳에서 벌어졌습니다. 꼭 이 이유 때문만은 아니지만, 아프리카 여러 나라에서 내전이 끊이지 않는 것은 서로 섞이기 어려운 부족이 한 나라로 묶인 탓이 크다 할 수 있어요. 르완다 역시 그렇게 문화가 다른 부족이 섞여 만들어진 나라입니다. 벨기에의 식민지 시절부터 서로 사이가 좋지 않은 후투족과 투치족이 르완다라는 한 나라로 묶인 거예요. 결국 부족 간 내전으로 1994년에 80만~100만 명이 숨진 일명 '르완다 대학살'이란 비극적인 역사가 있습니다. 과거의 폭력 사태가 다시는 벌어지지 않도록 현재는 헌법을 새롭게 만들고 동네 법원을 만들어 부족 간의 갈등을 부추기는 행위를 중대한 범죄로 다스리고 있어요. 부족 간에 벌어진 일을 외부의 힘으로 해결하려 하지 않고 이들이 스스로 문제를 풀어가려는 노력이 이어지고 있습니다.

르완다 하면 과거에는 르완다 대학살이 먼저 떠올랐으나 이제 르완다 하면 두 가지 환경 키워드가 떠올라요. 하나는 비닐봉지(plastic bag)가 없는 나라라는 거예요. 르완다에 다녀온 사람들이 이구동성으로 하는 얘기가 있어요. 거리가 너무 깨끗하다는 겁니다. 저개발 나라에 가면 특히나 비닐봉지 쓰레기가 넘쳐 나는데요. 르완다는 2008년부터 생분해되지 않는 비닐봉지 사용을 법으로 금지하고 있어요. 그래서 비닐봉지의 생산, 사용, 판매뿐 아니라 수입도 금지하고 있지요. 르완다를 방문하는 관광객들 역시 비닐봉지를 반입할 수 없습니다. 또 르완다에서는 국민들이 달마다 마지막 토요일에 지역에 모여 청소를 합니다. 그래서 르완다 하면 아프리카에서 가장 깨끗한 나라로 알려지게 되었어요. 2019년 10월 르완다는 아프리카 최초로 모든 일회용 플라스틱 사용 또한 전면 금지했답니다. 놀랍게도 아프리카 대륙의 많은 나라가 비닐봉지 사용을 금지하고 있어요. 아프리카 대륙이 공통으로 플라스틱 금지 법안을 마련해도 좋을 것 같아요. 아프리카 대륙의 대부분 나라가 발전을 해야 하는데도 이런 결정들을 과감히 하고 있다는 사실이 놀랍지 않나요? 우리가 본받아야 할 점이지요?

르완다 하면 떠오르는 두 번째 환경 키워드는 마운틴고릴라입니다. 르완다 화폐 중 가장 고가인 5,000르완다 프랑의 주인공이죠. 화폐에 넣은 그림은 그 나라에서 그만큼 의미가 있다는 뜻일 테지요? 르완다와 콩고민주공화국 그리고 우간다가 만나는 접경 지역은 열대 우림과 호수와 화산이 있는 생물 다양성의 보물 창고입니다. 이곳에서 가장 유명한 동물이 마운틴고릴라예요. 마운틴고릴라는 전 세계에 1,000마리 정도 있는데 바로 이 지역이 유일한 서식지입니다. 우간다의 브윈디 국립공원에도 500마리 정도 마운틴고릴라가 있지만 르완다가 훨씬 유명해요. 그 이유는 다이앤 포시라는 과학자가 르완다에서 처음으로 고릴라의 생태를 연구했기 때문이에요.

제인 구달은 많이들 알고 있지만 다이앤 포시는 잘 알려지지 않았어요. 둘은 공통점이 많아요. 여성 과학자이고, 나이가 같고, 비슷한 시기에 아프리카로 건너가서 현지에서 영장류를 연구했지요. 그때는 영장류에 대한 제대로 된 조사도 연구도 전무하던 시절이었어요. 다이앤 포시는 인류 역사상 처음으로 고릴라가 인간을 호의적으로 대하며 무리로 받아들인 첫 사례라고 해요. 다이앤 포시가 고릴라를 연구하러 갔을 당시 르완다는 내전으로 나라 경제가 엉망인 상황이었어요. 가난한 르완다 사람들은 고릴라 고기라도 먹고 살아야 했죠. 다이앤 포시는 밀렵꾼들에 맞서 싸우며 고릴라를 지켜 내려 고군분투했는데, 이 과정에서 르완다 정부가 미국 정부에 항의하는 일이 벌어져요. 결국 다이앤 포시는 미국으로 돌아가게 돼요. 이후 그녀는 그동안 자신이 관찰하고 경험한 내용을 바탕으로 책을 씁니다. 그 책은 고릴라라고 하는 영장류에 대한 사람들의 인식을 바꾸는 계기가 되었어요. 책 발간 이후 밀렵이 조금씩 줄기 시작했고, 르완다 정부가 밀렵꾼을 잡아내기에 이르렀어요. 그리고 르완다 정부는 알게 되었지요. 고릴라 관광이 돈이 된다는 사실을요. 일명 생태 관광이라고 하지요? 다이앤 포시는 이런 관광이 고릴라에게 스트레스가 될 거라며 르완다 정부에 항의했어요. 아마도 이 일이 계기가 되었던 건지 다시 르완다로 가서 연구를 하던 다이앤 포시는 캠프에서 잠을 자다가 살해당합니다. 너무 안타까운 일이지요.

포시가 세상을 떠나고 마운틴고릴라는 르완다 최고의 관광 상품이 되었어요. 우간다와 르완다 두 나라에서 고릴라트래킹 관광 상품을 팔고 있는데요. 고릴라를 보는 비용으로 1인당 1,500달러를 지불해야 합니다. 결코 적지 않은 금액인데도 방문 몇 달 전에 예약을 해야 할 정도로 인기가 많아요. 동물로 돈벌이를 한다는 점에서 생태 관광은 비판을 받기도 합니다. 실제로 그들의 서식지에 사람들이 몰려가 구경을 하게 되면 스트레스를 받는 것도 사실입니다. 그러나 고릴라가 있기 때문에 그 지역 수입이 증가한다고 하면 지역 사람들이 나서서 고릴라 보호를 위해 노력할 겁니다. 여기서 중요한 것은 그 지역으로 생태 관광 수입의 일정 부분이 가야 한다는 거지요. 기업이 돈을 벌어들이는 구조가 아니라요. 숲에 살고 있는 고릴라의 일거수일투족을 지역 주민들이 모두 파악하고 고릴라 투어에 마을 주민들이 함께한다고 해요. 숲에서 크게 웃거나 떠들 수도 없고 고릴라를 보는 시간도 1시간을 넘길 수 없다고 하고요. 고릴라가 잘 지낼 수 있도록 보호하려면 고릴라가 사는 서식 환경 전체가 건강해야 합니다. 아프리카의 내륙에 꽁꽁 숨겨진 보석 같은 나라, 르완다가 더 궁금해지지 않나요?

생각해 보기

• 아프리카의 다른 나라에는 또 어떤 생태 관광 상품이 있을까?

탄자니아

야생동물의 천국?
세렝게티와 '보전 난민'의 역설

TANZANIA

#트로피 사냥   #보전 난민   #마사이족

아프리카는 야생동물 최대 서식지로, 곳곳에 야생동물 보전 구역이 있어요. 아프리카에 가 본 적 없어도 아프리카 하면 눈 덮인 킬리만자로와 세렝게티가 먼저 떠오릅니다. 세렝게티에서 사파리를 즐기는 걸 인생 버킷 리스트에 올려 두는 사람들도 꽤 있어요. 마사이어로 '끝없는 평원'이라는 뜻을 담고 있는 세렝게티 역시 야생동물의 천국이에요. 그런데 세렝게티는 본래부터 야생동물만 살던 공간이었을까요? 동물이 살기 괜찮은 곳이라면 사람도 살았을 거예요. 세렝게티도 야생동물만의 공간으로 바뀌기 전까지 사람이 더불어 살았습니다.

세렝게티는 남쪽으로는 탄자니아의 응고롱고로 자연 보호 구역과, 북쪽으로는 케냐의 마사이마라 국립공원과 이어져 있는데요. 이곳, 즉 탄자니아 북부와 케냐 남부의 접경 지역에 걸쳐 약 200만 명의 마사이족이 살아가고 있어요. 마사이족은 사자를 사냥하는 용맹

한 전사 부족이지만 현재는 더 이상 사냥을 하지 않고 반유목 생활을 합니다. 그들이 방목하는 소 떼가 풀을 뜯어 먹고 누는 똥은 자연 거름이 되면서 사바나(대초원) 생태를 보전하는 역할을 하지요. 마사이족이 우리나라에서도 꽤 유명했던 때가 있어요. 드넓은 초원을 걸어 다니는 키 큰 마사이족의 걷기에서 착안한 일명 마사이워킹 운동화 때문이었어요. 그러나 실제 마사이족은 대부분 맨발이거나 슬리퍼를 신고 다녀요. 스위스의 한 신발 기업의 상술이었던 거예요. 걷기의 대가가 사는 곳답게 이곳 응고롱고로 보호 구역 안에는 인류 최초의 발자국이라고 하는 라에톨리 발자국이 있어요. 27m에 걸쳐 70개 발자국이 찍혀 있는 호미닌의 발자국 유적인데요. 무려 370만 년 동안이나 화산재 속에서 보전되어 온 것으로 알려진 이 발자국의 주인공은 초기 인류인 오스트랄로피테쿠스 아파렌시스입니다. 최초 인류의 발자국이 마사이족의 거주지에서 발견된 일은 정말 우연치고는 너무나 놀라운 우연이 아닐 수 없어요.

1904~1911년에 걸쳐 지금의 케냐 땅인 영국령 동아프리카에서 영국 식민지 행정 정부가 마사이족의 50~70%를 살던 곳에서 강제로 쫓아냈어요. 마사이족을 몰아낸 곳에 영국 수렵꾼들이 와서 맘껏 사냥하도록 공간을 조성한 거지요. 이후 1930년대에 세렝게티에 사냥 보호 구역이 지정되었고, 이 지역은 1940년에 국립공원이 되었어요. 세렝게티 국립공원이 조성되면서 추방된 마사이족은 응고

롱고로 보호 구역으로 이주해 왔고요. 그런데 또다시 마사이족이 살던 곳에서 강제로 추방당하는 일이 벌어지고 있어요. 응고롱고로 자연 보호 구역 북쪽과 세렝게티 자연 보호 구역 동쪽에 있는 롤리온도 구역의 1,500km^2 면적을 탄자니아 정부가 아랍에미리트 계열 사냥 업체에게 사냥 허가를 내어 주기 위한 공간으로 조성하려는 거지요. 사냥 업체는 이곳에서 관광 상품으로 트로피 사냥을 하려는 겁니다. 트로피 사냥이란 단순 오락을 위해 대형 동물을 사냥하고 사냥감의 일부를 마치 경기에서 우승하면서 받는 트로피처럼 박제해서 가져간다고 해서 붙여진 명칭이에요. 케냐는 1977년 이후 트로피 사냥을 금지하고 있지만 탄자니아에서는 가능합니다. 이 사냥 업체의 주 고객은 아랍의 최고 부자들(왕족들 포함)인데요. 이미 이 사냥 업체는 1992년 이후 탄자니아에서 트로피 사냥을 해 오고 있어요. 이곳까지 빠르게 다녀가기 위해 개인 활주로도 만들었고요. 헬리콥터를 동원해서 사냥감을 몰아대거나 동물들을 유인하려고 소금 덩어리를 사용하고, 정해진 동물 수 이상을 사냥하며 사냥 쿼터를 지키지 않는 등 물의를 일으키고 있어요.

　　마사이족이 강제 이주에 저항하자 탄자니아 경찰은 이들이 살고 있는 거주지에 불을 질렀어요. 폭력 충돌이 벌어지기도 했고요. 이런 사건들이 보도되면서 세상에 알려졌어요. 국제앰네스티는 탄자니아 정부가 마사이족을 강제로 퇴거 집행하는 일은 '모든 형태의 인종

차별 철폐에 관한 국제협약(ICERD)'에 위배된다고 지적했습니다. 탄자니아도 이 협약에 가입해 있거든요. 조상 대대로 삶의 방식을 크게 바꾸지 않고 사는 부족들에게 땅은 문명화된 우리가 생각하는 땅 이상의 의미일 거예요. 그들의 문화이자 정체성이며 그들의 생계 수단에 이르기까지 땅은 마사이족에게 모든 것이라 해도 과언이 아닐 겁니다. 그런 곳에서 강제로 추방당하는 것이 그들에겐 어떤 의미일까요? 자연 보호라는 명분을 앞세워 선주민들을 쫓아내지만 야생동물을 죽이는 건 마사이족이 아니라 사냥을 하러 오는 외국 부자들입니다. 한 지역에서 오랜 시간 살아온 사람들은 야생동물과 더불어 사는 방법을 터득하고 있어요. 실제로 탄자니아나 케냐의 마사이족이 거주하는 지역에 다른 곳보다 더 많은 동물이 서식하고 있다고 해요. 르완다의 사례에서 보듯이 다양성을 보전하는 일은 그곳에서 살아가는 지역 공동체의 온전한 참여 없이는 불가능한 목표일 수 있어요.

탄자니아에서는 세렝게티를 비롯한 자연 보호 구역이 대단히 중요한 관광 상품입니다. 그러나 야생동물 보호 정책으로 삶터에서 내몰리는 선주민인 마사이족의 생존권은 보호받을 권리가 없는 건가요? 때로는 개발이 필요해서 이주할 수밖에 없는 상황이 생길 수도 있어요. 하지만 탄자니아 마사이족이 처한 현실은 '보전 난민'의 역설입니다. 보전 난민이란 조상 대대로 살던 지역이 야생동식물 보전 지역으로 지정되면서 강제로 이주당하는 선주민을 가리키는 말입니다.

그럴 때 고려해야 할 것은 무엇일까요? 보전 지역으로 지정하는 단계부터 선주민들과 논의가 필요할 것 같아요. 어쩔 수 없이 발생하는 이주를 최소화하려는 노력도 있어야 하고요. 원치 않는 이주를 감행해야 하는 이들의 불안감을 덜 수 있도록 충분히 경제적인 지원을 포함해서 교육이 필요한 사람들에게는 교육의 기회를 보장해 주고 복지의 혜택까지 충분히 제공해 줘야 할 것 같아요. 단지 종족이 같다는 이유로 다른 지역의 마사이족이 사는 곳으로 강제 이주를 시키고 있다는데요. 이렇게 생각하는 건 마사이족의 입장을 전혀 고려하지 않는 안일한 발상입니다. 환경이 달라지면 문화도 달라지게 마련이고, 이 때문에 그들 사이에 갈등이 생기고 있으니까요.

우기인 1월에도 비를 구경하기가 어려워지면서 가축에게 먹일 풀이 부족해지는 환경문제를 마사이족은 일찍이 겪고 있어요. 그런 데다 살던 곳에서 강제 이주를 당하는 문제까지 벌어지니 안타깝기만 합니다. 세계시민으로서 우리가 탄자니아에 살고 있는 마사이족을 응원할 방법은 뭐가 있을까요?

생각해 보기

• 마사이족의 삶터를 지켜 줄 수 있는 방법에는 무엇이 있을지 고민해 보자.

케냐

아보카도 농장에 쫓겨나는 코끼리

#가상수   #물 부족

KENYA

유명 대학이나 연구진에서 선정했다는 수식어까지 붙으며 언론 등에 자주 등장하는 슈퍼 푸드. 음식이면 음식이지 왜 앞에 슈퍼라는 말이 붙을까요? 그만큼 건강에 좋다는 걸 강조하려는 의도일 겁니다. 우리가 음식을 먹는 까닭은 에너지를 얻기 위해서죠. 음식이 몸에서 소화되면서 영양소로 쓰이고 에너지로 쓰이며 생명이 이어지는 거고요. 몸에 특별히 부족한 영양소가 있지 않은 다음에야 너도나도 슈퍼 푸드를 먹을 이유가 있을까요? 적절하게 운동하고 적당한 양의 음식을 고르게 섭취하는 게 건강한 생활 아닐까요? 저는 슈퍼 푸드라서 어떤 음식을 일부러 먹어 본 기억은 없어요. 오히려 이런 생각이 듭니다. 왜 슈퍼 푸드라고 하는 음식들은 대개 수입해 올까? 건강하게 장수한 사람들은 모두 슈퍼 푸드를 먹었을까? 슈퍼 푸드에 대해 좀 진지하게 생각했던 계기는 아보카도였습니다. 아보카도라는 이름도 생소한 과일이 처음 우리나라에 수입되었을 때 슈퍼 푸드로 알려졌어요. 영양소가 아주 높은 데다 다른 과일에서는 찾기 힘든 단백질과 지방 성분 그리고 그 밖에 여러 비타민이 무척 풍부하다고 광고하더군요. 그런데 영양소가 높으면 무조건 좋은 건가, 하는 의문이 들었어요. 지나친 건 모자람만 못하다는 속담이 생각났으니까요. 게다가 우리는 여러 음식을 고루 먹으니 과일 하나에 모든 좋은 게 다 담겨있지 않아도 괜찮지 않을까요? 오히려 저는 아보카도가 재배되는 지역의 환경이 궁금해졌어요. 아보카도가 재배되면서 생기는 여러 문제를 알고 나니 아보카도가 우리 몸에는 슈퍼 푸드일지 모르나 생산되는 지역에는 결코 슈퍼 푸드가 아니라는 생각이 들었어요.

　아보카도는 중남미가 원산지로, 현재 멕시코와 칠레에서 대부분 생산하고 있어요. 아보카도가 슈퍼 푸드로 각광받으며 세계인들에게 인기가 올라가자 숲을 없애고 아보카도나무를 심기 시작했어요. 숲이 사라지니 그곳에 사는 야생동물들은 서식지를 잃게 되죠. 아보카도는 과일 중에서 물을 가장 많이 필요로 합니다. 아보카도 열매 한 개를 키우는 데 물이 320리터나 필요해요. 오렌지보다 14배 이상 많은 물이 필요한 거예요. 성인 한 명이 반년 동안 마실 수 있는 양이지요. 아보카도 농장에는 나무가 밀집되어 있으니 얼마나 많은 물이 필요할까요? 가뜩이나 기후 문제가 심각해지면서 가뭄이 계속되자 칠레의 아보카도 농장 주인들은 용수 파이프를 인근 강에 대고 물을 빨아올리는 지경에 이르렀어요. 1997년 칠레의 페토르카강, 2004년에는 리과강이 완전히 말라 버렸습니다. 페토르카강 주변 마을 사람들은 급수차로 물을 배급받는 지경에 이르렀고요. 물이 있어야 요리하고 몸을 씻고 빨래하며 화장실을 사용할 수 있잖아요. 인간이 누려야 할 가장 기본적인 인권도 물이 있어야 가능합니다. 심각한 물 부족으로 삶이 피폐해지는 이야기는 슈퍼 푸드 뒤에 가려져 있어요. 물 부족을 겪는 멕시코나 칠레에서 수입해 오는 아보카도를 먹는다는 것은 그 나라의 물을 먹는 것과 다르지 않아요. 이런 물을 가상수라고 하지요.

　　케냐는 커피로 유명하며 아프리카에서 다섯 번째로 커피를 많이 생산하는 나라입니다. 커피 역시 물을 많이 필요로 하는데요. 케냐에 가뭄이 길어지면서 커피 농장이 물 부족으로 심각한 타격을 입고 있어요. 커피나무에 꽃이 핀 후 열매가 맺힐 때까지 비가 내려야 하지만 그러질 못하면서 열매를 맺지 못하는 일이 벌어졌어요. 이런 케냐에 최근에는 아보카도 농장까지 늘어나고 있어요. 물이 이렇게 부족한 나라에서 어떻게 아보카도를 재배할 수 있을까요? 아프리카 일부 지역은 아보카도 농사에 적당하다고 해요. 강수량이 충분한 나이지리아, 우간다의 중부와 남부 그리고 케냐의 북부 산악 지역이 그렇지요. 케냐에서 아보카도 농장이 들어서는 곳은 암보셀리 호수가 인접한 암보셀리 국립공원 근처입니다. 아보카도가 세계적으로 인기 있는 슈퍼 푸드이다 보니 농장주들이 더 많은 아보카도나무를 심기 위해 무차별적으로 농지를 개간하고 있어요. 농장 둘레에는 야생동물로부터 아보카도나무를 지키기 위한 전기 울타리까지 둘러쳐져 있답니다. 암보셀리 국립공원 근처는 코끼리와 다양한 야생동물의 서식지로 생태계에 매우 중요한 곳이에요. 그런데 이곳에 조성된 농장에 막혀 2,000여 마리 코끼리가 이동에 방해받고 있어요. 코끼리들은 이동할 다른 방법을 또 찾을 테고 인간과 코끼리의 갈등은 생각지 못한 곳에서 벌어질 수도 있겠지요. 만약 이동할 방법을 못 찾는다면 풀을 뜯을 장소를 잃고 목숨을 잃는 동물들이 늘어날 테고요.

2022년에 케냐 가뭄관리청(NDMA)은 케냐의 많은 지역에서 식량과 물이 암울할 정도로 부족하다고 밝혔어요. 5년 연속 우기에 비가 거의 오지 않은 데다 코로나19 팬데믹, 거기다 메뚜기 떼까지 창궐한 탓이었죠. 케냐는 가뭄으로 수백만 마리 가축이 죽고 농업 생산이 황폐해지는 기후변화의 직격탄을 맞는 나라입니다. 아보카도를 먹는 일은 이렇게 재배지에서 다양한 문제를 낳습니다. 어떤 좋은 해결책이 있을까요?

생각해 보기

• 가상수 문제를 일으키는 식물엔 또 어떤 것이 있을까?

우간다
지속 가능성을 배우는 빅토리아호

#외래종   #습지 복원   #조기 경보 시스템

UGANDA

아프리카에는 사막이 많지만 생각보다 호수와 강도 많아요. 아프리카 동부에 케냐, 우간다, 탄자니아 이렇게 세 나라가 공유하고 있는 빅토리아호는 아프리카에서 가장 큰 호수이면서 세계에서 세 번째로 큰 호수입니다. 이집트의 나일강은 백나일과 청나일 두 강이 합쳐지면서 만들어진 강인데요. 마치 서울의 한강이 북한강과 남한강이 두물머리에서 합쳐져 흐르듯이 말이지요. 백나일강을 거슬러 오르다 보면 빅토리아호에 이릅니다. 빅토리아호 크기는 남한 면적의 3분의 2 정도 된다고 하니 얼마나 큰지 짐작이 가나요?

빅토리아 호수는 1858년 영국 탐험가 존 헤닝 스피크가 발견했는데, 당시 영국의 빅토리아 여왕을 기리기 위해 이 같은 이름을 붙였다고 해요. 아프리카에 있는 수많은 지명 중에는 이처럼 유럽식 이름이 많아요. 영국 탐험가가 아프리카에서 이 호수를 처음 발견했다는 게 얼마나 모순인가요? 그 지역에는 오래전부터 사람이 살고 있었고 호수에서 물고기를 잡아 생계를 이어 갔을 텐데 말입니다. 그 지역 사람들이 호수를 부르는 이름이 설마 없었겠어요? 호수가 워낙 크다 보니 부족에 따라 부르는 명칭은 다르겠지만요. 가령 반투족은 '니안자(Nyanza)' 호수라고 부르고 우간다에서는 신의 호수라는 의미로 '남 롤웨(Nam Lolwe)'라고 부르듯 말입니다. 호수 하나를 두고 여러 이름이 있으니 뭔가 공식적인 이름은 필요했을 거예요. 그렇다면 공식적인 이름을 정할 권리를 가진 사람은 누구여야 할까요? 유럽과 서구 중심적인 생각에 균형이 필요해 보입니다.

빅토리아 호수를 공유하고 있는 케냐, 우간다, 탄자니아 세 나라 가운데 호수와 공유 면적이 가장 넓은 건 우간다와 탄자니아인데요. 우간다의 수도 캄팔라가 호수에 인접해 있어요. 우간다를 중심에 놓고 빅토리아 호수 이야기를 풀어 보겠습니다.

넓은 호숫가에 사는 사람들 대부분은 어업으로 생계를 잇습니다. 빅토리아호에는 시클리드라는 작은 물고기가 가장 많이 살았다고 해요. 당시 이 지역은 영국의 식민 지배하에 있었는데 1950년대 후반에 외래종인 나일농어를 빅토리아호에 풀어놓습니다. 누가, 왜 나일농어를 그곳에 풀어놓았는지는 여전히 논란이 있습니다. 영국인들이 빅토리아호에서 농어 낚시를 하려고 풀어놨다는 주장도 있고요. 대규모로 큰 물고기를 많이 길러서 어업을 활성화하려고 했다는 주장도 있습니다. 이렇게 외래종이 들어오자 생태계에 교란이 벌어졌어요. 빅토리아호에 살던 시클리드는 몸길이가 고작 10cm 안팎인데 나일농어는 최대 2m가 넘습니다. 순식간에 나일농어가 빅토리아호의 주인이 되었겠지요? 물론 나일농어는 경제에 큰 도움이 되었어요. 몸집이 큰 데다 토종 물고기에 비해 성장 속도도 빨라서 안정적으로 어류 공급이 가능해지자 수산업이 번성했습니다. 가공 공장이 늘어나면서 많은 사람에게 일자리와 소득을 제공했고요. 나일농어는 호수 주변 나라들의 수출 산업에 발판이 되었습니다. 주변 나라들은 나일농어를 유럽, 중동, 아시아로 수출하면서 외화를 벌어들였어요. 여기까지 쓰고 보니 나일농어가 복덩이일 수도 있겠다 싶지요?

호숫가에 살면서 필요한 만큼 물고기를 잡아서 먹고 일부는 필요한 물건과 맞바꾸며 살던 사람들에게 호수는 어떤 존재였을까요? 호수가 건강해야 내 삶도 건강하다는 생각을 했을 겁니다. 소중한 존재였을 거예요. 그런데 어느 순간 나일농어가 큰돈을 벌어 주자 돈의 위력을 느끼는 사람들이 분명 생겨났을 거예요. 더 많은 돈을 벌고 싶은 욕망에 사로잡혔겠지요. 나일농어는 돈벌이 상품이 되었어요. 더 많은 물건을 사고 더 좋은 집과 옷을 살 수 있는 형편이 되는 걸 우리는 '발전'이라고 불러요. 이제 더 이상 호수의 건강은 중요하지 않아졌고, 우간다에서 나일농어는 커피, 금과 함께 가장 중요한 수출품이 되었어요. 더 많이 잡으려는 마음에 남획을 하기에 이르렀고요. 호숫가에 공장 건설이 증가하고 일자리를 찾아 사람이 몰렸어요. 도시가 형성되자 화학물질, 중금속, 플라스틱 등 처리되지 않은 폐기물이 호수로 유입되기 시작했어요.

　더구나 기온 상승에 따른 수온 변화로 박테리아와 조류(algae) 번식은 더 증가했고요. 이 조류 증가는 기온 상승뿐만 아니라 생태계 교란과도 관계가 깊어요. 시클리드가 오랜 시간 호수에 살면서 형성된 생태계가 있었을 텐데 시클리드가 사라지니 생태계의 한 축이 빠지며 혼란이 일어난 거죠. 초식성 시클리드는 조류를 먹이로 삼는데 이런 어류가 사라지자 조류가 번성하여 호수를 뒤덮었어요. 결국 수질이 심각하게 나빠졌고 일부에서는 저산소 지역인 데드존(Dead Zone)이 생겼어요. 물속으로 산소와 햇빛이 들어가질 못하니 그 안에서 여타의 생물들이 살아갈 수가 없게 되었고요. 이런 환경이라면 나일농어도 제대로 살아남기 어려워지겠지요. 말 그대로 비극이 아닐 수 없습니다.

　지속 가능하지 못한 어업은 미래가 없어요. 사람들은 머리를 맞대고 지속 가능한 어업에 대한 방법을 찾기 시작했어요. 남획이나 불법 어업을 금지시키고 오염 물질 유입을 차단하기 위해 폐수 처리를 강화하기로 했어요. 공장과 도시 지역의 폐기물 처리법을 시행하기로 했고요. 홍수가 발생해 호수가 범람하게 되면 육상의 오염 물질이 다량 유입될 수 있기 때문에 자연 필터 역할을 할 수 있는 습지를 호숫가에 복원하기로 했어요. 호수에 인접한 세 나라의 노력은 당연한 일이겠지요.

또 하나, 빅토리아호는 워낙 규모가 크기 때문에 때론 예측할 수 없는 기상 이변으로 강풍과 그에 따른 높은 파도가 발생하여 해마다 많은 인명 피해가 발생합니다. 그런데도 호수에서 어업하는 사람들에게 조기 경보 시스템조차 없었어요. 국제사회의 도움이 필요했지요. 세계기상기구(WMO)는 빅토리아 호수에서 발생하는 각종 기상재해를 미리 지역 주민과 어민들에게 알려 주려고 조기 경보 시스템인 HIGHWAY(High Impact Weather Lake System) 프로젝트를 수행했어요. 조기 경보 시스템은 특히 우간다 분지에 살고 있는 20만 명 이상의 사람들을 미리 대피시킬 수 있어요. 향후 이 프로젝트는 잘사는 나라들의 후원과 협력으로 계속 키워 나갈 예정이라고 해요.

빅토리아호는 세 나라에 걸쳐 있기에 세 나라의 정책이 같이 가야 하는 어려움이 있어요. 하늘과 바다, 그리고 호수는 울타리를 칠 수 없어요. 이럴 때 필요한 게 역지사지하는 열린 마음인 것 같아요. 한 지역에서 사람들이 더는 살아갈 수 없을 때 난민이 됩니다. 난민은 한 지역, 한 나라의 문제로 끝나지 않아요. 빅토리아호 주변에 사는 사람들의 삶에 국제사회가 도움을 줘야 하는 이유이기도 합니다. 생태계에 외래종이 들어와서 돌이킬 수 없는 상황이 되었을 때 그걸 탓하기만 해서는 문제가 해결되지 않아요. 전화위복의 기회로 삼아서 어떻게 지속 가능한 삶을 살 것인가를 고민할 때 이전에는 생각지 못한 더 좋은 삶이 열릴 수도 있어요. 빅토리아호를 통해 지속 가능성을 배울 수 있다면 좋겠습니다.

생각해 보기

• 최근 우리나라에 들어온 외래종에 대해 조사해 보자.

소말리아

분쟁은 굶주림과 같이 다닌다

SOMALIA

#해적   #기아 위험 1위   #불법 조업

소말리아라는 나라를 알기 전까지 해적은 이미 오래전에 사라졌다고 생각했어요. 그런데 2011년 소말리아 앞바다에서 우리나라 배 한 척이 해적에게 피랍되는 사고가 벌어집니다. 이에 우리나라 해군인 청해부대가 인질 구출 작전을 펼쳐요. 작전명은 '아덴만의 여명 작전'이었어요. 다행스럽게도 이 과정에서 우리 해군은 인질을 모두 구출합니다. 이 뉴스를 통해 소말리아에는 실제로 해적이라는 직업이 있다는 사실을 알고 충격받았어요.

아프리카 대륙의 가장 동쪽에 돌출되어 있고 코뿔소의 뿔과 닮아 '아프리카의 뿔'로 불리는 지역. 소말리아, 에리트레아, 에티오피아, 지부티 등의 나라가 속한다.

'아프리카의 뿔'이라 불리는 지역에서 기역자로 생긴 나라가 소말리아입니다. 소말리아 앞바다는 아덴만이며 바다 건너 예멘이 있어요. 아덴만은 홍해와 이어져 있고, 수에즈 운하를 지나면 지중해로 아시아와 유럽을 잇는 가장 빠른 뱃길이지요. 교통의 요충지라는 이점을 잘 활용하면 소말리아는 지리적으로 유리한 위치입니다. 그러나 실상은 전혀 달라요. 소말리아는 1991년 이래 내전이 끊이지 않으면서 정치적으로 굉장히 혼란한 나라입니다. 만성적인 내전에 소말리아 국민들은 기본권조차 보장받지 못하고 각자도생의 삶으로 내몰리고 있어요. 국제사회는 실패한 국가, 무법천지 등으로 소말리아를 묘사합니다.

아일랜드 국제인도주의 단체인 컨선월드와이드와 세계기아원조는 2006년부터 세계기아지수를 발표해 오고 있어요. 소말리아는 조사 대상 135개국 가운데 기아 위험 1위입니다. 2021년 통계에 따르면 소말리아의 뒤를 이어 예멘, 중앙아프리카공화국, 차드, 콩고민주공화국, 마다가스카르가 기아 위험 국가인데요. 굶주림의 주된 원인은 분쟁입니다. 기아 위험 상위 10개 나라 가운데 여덟 개 나라가 분쟁 상황이라는 사실이 입증해 주고 있지요. 코로나19 팬데믹 기간에도 식량 위기의 가장 큰 원인은 분쟁이었어요.

그렇다면 소말리아는 왜 내전이 끊이지 않는 걸까요? 유럽의 식민 지배에서 독립하면서 소말리아는 하나의 종족인데도 너무 많은 씨족과 혈연관계로 쪼개져 나라를 운영합니다. 이런 사적인 관계는 포용적이지 못한 시스템을 만들지요. 수많은 정치 세력과 부족이 각자 다른 지역을 통제하면서 효과적인 중앙정부가 없는 나라가 돼 버렸어요.

소말리아는 인구의 65%가 농업에 종사합니다. 나라에 제대로 된 관개 시설이 없다 보니 비에 의존해서 농사를 짓는데, 수십 년에 걸친 내전에 대기근까지 덮쳤어요. 2000년대 초반부터 가뭄이 심해집니다. 우기인 3~6월 동안에도 극심해진 기후변화와 엘니뇨 현상으로 비가 제대로 내리질 않아요. 그러다 또 홍수가 발생합니다. 홍수로 수인성 질병인 콜레라가 번져 나갔고, 정확한 통계에 잡히지 않는 많은 아이가 죽어 갔어요. 소말리아로 취재 갔던 우리나라 기자도 먹을 게 없어 그곳을 빠져나왔다고 했을 정도니까요. 극단적인 가뭄과 홍수가 반복되지만 국제사회 원조가 제대로 이뤄지지 못하고 있어요. 국제사회에서 식량을 원조하고 파병을 지원하려고 해도 실권을 쥐고 있던 이가 정파적인 이유로 거절한 적도 있고요. 가장 용감한 국제 구호 단체인 국경없는의사회조차 의료 활동을 못 하고 철수한 나라가 소말리아입니다. 이 와중에 해적은 어떻게 등장하게 된 걸까요?

소말리아의 정치 상황이 무정부 상태나 다름없다 보니 이 틈을 타 서방세계가 소말리아 앞바다에 와서 불법으로 조업하며 소말리아 어장을 황폐화했어요. 아프리카 동해안은 어장이 풍부해서 엘도라도(16세기 에스파냐 사람들이 남아메리카 아마존강 가에 있다고 상상한 황금의 나라)라 불릴 정도입니다. 행운의 바다이지요. 그렇기에 많은 나라 어선들이 아프리카 동해로 몰려듭니다. 돈도 능력도 없는 정부를 가진 소말리아 앞바다의 풍부한 어장을 힘센 나라들이 털어 가게 된 거고요. 처치 곤란한 산업 폐기물도 마구 갖다 버렸어요. 바닷가에 살던 소말리아 어부들이 중심이 되어 자경단을 조직해서 바다를 관리하기 시작한 게 해적의 출발이라고 해요. 출발은 순수한 취지였어요. 이들의 활동은 주민들로부터 영웅 대접을 받기에 이르렀고요. 그런데 관리하는 과정에서 점차 담대해졌고, 배를 납치하면 돈이 된다는 걸 알게 되면서 해적으로 변질되었어요.

여러 아프리카 나라와 달리 소말리아는 천연자원이 부족한 편이에요. 게다가 정치적 혼란이 심합니다. 실권을 쥐고 있는 군사정권의 부정부패와 무능이 산업 발전을 저해하면서 소말리아는 외국의 원조에 과도하게 의존하게 되었어요. 급기야 그런 원조조차 제대로 국민에게 가닿지 못하는 상황에 이르게 되었고요. 곳곳에서 무장 세력이 득세하면서 굶주림에 교육도 제대로 받지 못한 아이들이 제대로 성장할 수 있을까요? 간신히 살아남은 아이들은 어른이 되어 무장 세력에게 합류해야 그나마 입에 풀칠이라도 하며 살아남을 수 있다고 합니다. 안정된 정치가 우리 삶에 얼마나 중요한 요소인지 느껴지지 않나요? 국제사회가 소말리아의 문제 해결에 어떤 도움을 줄 수 있을지 고민도 깊어집니다.

생각해 보기

• 소말리아 앞바다에서 불법 조업을 한 나라들은 과연 책임을 지고 있을지 알아봅시다.

콩고민주공화국
수력발전이 최선의 대안일까?

#자원 부국이자 최빈국   #그랜드 잉가 프로젝트

DEMOCRATIC REPUBLIC
OF THE CONGO

아프리카에는 두 개의 콩고가 있어요. 하나는 콩고민주공화국
(이하 민주콩고) 또 하나는 콩고공화국입니다. 왜 이름이 비슷할까요?
유럽 식민지 역사가 남긴 흔적이지요. 한 나라를 한쪽은 프랑스가 다
른 쪽은 벨기에가 식민 통치했고 각각 독립하면서 이름이 비슷한 다
른 나라가 된 거지요.

주로 입길에 오르는 나라는 민주콩고입니다. 민주콩고는 아프
리카에서 두 번째로 면적이 넓은 나라로 남한 면적의 23배나 됩니다.
아프리카 지도를 보면 북쪽으로 사하라 사막, 남쪽으로 나미브 사막
과 칼라하리 사막 사이에 초록색 지역이 있어요. 적도가 가로지르며
지나가는 이 지역이 콩고 분지입니다. 흔히 열대우림이라고 하면 아
마존만 생각하기 쉽지만, 콩고 분지는 아마존의 뒤를 이어 세계에서
두 번째로 규모가 큰 열대우림입니다. 콩고강을 중심으로 형성된 거
대한 자연 유역이고 생물 다양성이 매우 풍부하지요. 콩고 분지에 있

는 콩고강을 사이에 두고 두 콩고가 있어요. 콩고강은 아프리카에서 두 번째로 긴 강으로, 강은 사람과 물건의 이동 통로이면서 물 공급원으로 중요한 역할을 합니다.

콩고 분지 동쪽에 위치한 민주콩고에는 어마어마한 자원이 매장돼 있어요. 민주콩고는 아프리카 최대 자원 부국 중 하나입니다. 매장된 광물 가운데 콜탄이 있어요. 콜탄은 탄탈럼의 원료로 휴대폰, 전기자동차 등 21세기 최첨단 제품을 만들 때 반드시 필요한 캐퍼시터(콘덴서)의 주요 재료입니다. 이렇게 중요한 콜탄의 40%가 민주콩고에 매장돼 있어요. 물론 자원이 풍부하게 매장돼 있다는 게 언제나 행운은 아니라는 걸 아프리카 대륙을 통해 배우는데요. 민주콩고 역시 그렇습니다. 최첨단 시스템에 필수인 자원을 세계에서 가장 많이 매장하고 있지만, 아프리카 안에서도 최빈국으로 꼽히고 있어요. 최빈국일 수밖에 없는 이유 가운데 하나는 내전입니다. 100개가 넘는 무장 반군이 활동 중이라는 게 아마도 가장 큰 이유겠지요. 광물자원을 노리는 건 나라 밖에도 있어요. 내전에 개입하는 여러 나라들로 인해 내전이 끊이질 않고 있습니다.

민주콩고에는 세계 최대 코발트 매장지도 있어요. 코발트는 전기차의 필수품인 배터리를 제조하는 데 핵심 광물로 쓰입니다. 스마트폰, 전기차처럼 전자제품을 사용하려면 반드시 전기가 있어야 해요. 그런데 아이러니하게도 민주콩고에서는 수도인 킨샤사나 대도시를 벗어나면 전기가 들어오지 않아요. 설령 전기가 들어와도 수시로 끊깁니다. 그래서 관공서나 회사 그리고 부잣집은 소형 발전기를 갖추고 있답니다. 전력이 부족하니 공장을 가동시키는 것도 인터넷 보급도 모두 어려울 수밖에 없어요.

민주콩고는 전력 문제를 해결하기 위해 그랜드 잉가 프로젝트를 추진하고 있어요. 민주콩고의 수도인 킨샤사에서 남서쪽으로 약 225km 떨어진 콩고강에 수력발전소를 건설하려는 계획입니다. 완공된다면 최대 4만 MW에 달하는 세계 최대 수력발전이 될 것으로 예상하고 있어요. 중국의 산샤댐보다 2배나 많은 발전 전력량입니다.

그런데 이 프로젝트에는 몇 가지 우려할 만한 문제가 있어요. 기후 변동성으로 강우 패턴에 변화가 생겨 강 수위가 낮아지게 되면, 전력 생산이 불안정해질 수 있다는 겁니다. 대형 댐은 생태계를 교란시켜 어류와 지역 생물 다양성에 영향을 끼칩니다. 아프리카 대륙에서 가장 물이 풍부한 지역 중 하나가 콩고강이에요. 콩고강 강줄기를 따라 어업, 농업 등을 하며 강을 이용하는 지역 사람들이 많습니다. 만약 그 지역에 대형 댐이 건설되어 물 흐름이 변경되면, 의도하지 않았던 여러 부정적인 결과가 일어날 수 있어요.

가장 중요한 것은 막대한 양의 전력을 생산한다고 해도 그 에너지가 지역 주민들에게 직접 혜택을 주질 못할 확률이 높다는 겁니다. 대량의 전력을 필요로 하는 산업 분야로 보내질 가능성이 높지요. 그렇게 되면 주민들의 에너지 빈곤을 해결할 방법은 요원해요. 전력을 수송하느라 송전탑이 세워지는 곳의 환경문제도 생길 테고요. 오히려 수력보다 비용도 훨씬 저렴한 태양광이나 풍력을 이용해서 전력이 필요한 곳에 소규모로 발전 시설을 만드는 게 더 나을 수 있다는 연구도 있어요.

풍부한 자원을 채굴하는 과정에서 야생동물 서식지가 파괴되는 문제도 심각하지요. 콩고 분지에 사는 그라우어 고릴라 개체 수가 급격히 줄어드는 문제는 이미 알려져 있어요. 고릴라 서식지에 콜탄과 코발트 등 주요 광물이 매장돼 있을 때 어떤 선택을 해야 할까요? "땅을 온전히 숲으로 남겨 두어야 하니까 필요한 자원을 절대 채굴할 수 없다!"고 막아설 수만은 없어요. 지역 주민들이 이용할 토지도 분명 필요합니다. 이런 문제를 해결하기 위해서는 지속 가능한 적정선이 필요할 것 같아요. 고릴라 숫자가 무한정 늘면 지역 주민과 갈등이 벌어질 가능성도 분명 있고요. 그래서 고릴라 등 야생동물을 위한 보전 구역을 마련하고, 중간 지대를 만들어서 서로 활동 공간이 겹치지 않게 하는 게 중요합니다. 전자기기를 사용하는 소비자 입장에서는 제품을 오래도록 사용하는 게 광물 채굴 범위를 늘리지 않도록 하는 방법이겠지요. 기업이 제품을 과잉으로 생산하지 못하도록 법으로 강제할 필요도 있어요. 고장 난 제품은 수리가 쉽도록 만드는 일이나,

가능하면 오래 사용할 수 있는 튼튼한 제품을 만드는 일도 고릴라를 비롯한 생물 다양성을 보전하는 일입니다.

고릴라를 보전하고, 그곳의 생물 다양성을 지키고, 무엇보다 콩고강에 의지해 살아가는 사람들의 삶을 지켜 줄 방법이 우리에게 있을까요? 지구에서 '공동의 선'을 실현하는 하나의 방법으로 후원은 어떤가요? 잘사는 나라의 시민들이 태양광 프로젝트를 해 보는 건요?

생각해 보기

• 광물도 얻고 고릴라도 살 수 있는 적정선은 무엇일까?

나이지리아
석유 기업의 부당함에 저항한 켄 사로 위와

#나이저 삼각주 #석유 유출 사고

NIGERIA

"우리는 역사 앞에 서 있다. 감금도 죽음도 우리의 궁극적인 승리를 막을 수는 없다."

비장감 도는 이 문장은 켄 사로 위와(Ken Saro Wiwa)가 죽기 전에 남긴 글입니다. 켄 사로 위와는 나이지리아 오고니족 출신의 작가이자 인권·환경 운동가였습니다. 오고니족은 나이저 삼각주에서 오랫동안 살아온 부족이고요. 나이지리아에는 나이저강이 있어요. 나일강, 콩고강에 이어 아프리카에서 세 번째로 긴 나이저강은 기니고원에서 발원해 말리, 니제르, 베냉을 거쳐 나이지리아에서 기니만이 있는 대서양과 만납니다. 나이저강이 싣고 온 퇴적물이 쌓여 나이저 삼각주를 만들었지요. 나이저 삼각주는 아프리카에서 가장 큰 습지로 맹그로브 습지, 담수 습지 그리고 저지대 우림 등 다양한 생태계를 형성하고 있어요. 다양한 작물을 재배할 수 있고 목재를 구할 수 있으며 풍부한 어장이 형성돼 있으니 얼마나 많은 사람이 모여 살았을까요? 다양한 생명과 함께 다양한 부족들이 나이저 삼각주를 터전으로 평화롭게 살던 그곳이 아프리카 최대 유전 지대인 것이 밝혀지기 전까지는요.

풍요로운 삼각주에서 석유를 뽑아 올리면서 나이지리아는 지금 세계에서 가장 오염된 지역 가운데 하나가 되었어요. 1958년부터 석유 생산을 시작한 이래 수천 건의 유출 사고가 발생했어요. 특히 오고니족이 모여 사는 오고니랜드의 오염 문제가 심각했는데요. 노후한 파이프라인을 관리하지 않아 원유가 유출되는 사고가 빈번하게 벌어졌어요. 원유와 함께 나오는 가스를 태워 버리는 플레어링 과정에서 대기 중으로 오염 물질이 배출됩니다. 플레어링 과정에서 나오는 뜨거운 열기는 가뜩이나 뜨거운 그 지역의 사람들을 더욱 숨막히게 만들지요. 정부가 관리를 제대로 했더라면 노후한 파이프라인을 그대로 두진 않았을 거예요. 유출된 원유는 토양을 오염시켰고 나이저강 수면은 기름으로 뒤덮였어요. 삼각주는 오염 물질을 걸러내는 필터 역할을 하지만 기름에 오염되면서 자정 능력을 완전히 상실했지요. 2008년과 2009년에 걸쳐 몇 차례 대규모 기름이 유출되면서 강이 오염되었는데, 유출된 기름의 양은 대략 50만 배럴이었다고 해요. 이 정도면 우리나라가 하루에 소비하는 석유의 5분의 1 정도라고 합니다.

기름이 막을 형성하며 강을 덮으니 그 안에서 물고기며 수생 생물이 살 수 없게 돼 버렸어요. 기름 유출 사고가 이어지면서 맹그로브 숲이 완전히 사라진 곳도 있다고 합니다. 땅으로 스며든 기름은 지하수를 오염시켜 우물물에서 발암물질인 벤젠이 기준치의 최고 900배까지 검출되었다고 세계보건기구(WHO)가 밝혔습니다. 이 지역 사람들은 이웃 마을로 물을 길으러 가야 하는 지경에 이르렀고요. 이곳에서 오래도록 석유를 채굴해 온 석유 기업으로 로열 더치 셸이 있어요. 셸의 엠블럼이 노란 가리비입니다. 아마도 본 적 있을 거예요. 셸은 1936년 나이지리아에서 석유를 탐사하기 시작했고 1956년부터 유정에서 석유를 시추하기 시작했어요. 거의 100년 가까운 시간 동안 나이지리아 석유 산업의 중심에 셸이 있었습니다. 그토록 오랜 시간 석유 시추로 인해 벌어진 오염으로 토착민들이 얼마나 많은 피해를 입고 고통받았는지 셸은 몰랐을까요? 시추를 시작하고 20년쯤 지나면 파이프라인이 노후하기 시작합니다. 1976년부터 15년 동안 3,000건 가까운 유출 사고가 있었는데 만약 이때 관리를 했더라면 이토록 많은 유출 사고는 없었겠지요. 그간 거대 에너지 기업이 저개발 국가에서 제대로 된 처벌을 받은 적은 없습니다. 관리를 소홀히 한 이유가 여기에 있어요. 기업이 석유 채굴로 얻은 이익은 고스란히 가져가고 피해는 토착민에게 다 떠넘기자 이에 격분한 오고니족 활동가들이 문제를 제기합니다. 그런데 석유 기업은 책임을 지는 대신 나이지리아 정부를 부추겨 켄 사로 위와를 비롯한 활동가 아홉 명을 처형합니다.

　　시간이 지나 유족들이 석유 기업을 상대로 소송을 걸었습니다. 2001년 그린피스가 공개한 자료에는 당시 셸이 활동가들을 체포하도록 나이지리아 군에 헬기를 내줬다는 증거가 나왔어요. 결국 셸은 패소했고 유족들에게 합의금을 지불하며 사건을 무마했습니다. 하지만 합의금이 켄 사로 위와를 비롯한 활동가들을 살아 돌아오게 할 수는 없습니다. 오고니랜드 지역 사람들과 자연의 건강은 어떻게 보상받을 수 있을까요? 2011년 유엔 조사 보고서에 따르면 오고니랜드 오염의 책임이 셸과 나이지리아 정부에 있습니다. 이토록 장기간에 걸쳐 광범위하게 오염을 일으킨 책임을 어떻게 지워야 할까요? 이 지역을 깨끗이 정화하는 데 길게는 30년이 걸릴 것이며 비용도 10억 달러 이상 들어갈 거라고 해요. 나이저 삼각주에 맹그로브 숲은 다시 돌아올 수 있을까요?

생각해 보기

・ 우리나라에서의 석유 유출 사고에 대해서도 알아보자.

GHANA

가나
지구의 쓰레기통이 된 아크라

#중고 의류 #중고 전자제품 #기술화석

과거 식민지 시절 서아프리카 가나는 황금 해안으로 유명했어요. 기니만에 위치한 가나를 비롯한 이웃 나라들은 아프리카와 유럽으로 배가 오가기 적당한 지리적 위치입니다. 이제 더 이상 황금을 실어 나르는 해안은 아니지만요. 지금 기니만 연안에 있는 가나의 해안으로 전 세계 중고 의류와 중고 전자제품들이 쏟아져 들어오고 있어요. 가나 인구가 3,000만인데 그 숫자의 절반인 1,500만 벌의 옷이 매주 가나의 칸타만토 시장으로 들어옵니다. 1970년대에 가나의 수도 아크라에 생긴 칸타만토 시장은 전 세계에서 가장 큰 중고 옷 시장 가운데 하나입니다. 잘사는 나라 소비자들이 입다가 버린(입지도 않은 채 버려지기도 하는) 옷들이 가득하지요. 이 옷들은 가나에서 판매됩니다.

중고 의류가 가나의 경제에 중요한 역할을 해 오고 있는 건 사실입니다. '죽은 백인의 옷'으로 알려진 중고 의류가 한때는 가나에서 매우 인기가 높았다고 해요. 들여온 중고 의류 가운데 쓸 만한 옷을 찾아내 되팔았으니까요. 세탁과 수선 등의 과정을 거쳐 업사이클한 옷으로 재판매하기도 합니다. 그런데 최근에 들어오는 옷들은 질이 매우 떨어진다고 해요. 2000년 이후 패스트 패션 산업이 성장하면서 한 번 입고 버려지는 옷이 어마어마하게 늘어난 데다, 합성섬유인 폴리에스터 옷이 20년 사이에 2배 이상 늘어나면서 질이 떨어졌어요. 가나에서도 입기 힘든 옷들은 어떻게 될까요? 버린 곳에서 되가져간다면 문제가 안 되겠지만 그건 불가능에 가깝습니다. 참고로 우리나라는 전 세계 중고 의류 수출국 5위입니다. 유럽연합은 의류 관련 업체에 처리 비용을 부담시키는 법안을 통과시켰어요. 의류 쓰레기를 줄이는 첫 번째 행동은 생산 단계에서의 속도 조절이니까요. 그러나 세계은행은 2030년까지 의류 판매량이 65% 증가할 것으로 예상합니다.

칸타만토 시장에서 팔리지 않은 옷들이 가나 곳곳에 쌓입니다. 아크라의 가장 큰 임시 거주지인 올드 파다마에는 8만 명이 넘는 사람들이 살아가고 있는데 이곳에 거대한 쓰레기장도 있어요. 쓰레기장이란 표현보다 산으로 표현하는 게 더 적당할 것도 같아요. 옷들이 산을 이루며 쌓여 있으니까요. 악취는 또 어떨까요? 의류 쓰레기로 가득한 강도 있어요. 오다우 강둑에 산더미처럼 쌓여 있다가 갯벌로, 바다로 흘러 들어갑니다. 쓰레기가 바다로 유입되면 해양 생태계에 악영향을 끼치겠지요. 계속 쌓이는 쓰레기양을 줄이려 소각하는 과정에서 대기와 토양 오염이 발생합니다. 패스트 패션 산업이 성장하기 시작하면서 많은 옷감이 합성섬유 그러니까 플라스틱으로 만들어졌어요. 플라스틱은 시간이 지나면 미세플라스틱으로 거듭나 다시 사람에게로 되돌아올 겁니다. 싼 가격에 만든 옷이니 한 번 입고 버려도 아깝지 않다고 생각할 수도 있겠지요. 그러나 그 이면에 치러야 할 대가는 너무 큽니다. 중고 의류가 흘러들어 어마어마한 중고 시장이 형성되니 가나의 섬유 산업이나 의류 디자인 산업은 성장할 수가 없어요. 이건 아프리카 대부분 나라가 겪는 공통의 문제이기도 합니다. 잘사는 나라에서는 도와주겠다는 좋은 뜻으로 원조를 시작했던 중고 의류가 결국 1975년부터 2000년 사이에 가나의 섬유와 의류 산업의 일자리를 감소시켰다는 실제 결과가 앤드류 브룩스의《의류 빈곤 (Clothing Poverty)》이라는 책에 나와 있어요.

　　가나는 전 세계 전자 쓰레기의 블랙홀이기도 해요. 아크라에 있는 아그보그블로시 전자 폐기물 처리장은 세계에서 가장 거대한 규모이면서 가장 오염된 장소 가운데 하나입니다. 컴퓨터, 냉장고, 스마트폰 등 온갖 전자 쓰레기가 모인 이곳에서 주민들은 전자 폐기물 속 부품을 팔아 생계를 잇습니다. 구리 등 금속을 추출하느라 전자제품을 태우는 과정에서 여러 독성 물질이 배출되는데요. 실제 환경 단체의 조사 결과 아그보그블로시 주변에서 풀어 키우는 닭이 낳은 달

걀에서 다이옥신이 검출되었어요. 토양이 오염되었다는 증거입니다. 지구에는 매립할 수 있는 공간이 얼마나 남아 있을까요? 기술 발전 속도가 빨라지는 만큼 제품 수명 속도는 짧아지고 있어요. 그에 비해 제품을 수리하거나 재활용할 방법에 관한 연구도, 인프라도 너무나 부족합니다. 최근 IT 산업이 발전하면서 전자 폐기물의 양이 크게 증가하고 있어요. 유엔 국제전기통신연합(ITU)이 발표한 보고서에 따르면, 2022년 전 세계 전자 폐기물 발생량은 40톤 트럭 155만 대를 채울 분량이라고 합니다. 양도 양이지만 이 폐기물은 오래도록 지구에서 사라지지 않고 남을 거라고 해요. 오죽하면 전자 폐기물을 가리키는 기술화석(Technofossil)이라는 말까지 등장했을까요?

증가하는 쓰레기는 과잉으로 생산하고 소비하는 문제와 맞닿아 있습니다. 저개발 나라의 노동 착취 문제와 아동노동의 문제와도 연결됩니다. 그렇게 만들어진 제품이 잘사는 나라의 소비자 손을 잠시 거쳐 다시 저개발 국가로 오는 이 문제를 우리는 어떤 방법으로 풀어 가야 할까요?

유럽의회는 2024년 4월 제품을 보다 환경 친화적으로 생산하고 유해 물질 사용을 제한하기 위해 '지속 가능한 제품을 위한 에코디자인 규정(Ecodesign for Sustainable Products Regulation, ESPR)'을 채택했어요. ESPR 내용 중에는 디지털 제품 여권(Digital Product Passport, DPP)이 있어요. 여기엔 제품의 생산부터 폐기까지 전 과정에 대한 구체적인 정보가 담겨 있어요. 제품의 재활용, 수리 가능성 및 방법, 재활용 원료의 비중, 탄소발자국 등을 소비자에게 제공해서 소비자의 윤리적인 선택을 받도록 하겠다는 의미로 읽힙니다.

생각해 보기

• 디지털 제품 여권 외에 또 지속 가능한 제품을 위한 에코 디자인 제품에는 무엇이 있는지 알아보자.

코트디부아르

코끼리 숲을 초콜릿이 점령하다

#상아 해안   #카카오 플랜테이션   #천연고무

REPUBLIC OF
COTE D'IVOIRE

프랑스어로 상아 해안이라는 뜻을 가진 나라가 있어요. 가나와 이웃한 나라, 코트디부아르입니다. 식민지 시절 해안으로 코끼리 상아가 엄청나게 실려 나가면서 붙여진 이름이지요. 나라 이름에서 알 수 있는 정보가 있어요. 우선 아프리카 나라 이름이 프랑스어라는 건 프랑스의 식민 지배를 받았다는 뜻이고요. 코끼리 상아를 그토록 많이 실어 갈 수 있었다는 건 코끼리가 그만큼 많이 살고 있었다는 얘기겠지요. 코끼리 상아를 해안 가득히 쌓아 놓고 실어 나르며 상아 교역의 중심지가 될 정도니 얼마나 많은 코끼리가 사라졌을까요? 더 이상 식민 지배를 받지 않는 지금 코트디부아르에는 코끼리 수가 늘었을까요?

아프리카에는 초원에 사는 사바나코끼리와 중앙아프리카와 서아프리카의 열대우림에 사는 둥근귀코끼리 이렇게 두 종류 코끼리가 살아요. 그런데 최근 보호 구역 25곳을 조사한 결과 21곳에서 코끼리를 한 마리도 찾을 수 없을 정도로 수가 급감했다고 해요. 멸종을 앞둘 정도로 코끼리 수가 줄어든 가장 큰 이유로 카카오 플랜테이션 (농장)을 꼽습니다. 초콜릿의 원료인 카카오를 전 세계에서 40%가량 생산하는 곳이 코트디부아르이고 그다음으로 많이 생산하는 나라는 가나입니다.

카카오 농장을 만드느라 숲을 벌목하면서 코끼리 보호 구역 안까지 불법적으로 카카오 농장이 확장해 들어갔어요. 서식지가 줄어드니 코끼리들은 충분한 먹이를 찾지 못합니다. 먹이를 찾아 보호 구역 밖으로 나온 코끼리들이 농장으로 들어가면서 주민들과 갈등을 일으키게 됐고요. 2000년대 초반 내전이 벌어지면서 난민들이 숲으로 유입되자 보호 구역 관리가 허술해진 것도 코끼리 개체 수 감소의 원인이 되었어요.

최근 들어 카카오 가격이 오르면서 초콜릿 가격도 덩달아 오른다는 뉴스를 읽은 적 있을 거예요. 카카오나무에 검은꼬투리병이란 치명적인 곰팡이 감염병이 문제가 되고 있어요. 이상 기후로 평소 강우량의 2배에 달하는 비가 내리면서 병이 퍼져 카카오 수확이 준 거지요. 변동성 높은 기후로 카카오 수확이 줄어드는 문제를 들여다보면 카카오가 '스스로를 먹어 치우는 괴물'이라던 과학자들의 말이 생각납니다. 카카오나무는 충분한 햇빛이 필요하기 때문에 농장 주변의 나무를 태워 없앱니다. 그리고 그 자리에 또 카카오나무를 심지요. 그렇게 계속해서 숲이 사라지니 기후 문제가 더 악화되고 더 큰 피해가 돌아와 카카오 농사를 망가뜨리는 악순환이 반복됩니다.

코트디부아르는 카카오뿐만 아니라 고무 생산도 많이 합니다. 천연고무 생산이 아프리카 1위, 세계 4위입니다. 천연고무는 자동차나 비행기 타이어, 단열재, 접착제, 신발, 매트리스, 공, 제약 등 여러 산업에 두루 사용됩니다. 천연고무를 가장 많이 사용하는 산업 부문은 자동차 산업이지요. 천연고무는 나무에서 얻어요. 고무나무의 수액이 원료이지요. 고무를 얻으려면 카카오 농장을 만드는 것과 마찬가지로 숲을 벌목하고 고무나무를 다량으로 심어야 합니다. 고무나무의 원산지는 아마존인데요. 자동차 산업에 속도가 붙으면서 타이어 수요가 많아지자 영국이 몰래 고무나무 씨앗을 유럽으로 가져가 아마존과 기후대가 비슷한 지역에 심었습니다. 그렇게 세계 곳곳으로 널리 퍼지게 되었어요. 고무나무를 많이 심은 만큼 숲이 사라지고 그 숲에 살던 동물들도 함께 사라지겠지요. 우리가 먹고 누리는 모든 것들의 근원을 따라가다 보면 숲을 만나게 되고 지구의 주인이 누구인지 묻게 됩니다. 어떻게 살아야 할지 고민도 되고요. 코끼리들은 살던 곳에 살았을 뿐인데 상아 때문에 죽임을 당해야 했고, 또다시 초콜릿 때문에 고무 때문에 사라지고 있어요.

아프리카의 많은 나라가 내전으로 정치 상황이 불안정하지요. 코트디부아르 역시 내전으로 정치가 혼란스럽던 때가 있었어요. 그러던 중 코트디부아르는 2006년 독일 월드컵 본선에 처음으로 출전하게 됩니다. 본선 진출을 기뻐하는 팀에 디디에 드록바라는 선수가 있었는데요. 이 아프리카 가난한 나라에서 온 팀에게 방송 카메라가 비추자 드록바는 무릎을 꿇은 뒤, "여러분 우리 모두 서로를 용서하고 무기를 내려놓읍시다"라고 호소해요. 대개 운동선수는 브이자를 그리며 승리를 다짐하는데 조국을 걱정하는 그의 간절한 마음이 많은 이들에게 감동을 줬을 거예요. 드록바의 바람은 이루어져 코트디부아르의 내전은 2007년 평화 협정으로 종식되었어요. 드록바가 뛰는 코트디부아르팀은 2006년부터 세 번에 걸쳐 월드컵 본선에 진출하는 쾌거를 이룹니다. 드록바는 나중에 잉글랜드 프로팀 첼시에서도 뛰는 등 세계적인 선수가 되었지요. 300만 파운드를 들여 자신의 고향 아비디안에 병원을 짓고 디디에 드록바 재단을 설립해 많은 아프리카인들에게 기부를 하는 등 선행을 베풀며 산다고 해요.

생각해 보기

• 코끼리가 멸종되지 않게 하려면 무슨 노력을 기울여야 할까?

가봉

에볼라 창궐과 개발은 밀접한 관련이 있다

GABONESE
REPUBLIC

#인수공통 감염병   #서식지 파괴

코로나19 팬데믹으로 우리는 눈에 보이지 않는 바이러스의 위력을 크게 느꼈어요. 1976년 아프리카에서 처음으로 대량 발생했던 에볼라를 알고 있나요? 세계보건기구(WHO)에 따르면 에볼라의 치사율은 41~100% 범위로 추정될 만큼 매우 위험한 질병입니다. 에볼라라는 이름은 콩고민주공화국에 흐르는 에볼라강의 이름을 따서 붙여졌어요. 당시 민주콩고에서는 318명이 감염되었고, 284명이 사망했어요. 어마어마한 치사율이죠? 1977년, 1979년 계속해서 산발적으로 감염을 일으키다가 15년 동안 에볼라가 없었어요. 그래서 사멸된 게 아닌가 싶었거든요. 왜냐하면 치사율이 높아 숙주가 사라지면 바이러스가 오래도록 전파될 수 없으니까요. 그런데 1994년 가봉 북동부 지역에서 에볼라가 다시 발생해요. 치명률은 약 60%로 매우 높았지만, 감염 지역이 밀림에 고립되어 있어 국경을 넘나드는 확산은 없었어요. 이후 에볼라가 전 세계를 충격에 빠뜨린 건 2013년 말 시작된 서아프리카 대유행이었어요. 기니 남동부 지역 게게두(Guéckédou)에서 발발한 바이러스는 국경을 넘나들며 라이베리아와 시에라리온까지 확산되었습니다. 이 지역들은 국경이 허술하고 생활권이 섞인 곳이어서, 사람들이 쉽게 왕래하는 환경이었어요. 그래서 에볼라가 훨씬 빠르게 여러 나라로 퍼질 수 있었어요.

감염이 너무 빠르게 퍼지고 있다는 걸 가장 먼저 보고한 곳은 '국경없는의사회'였어요. 보고를 듣고 WHO가 조사를 시작했을 땐 어마어마한 감염이 퍼진 후였어요. WHO는 뒤늦게 2014년 8월 국제보건비상사태(PHEIC)를 선언하고 대응했지요. 그사이 2만 8,000명 이상이 감염되었고 1만 1,000명 이상이 사망한 것으로 추정돼요. 역학 조사가 완전히 이뤄진 게 아니라 추정치일 뿐이니 실제로는 훨씬 더 많은 인명이 피해를 입었다고 할 수 있겠지요. WHO는 자신들의 초기 대응이 느리고 안일했다는 점을 인정했습니다. 당시 의료진도 800여 명이 감염되고 그중 절반 이상이 사망했어요. 몇몇 의료 지원단은 감염 상태에서 본국인 미국, 에스파냐 등으로 돌아갔는데, 다행히 각국이 매우 긴장한 상태로 공항 검역을 강화하고 의심 환자들을 격리함으로써 에볼라가 세계로 퍼지는 것을 막을 수 있었어요.

이미 일일생활권으로 세계가 연결돼 있기 때문에 감염병 역시 어디든 이동이 가능해진 세상입니다. 그렇다면 에볼라 바이러스는 도대체 어디에서 비롯되는 걸까요? 에볼라가 시작된 곳은 원래 사람들이 살던 곳이 아닌, 개발되면서 사람들이 들어와 살게 된 곳이었어요. 삼림이 파괴되면서 동물과 접촉 면적이 증가하는 것이 문제입니다. 사람이 소비 목적으로 야생동물을 사냥하는 것 역시 바이러스에 감염될 확률을 높입니다. 체액, 혈액, 구토물 등을 통해 인간 사이의 감염이 일어나는 거고요. 삼림 파괴는 단지 야생동물의 서식지가 파괴되는 정도를 넘어 이렇게 인간과 접촉면을 넓히면서 감염병의 개수와 확률도 높이는 결과를 초래하고 있어요.

에볼라는 침팬지, 과일박쥐, 삼림 영양 등 야생동물에서 인간으로 감염되는 질병인데요. 2001년, 2003년 가봉과 민주콩고에서 대규모로 유행했을 때 침팬지, 고릴라 등 유인원의 개체 수도 줄어든 게 확인되었어요. 그러니까 사람이 감염될 때 유인원도 감염되는 '인수공통 감염병'이라는 사실이 밝혀진 것이지요. 코로나 역시 박쥐를 바이러스 캐리어로 지목했는데 그렇다면 감염병은 박쥐 잘못일까요? 야생동물과 인간은 숲이라는 완충 지역을 사이에 두고 각자 영역에서 잘 살아왔어요. 어쩌다 숲에 들어간 사람이 에볼라든 코로나든 바이러스에 감염되었어도 혼자 집에서 앓다가 낫거나 사망했을 거예요. 그러나 오늘날에는 발달한 운송 수단으로 먼 거리를 짧은 시간에 이동할 수 있게 되면서 순식간에 팬데믹이 발생하게 된 겁니다. 서식지 파괴 속도를 낮춰야겠다는 자각이 있지만 서아프리카는 현재 중국이 새 시장을 개척한다는 명분으로 난개발을 하고 있어요. 박쥐가 아니라 개발로 인한 서식지 파괴가 많은 감염병의 원인인데 말입니다.

주로 아프리카 지역에서 발생하는 에볼라의 확산을 막으려면 정확한 정보를 공유할 통신 장비 등 시스템이 갖춰져 있어야 하지만 아프리카 대부분 나라는 통신 인프라가 매우 부족한 실정입니다. 감염자가 발생했을 때는 격리 조치가 필요하고 평소 손을 청결히 하는 것만으로도 감염률을 낮출 수 있어요. 실상 아프리카 여러 나라에서 국가 차원의 격리 조치는 잘 시행되지 않았어요. 당장 격리했을 때 격리자와 그 가족이 먹고살 생계가 해결되어야 하지만 그러한 시스템이 작동하지 않을 경우 감염 사실을 숨길 수도 있어요. 바이러스형 감염병의 경우 진료하는 의료진에게 보호 장비가 지급되어야 하고, 사망자를 매장할 때도 보호 장비를 착용해야 하는 등 많은 비용이 필요합니다. 아프리카 국가에서 치사율 높은 바이러스 감염병이 창궐하는 이유에 이러한 비용 문제도 간과할 수 없어요. 국제사회의 도움이 필요한 부분이지요. 내전 등으로 인해 정치적으로 불안정한 아프리카 국가에서 감염병은 치명적일 수 있어요. 민주콩고의 경우 기존의 보건 시설이 공격받아 치료할 공간이 파괴된 건 말할 것도 없고요. 국경없는의사회 등이 철수할 수밖에 없는 상황이 생기기도 했으니까요.

생각해 보기

• 아프리카와 선진국의 감염병 조치를 비교해 보자.

감비아
어분 공장으로 호수는 오염되고 바다는 텅 비고

#양식장   #어분(생선가루)   #fresh meal

REPUBLIC OF THE GAMBIA

　　무분별한 남획에다 해수 온도 상승으로 바다에 어족 자원이 고갈되어 가면서 떠오른 대안이 양식입니다. 현재 전 세계에서 소비되는 생선의 절반가량은 양식을 통해 공급되고 있어요. 양식장에서 물고기를 기른다는 기발한 생각이 고갈되는 바다의 진정한 대안 같나요? 그런데 양식장에서 기르는 물고기는 무얼 먹고 살까요?

　　서아프리카 기니만을 돌아 북쪽으로 올라오다 보면 세네갈 안에 가로로 길게 '감비아'라고 적힌 나라가 보입니다. 지도를 확대하지 않고는 표시조차 되지 않을 정도로 작은 나라입니다. 감비아 남서 해안에는 군주르라는 작은 마을이 있어요. 바닷가 작은 마을 풍경이 대개 그렇듯 이 지역 사람들도 쪽배를 타고 나가 손 그물로 물고기를 낚아 생계를 꾸려 갔어요. 나무로 만든 쪽배에서는 바다까지 싹싹 긁어 올릴 커다란 그물은 꿈도 못 꾸거든요. 그런데 아프리카 서해안 연안에서 이제 물고기 씨가 말랐다고 해요. 한때 너무 흔해서 공짜로 나뉘 주기도 했던, 봉가라는 청어과 물고기도 더 이상 잘 잡히지 않는다고 하고요. 귀한 생선이 되다 보니 가격도 치솟았어요. 그래서 고기잡이를 하려면 먼바다까지 나가야 합니다. 쪽배로는 너무나 힘들고 위험천만한 일이 아닐 수 없어요. 대체 무슨 일이 있었던 걸까요?

군주르에는 볼롱 페뇨라 불리는 석호가 있는데 풍부한 생물들이 사는 자연 보호 구역이기도 하지요. 2017년 5월 볼롱 페뇨 석호의 물이 붉게 변하고 수천 마리 물고기가 떼죽음을 당한 채 수면 위로 떠올랐어요. 석호 주변에 둥지를 틀었던 새들도 대부분 사라졌고요. 석호 물을 분석해 보니 허용치를 초과하는 비소, 인산염, 질산염 등이 검출되었어요. 호수 오염의 원인은 석호 가장자리에 들어선 중국 생선 가공 공장에서 흘러나온 폐기물이었고요.

중국은 2013년부터 일대일로(유라시아 대륙과 아프리카를 육상과 해상으로 연결하는 교통망 구축) 프로젝트의 하나로 아프리카의 가난한 나라에 도로, 발전소, 공장 등 인프라를 건설하며 경제적으로 혜택을 제공해 오고 있어요. 아프리카 인근 바다는 엘도라도라고 앞서 표현했듯이 어장이 풍부해요. 그러니 중국이 군주르에 생선 가공 공장을 여러 개 지으며 세계적인 어분 시장을 형성한 거예요. 어분은 말그대로 생선가루인데요. 양식 산업에 단백질 보충제로 쓰입니다. 단백질 보충제를 먹인 물고기는 빨리 자라 빨리 내다 팔 수 있어 이윤을 가져다주지요. 어분이 황금가루라 불리는 이유입니다. 참치 한 마리를 양식할 때 그 몸무게의 15배에 해당하는 해양 동물을 먹인다고 해요. 황금가루가 얼마나 많이 필요할지 짐작이 가나요? 감비아뿐만 아니라 아프리카 서해안의 모리타니, 세네갈, 기니비사우에 이르는 해안에 수십 개의 생선 가공 공장이 세워졌어요. 냉동 시설이 갖춰진 커다란 배에는 저인망(배에 매달아 바닷속을 끌고 다니며 수산물을 쓸어 담는 구조의 어망) 그물이 달려 있어요. 이를 이용해 아프리카 서해 연안을 누비며 어족 자원을 싹쓸이합니다. 그렇게 잡아들이게 되니 작은 물고기까지 씨가 마를 수밖에요. 그뿐 아니라 가공 공장에서 폐수를 불법으로 방류하는 일까지 벌어지게 되었어요.

1960년대부터 전 세계 수산물 수요가 배로 증가했어요. 수요를 감당하느라 해양 생태계가 전멸 상태에 이르게 되자 전 세계에서 양식업으로 방향을 돌린 건데요. 양식업에도 여전히 물고기는 필요한 상태니 절대로 착한 해결책이 아닙니다. 아프리카 해안가에서 어업으로 생계를 잇던 사람들은 이제 생선 가공 공장에서 저임금에 힘든 일을 하며 살아갑니다. 그들이 사는 지역의 아름다운 자연은 망가진 채로요.

비슷한 문제는 남반구에 있는 칠레에서도 벌어지고 있어요. 칠레는 노르웨이에 이어 전 세계 연어 수출량이 두 번째로 많은 나라입니다. 수온이 낮고 깊은 바다에 사는 연어를 가두고 기르기에 피오르 해안(빙하로 만들어진 좁고 깊은 만)은 최적의 조건인데요. 노르웨이에 이어 칠레의 파타고니아에도 피오르 해안이 있습니다. 이곳에 연어 양식장이 있지요. 많은 물고기를 기르는 양식장에는 늘 감염병 문제가 있는데, 연어 양식장도 예외가 아니어서 감염병을 줄이려 항생제를 많이 사용합니다. 항생제가 바다에 좋을 리 없겠지요? 또 수많은 연어의 배설물이 바닷속 깊이 쌓입니다. 양식장으로 바뀌기 전 그곳은 고래와 펭귄이 살던 곳이었는데, 양식장이 생기면서 바다는 급속히 오염되었어요. 연어 양식장이 들어서기 전 그곳에서 어업에 종사하던 선주민들은 점점 바다에서 물고기가 잡히지 않는다고 말합니다. 과거에는 한 시간 반이면 충분한 양의 물고기를 잡았지만, 이제는 그만큼 잡으려면 꼬박 하루가 걸린다고 해요. 그러니 수산물을 파는 코너 가판대에 올려진 생선을 보면 어디서 건져 올려진 것인지 궁금해질 수밖에요. 내 식탁과 서아프리카 가난한 어부의 삶이 절대 무관하지 않은 것 같지요?

생각해 보기

• 양식업의 문제점에 대해 더 조사해 보자.

모리타니
남획 뒤에 남겨진 배 무덤

#수산물 수입   #폐선

대한민국은 1인당 수산물 소비량이 세계에서 가장 많은 나라 중 하나입니다. 우리는 심지어 해초라 불리는 김, 미역, 톳에다 다시마까지 먹어요. 그런데 삼면이 바다로 둘러싸인 우리나라에서도 수산물을 수입한다는 사실을 알고 있나요? 특히 우리 국민에게 익숙한 생선인 갈치와 주꾸미 그리고 문어는 국내산보다 수입산이 훨씬 많아졌어요. 갈치는 세네갈, 문어는 모리타니, 주꾸미는 태국, 병어는 인도에서 수입합니다. 수산물을 수입하는 가장 큰 이유는 우리 바다에서 어획량이 줄어들었기 때문이지요. 그동안 작은 물고기까지 많이 잡았기 때문에 성어가 줄어든 것도 큰 원인이고, 지구온난화로 해수 온도가 변한 것도 또 하나의 원인입니다. 동해에서 많이 잡히던 명태가 사라진 이유도 바로 이 두 가지 때문이고, 흔하디흔했던 오징어 역시 명태 뒤를 따르고 있어요. 바다 사정은 이렇지만 입맛은 그대로이니 수입이 늘어날 수밖에 없어요.

감비아를 비롯한 서아프리카 연안에 어분 공장이 들어서면서 남획은 물론 해양과 호수가 오염되는 환경문제까지 벌어지고 있어요. 그 지역에서 수입하는 수산물을 먹는 일이 불편한 이유입니다. 서아프리카 연안에 사는 주민들은 조상 대대로 어업을 생계 수단으로 삼고 있어요. 쪽배로 필요한 양만큼 낚아 올리면서요. 어린 물고기까지 싹쓸이하면 물고기가 사라진다는 걸 알고 있기 때문입니다. 마을 공동체의 생존과 직결되는 문제죠. 이들은 대대로 지속 가능한 어업을 하며 풍부한 어장을 지켜 왔어요. 그런데 지금 그 균형이 잘사는 나라 식탁에 생선구이를 올리느라 깨지고 있는 건 아닐까요?

모리타니에서 두 번째로 큰 도시인 누아디부의 항구에는 세계에서 가장 큰 배 무덤이 있어요. 수백 척 녹슨 선박이 바다 위에 떠 있지요. 한때 모리타니 앞바다는 어업과 무역의 중심지였어요. 그러나

누아디부항의 배 무덤.
CC BY-SA 2.0
ⓒSebastián Losada(wikimdeia/Flckr)

남획 등으로 점차 어류 자원이 고갈되면서 더 이상 많은 선박이 쓸모 없어지게 되었고 결국 버려지기 시작했어요. 20세기 후반, 모리타니는 선박에 관한 규제가 허술한 나라였어요. 게다가 일부 부패한 관리들은 적절한 선박 해체 비용을 지불하지 않고도 배를 항구에 버릴 수 있도록 뇌물을 받았다고 해요. 배 무덤에 배가 가장 많았을 때는 어선, 화물선, 심지어 유조선까지 300척이 넘는 폐선이 있었다고 합니다. 배 무덤에서 기름, 중금속 그 밖에 오염 물질들이 흘러나오면서 심각한 해양 오염을 초래했는데요. 2000년대 청소 프로젝트에 세계은행이 자금을 대면서 많은 선박을 해체하거나 다른 곳으로 옮겼어요. 그러나 여전히 많은 폐선이 남아 있어서 배 무덤이라는 오명을 얻게 되었지요. 아이러니한 것은 이렇게 오염 문제를 일으키는 폐선이 물속에서는 인공 암초 역할을 하면서 물고기와 기타 유기체들이 모여 사는 공간을 조성한다는 거예요.

풍부한 어장이 있을 때는 몰려와 남획을 하고, 그 결과 어장이 황폐해지니 배를 버리고 떠났어요. 마치 지구를 사용하는 인간의 뒷모습같이 느껴지지 않나요?

생각해 보기

• '배 무덤'이 또 어느 나라에 있는지 조사해 보자.

아프리카

튀니지
아랍의 붉은 '빵'에서 시작되었다

#로마의 빵 바구니   #곡물 파동   #식량 위기

튀니지는 한때 로마의 빵 바구니라는 별명으로 불렸을 만큼 땅이 비옥해서 농사가 잘되었어요. 특히 밀과 보리를 비롯한 주요 곡물 생산량이 많아서 로마를 비롯한 제국의 여러 지역에 식량을 공급하던 역사가 있어요. 지중해와 인접한 지역에서는 여전히 올리브가 잘 자라 튀니지산 올리브는 유럽과 북미로 수출되는 고급 제품이지요. 이런 튀니지의 작은 도시에서 2010년 12월 노점상을 하던 한 청년이 공무원의 횡포에 항의하며 분신자살을 합니다. 이 사건이 계기가 되어 전국적으로 반정부 시위가 들불처럼 번졌고, 이웃 나라로까지 빠르게 확산되었어요. 오랜 시간 독재정권을 유지하던 나라들에서 독재자들이 축출되는 일이 벌어지는 혁명이 시작된 거죠. 일명 '아랍의 봄'이라고 합니다.

분신한 청년은 대학을 졸업하고도 마땅한 직업을 구하지 못하자 리어카에 물건을 파는 노점상을 시작합니다. 대가족의 생계를 책임져야 했던 청년의 꿈은 빨리 돈을 모아 손수레를 소형 트럭으로 바꾸는 것이었어요. 그런데 노점상 단속에 나선 공무원이 뇌물을 요구했고, 청년은 손수레를 빼앗기는 수모를 당합니다. 이 무렵 튀니지는 주식인 밀을 러시아에서 수입해 오고 있었어요. 그런데 극심한 가뭄으로 밀 작황이 나빠지자 러시아가 수출을 중단하는 일이 벌어집니다. 밀 가격은 폭등했고 국민의 삶은 나날이 힘들어지는 상황이었지만, 23년 동안 이어지고 있는 독재정권 아래에서 공무원들의 부패가 만연한 모습을 본 청년의 심정은 어땠을까요? 결국 청년은 자신의 몸에 석유를 붓고 불을 붙여 생을 마감합니다. 청년의 이름은 모하메드 부아지지였습니다. 부아지지의 처지와 다를 것 없는 가난한 청년들을 비롯해 수많은 국민이 거리로 뛰쳐나왔어요. 결국 독재자 대통령은 망명길을 떠나야 했습니다.

튀니지에서 시작된 아랍의 봄의 핵심에 식량 문제가 있어요. 2010년 러시아에서 극심한 가뭄에 대규모 산불이 발생하면서 밀 수확량이 줄어들자 러시아 정부는 국내 수요조차 충족시키지 못할 것을 우려하며 수출을 금지하는데요. 이렇게 되자 러시아 밀에 의존해서 식량을 해결하던 북아프리카 나라들에게 식량 부족이라는 문제가 도미노처럼 벌어진 겁니다. 2007년과 2008년에도 곡물 파동이 일어나면서 세계 많은 나라가 혼란을 겪었고, 아프리카처럼 가난한 나라에서는 기아 인구가 급증했어요. 당시에 곡물 가격이 폭등한 데에는 유가 급등도 영향을 미쳤어요. 식량으로 소비하던 콩과 옥수수를 바이오연료로 만들어 석유를 대신했던 거지요. 사람 입으로 들어가야 할 곡물을 자동차가 가로채는 일이 벌어진 겁니다. 2006년 이후로 곡물 가격은 계속 상승하고 있어요. 기상 이변에 따른 작황 부진이 가장 큰 원인입니다. 가뭄, 산불뿐만 아니라 홍수 역시 곡물 생산에 큰 영향을 미치지요. 모두 기후 위기가 빚은 문제들입니다. 또 하나의 원인으로 육식의 증가를 꼽고 있어요. 중국이나 인도처럼 인구가 많은 나라에서는 소득이 증가하면서 사람들이 식단을 육류 위주로 바꾸는 경향이 있어요. 잘사는 나라 사람들의 육류 위주 식단은 말할 것도 없고요. 육류 소비가 늘어날수록 더 많은 가축을 길러야 합니다. 지구에서 생산되는 곡물의 3분의 1이 가축의 사료로 쓰여요. 밀 가격 폭등이 튀니지의 정치를 바꾼 걸 보면 식량을 왜 '안보'이고 '주권'이라고 하는지 이해가 가지 않나요?

생각해 보기

• 우리나라는 식량 위기에서 자유로울까?

부르키나파소
채소밭으로 녹색장성을 만들다

#사막화 방지 #녹색장성 프로젝트 #그린벨트

BURKINA FASO

아프리카 대륙을 가로지르는 거대한 사하라 사막은 계속 넓어지는 추세입니다. 사막화를 방지하기 위한 국제협약도 이미 1994년에 채택되었지만 사막이 확장되는 걸 막기란 쉽지 않아요. 지구온난화로 인해 벌어진 문제이기 때문에 탄소 배출을 줄이려는 노력이 선행되지 않고서는 말이지요. 그렇다고 사막 면적이 계속 넓어지는 걸 지켜볼 수는 없어요. 그래서 사하라 사막 남쪽 가장자리에 아프리카를 가로지르는 나무벽을 심는 '녹색장성' 프로젝트를 시작했습니다. 사하라 사막과 열대 사바나 지역 사이에 끼어 있는 반건조 지역을 일컬어 사헬 지대라고 하는데요. 서쪽 세네갈, 모리타니, 말리, 부르키나파소, 니제르, 나이지리아, 차드 그리고 수단에 이르는 나라의 일부 또는 전부가 사헬 지대에 해당합니다. 이 지역은 기후변화로 인한 기온 상승이 세계 평균보다 1.5배나 높아요. 가뭄과 홍수의 악순환으로 사막화가 가속화되기에 이를 저지하기 위해 각 나라가 녹색장성을 만들고 있어요.

녹색장성 프로젝트를 시행 중인 부르키나파소의 도시들은 사막화를 방지할 뿐만 아니라 식량 안보를 개선하고 있어요. 도시 지역을 시원하게 만들기 위해 채소밭을 조성하고 나무와 여러 식물을 심어 녹지대를 만들고 있고요. 식물을 심으면 식물의 뿌리가 흙을 붙잡아 토양 침식을 막을 수 있어요. 한여름에 숲에 가면 시원한 까닭은 나무의 증산작용이 뜨거운 열기를 식혀 주기 때문이지요. 나무 그늘도 도시를 식혀 줍니다. 채소밭에 토마토, 양파 등 여러 채소를 심어 식량 생산을 지원할 뿐만 아니라 일자리 창출에도 도움이 되고요. 이렇게 식물을 계속 심는 과정에서 황폐화된 땅을 복원하고 사막화를 방지할 수 있습니다. 사헬 지대를 따라 거대한 나무와 지속 가능한 농업 벨트를 만드는 게 녹색장성의 목표입니다.

부르키나파소의 그린벨트 노력으로 황폐화되었던 수천 헥타르의 땅이 되살아나고 있어요. 더 많은 나무는 더 많은 수분을 보유할 수 있고, 더 적은 토양 침식과 더 시원한 기온을 유지할 수 있다고 해요. 아프리카의 그린벨트 운동은 1977년 케냐 출신 노벨평화상 수상자인 왕가리 마타이가 시작했어요. 왕가리 마타이는 나무 심기를 통해 훼손된 숲을 되살리면서 토양 침식을 막고, 기상 재난에 대비하며, 케냐 여성들의 일자리를 만드는 일에 성과를 냈지요. 이런 성공적인 사례가 현재 사헬 지대의 녹색장성 프로젝트로 이어지고 있는 거지요.

사헬 지역에 한때 남한 면적의 10배나 되는 100만 km^2 크기 호수가 있었습니다. 19세기까지 이 크기를 유지했지만 이후 급속히 크기가 줄어들더니 2000년에는 1,500km^2로 95%가량 줄었어요. 호수가 급격히 쪼그라든 이유 역시 지구온난화지요. 사헬 지역의 사막화가 빠르게 진행되면서 호수도 줄어든 거고요. 차드, 니제르, 나이지리아, 카메룬 등 네 나라가 국경을 맞댄 곳에 있는 차드호 이야기입니다. 호수를 되살리려는 노력이 있는 건 사실이지만 주변 4개국이 내전에 시달리고 있어 상황은 낙관적이지 못한 실정입니다. 이젠 호수라 하기도 민망한 습지 정도가 남아 있어요. 한마디로 생태 재앙입니다.

환경을 보전하는 일과 가난을 벗어나는 일, 그리고 안정적인 정치는 서로 연결돼 있지요?

생각해 보기
• 사막화를 방지하기 위한 노력으로는 또 무엇이 있을까?

에티오피아
아프리카는 지금 물 전쟁 중

#나일강　#물 부족　#다르푸르 사태

ETHIOPIA

세계에서 가장 긴 강인 나일강은 에티오피아고원에서 발원하는 청나일과 부룬디 남부 산악 지대에서 발원하는 백나일이 수단의 하르툼에서 합류한 뒤 사하라 사막을 지나 이집트의 나일강 삼각주를 지나면서 지중해와 만나요. 나일강 삼각주는 세계에서 가장 큰 삼각주로 토양이 기름져 이집트 문명을 이룰 수 있었지요. 삼각주 토양이 기름진 까닭은 강물이 싣고 온 퇴적물이 쌓이기 때문인데요. 나일강은 주기적으로 범람하면서 퇴적물이 주변 농경지에 쌓여 땅을 기름지게 해 줍니다. 나일강은 그야말로 생명의 젖줄이지요. 봄에 에티오피아의 고원지대에 계절성 폭우가 내리면 이 강물은 수단, 사하라 사막을 지나 10월에 이집트 카이로에 도착합니다. 이렇게 여러 나라를 거치며 흐르다 보니 물로 인해 생기는 갈등도 만만치 않아요. 강에 대한 권리는 어느 나라가 갖게 될까요? 강물이 흐르는 모든 나라일까요? 상류에 위치한 나라일까요? 더구나 기후변화로 물 부족 문제가 지구 곳곳에서 벌어지는데 말이에요.

　에티오피아가 수단 국경에서 15km 떨어진 청나일강에 아프리카 최대 규모이며 세계에서 일곱 번째로 큰 댐인 그랜드 에티오피아 르네상스 댐을 건설했어요. 에티오피아는 댐 건설로 부족했던 전력 문제를 해결하고 경제를 개발하려고 해요. 문제는 나일강 하류에 있는 이집트에서 크게 반발하고 있다는 거예요. 나일강의 혜택을 가장 많이 봐 온 이집트로서는 당연한 반응이지요. 에티오피아는 댐이 건설되어도 이집트로 흘러가는 수량에는 변함이 없을 거라고 하지만 말이지요.

　나일강뿐만 아니라 아프리카 곳곳에서는 현재 물 전쟁 중입니다. 세네갈과 모리타니 사이에 세네갈강이 흘러요. 사헬 지대를 흐르는 젖줄 같은 역할을 하는 강이지요. 1980년대 장기간에 걸쳐 대가뭄이 이 지역에 닥쳤고, 모리타니 유목민들은 물을 찾아 세네갈강으로 몰려들었어요. 모리타니 유목민과 세네갈 농민은 오랜 시간 물건을 교환하며 평화롭게 살아왔는데, 물이 부족해진 상태에서 유목민들이 잔뜩 몰려드니 갈등이 벌어진 거죠. 작은 갈등은 외교 문제로까지 불거졌어요. 갈등의 가장 큰 원인은 세네갈강의 소유권이 누구에게 있느냐였어요. 세네갈은 강이 자국의 영토라고 했고, 모리타니 쪽에서는 세네갈강이 말리, 기니까지 포함해서 네 나라가 공유하는 국제하천이니 공동으로 관리해야 한다고 했지요. 가뭄이 없었더라면 생기지 않았을 갈등입니다.

가뭄이 촉발한 비극으로 수단의 다르푸르 사태가 있어요. 2003년 수단 다르푸르에 심각한 가뭄이 발생하자 북부 지역에 살고 있던 아랍계 유목민이 물을 찾아 남쪽으로 내려오면서 남부 지역에 거주하던 비아랍계 농민과 충돌이 벌어져요. 유목민이 몰고 온 가축이 풀을 다 뜯어 먹으면 가뭄은 더 심해질 거라는 게 농민들의 입장이었어요. 수단 정부가 아랍계를 지원하면서 30만 명이 목숨을 잃고 250만 명이 다르푸르를 떠났을 것으로 유엔은 추정하고 있어요. 가뭄과 그로 인한 사막화, 거기다 인구 증가가 곳곳에서 내전과 갈등의 원인이 되고 있어요. 아프리카의 물 전쟁이 다른 대륙에서는 안 벌어질 거라고 장담할 수 있을까요?

생각해 보기

• 댐을 건설할 때 이웃 국가와의 협의가 필요할까?

이집트

수에즈 운하, 아시아와 유럽을 연결하는 물류 이동 통로

#화물선　#컨테이너 발명

이집트에 수에즈 운하가 생기기 전에 유럽과 아시아는 아프리카 대륙을 빙 돌아 희망봉을 지나다녀야 했어요. 홍해와 지중해를 연결하는 수에즈 운하가 개통되면서 유럽과 아시아를 잇는 최단 물길이 생겼지요. 그런데 2021년 코로나19 팬데믹이 한창이던 때에 이 운하에 길이 400m, 총톤수 22만 4,000톤의 초대형 컨테이너선인 에버 기븐호가 끼어 버리는 사고가 발생했어요. 배는 중국을 출발해서 네덜란드 로테르담으로 향하던 중이었어요. 전 세계 물류의 10%가 이곳을 이용하는데 커다란 배 한 척이 운하에 끼어 오도 가도 못하자 다양한 물건을 운송하는 데 도미노처럼 문제가 생겼어요. 석유 운송을 못 하게 되니 국제 유가가 6% 이상 올랐어요. 세계 최대 커피 생산 국가인 베트남에서 유럽과 미국 동부로 보내는 커피도 대부분 수에즈 운하를 통과해요. 당연히 커피 가격에도 영향을 미쳤겠지요? 심지어 루마니아에서 사우디아라비아로 수송하던 13만 마리 양이 이

배에 타고 있었다고 해요. 사료가 부족해져 양들이 위기에 처했다는 보도가 뉴스를 통해 전해졌어요. 날이 갈수록 화물선 크기가 자꾸 커지다 보니 운하에 배가 끼는 일까지 생겨요.

한편 수에즈 운하를 지나기 위해서는 아덴만과 홍해를 지나야 하는데 이 지역이 정치적으로 굉장히 불안정한 지역이에요. 아프리카 뿔 지역에 소말리아가 있고, 아덴만 건너편에 예멘이 있지요. 소말리아의 해적 이야기를 앞서 했지요? 그런 위험을 무릅쓰고도 수에즈 운하를 통해 아시아와 유럽을 오가는 이유는 그만큼 거리가 짧기 때문입니다. 세계의 공급망 한 곳이 멈추면 지구 전체 경제에 영향을 준다는 걸 에버 기본호가 확실히 알려 준 것 같지요?

그런데 화물선 크기는 왜 자꾸 커질까요? 한 번에 실어 나를 수 있는 양이 많다면 오가는 데 드는 비용이 줄어들어요. 이것은 물건 가격에도 영향을 미치고, 이윤에도 도움이 되겠지요? 실제 아시아와 유럽 사이 거리가 짧아진 데다 초대형 컨테이너선으로 많은 물건을 한꺼번에 실어 나르면서 운송비가 싸졌어요. 이토록 많이 실을 수 있는 건 바로 컨테이너가 발명되었기 때문입니다. 컨테이너를 발명한 사람은 미국의 트럭 운전사 출신 사업가인 말콤 맥린입니다. 컨테이너선이 생기기 전에는 부두 노동자가 짐을 싣고 내리는 일을 했어요. 20세기 중반까지도 화물선이 대서양을 항해하는 데 12일이 걸리고, 부두에서 화물을 옮기는 데에 7일이 걸렸다고 해요. 그러니 항구에 배가 오래 정박해야 하고 그만큼 비용이 들 수밖에 없었겠지요? 만약 배에 화물을 통째로 싣고 내린다면 시간이 절약되는 데다 노동자에게 줄 임금도 절약할 수 있어요. 배는 또다시 다른 곳으로 짐을 실으러 갈 수 있고요. 이게 말콤 맥린이 컨테이너를 발명한 이유입니다. 컨테이너가 본격적으로 쓰이기 시작한 건 1967년 베트남 전쟁 때 미국 정부가 전쟁 물자를 컨테이너로 운송하면서부터예요. 지금은 세계로 이동하는 물건의 60% 이상을 컨테이너로 운송해요.

전 세계 초대형 컨테이너 선박은 2018년 기준 6,133척입니다. 어떤 물건이든 지구 곳곳으로 운반할 수 있는 것은 바로 컨테이너 덕분입니다. 오늘날 직구가 가능해진 배경이기도 하고요. 컨테이너와 통신기술, 이 두 가지가 우리의 소비를 폭발적으로 증가시킨 기술이랍니다. 그런데 커다란 컨테이너 화물선이 떠다니는 바다에는 소리로 소통하는 고래들도 살아갑니다. 고래들이 화물선 소음에 의사소통을 어려워하고 있다고 해요. 고래, 상어처럼 몸집이 거대한 해양 생물들이 화물선에 부딪혀 목숨을 잃는 해양 로드킬도 벌어집니다. 2014년 기준 2050년까지 해운 교통량이 1,200%까지 증가할 거라는 연구 결과가 2023년 〈네이처〉에 발표되었어요. 대형 해양 동물이 배에 부딪혀 생명을 잃을 확률도 그만큼 높아지겠지요. 바다는 물로만 채워진 공간이 아니라 그곳에도 다양한 생명이 산다는 것을 잊지 않았으면 합니다.

생각해 보기

• 컨테이너와 통신기술 발명 외에 인간의 소비를 증가시킨 원인에 무엇이 있을지 생각해 보자.

PART 3

서남아시아·
중앙아시아

지중해

서남아시아와 중앙아시아는 대체로 강수량보다 증발량이 많은 지역이에요. 아프리카와 유럽, 아시아를 잇는 지역이면서, 전 세계 석유 매장량의 절반 이상을 품고 있어 여러 분쟁이 끊이지 않는 곳이기도 합니다.

카자흐스탄

우즈베키스탄

키르기스스탄

카스피해

투르크
메니스탄

타지키스탄

시리아

이라크

아프가니스탄

요르단

이란

홍해

쿠웨이트

바레인

사우디
아라비아

카타르

아랍에미리트

아라비아해

오만

예멘

아덴만

인도양

UNITED ARAB
EMIRATES

아랍에미리트

라마단 기간은
무슬림들의 블랙프라이데이?

#라마단 #그린 라마단 이니셔티브

　세계 인구의 4분의 1이 넘는 사람들이 믿는 종교가 이슬람입니다. 이슬람에는 금식의 전통이 있어요. 금식이 한 달 동안 이어지는데, 이 기간을 라마단이라 부르며 매년 이슬람력으로 9월에 있어요. 이 달은 이슬람교도인 무슬림이 가장 신성하게 여기는 달입니다. 라마단 한 달 동안 무슬림들은 아침에 해가 뜰 때부터 해가 질 때까지 먹지도 마시지도 않는 금식을 합니다. 물론 한 달 동안 완전히 금식하는 것은 당연히 불가능하지요. 해가 지고 나면 음식을 먹습니다.

　이슬람 국가에 가면 라마단 내내 모든 마트, 백화점, 식당이 낮에는 문을 닫고 밤이 되어야 문을 엽니다. 왜 금식을 하는 걸까요? 매 끼니를 당연하게 생각하다가 금식하는 동안 음식의 존재가 얼마나 귀한지 느끼게 된다고 해요. 그래서 음식을 제공해 주는 신께 감사하는 마음이 더 생기고, 인간이란 음식 없이는 하루도 제대로 생활할 수 없는 존재라는 걸 확인하는 시간이라고 합니다. 이 기간 동안 기부와 같은 자선을 행하기도 하고요. 좋은 전통이지요. 대표적인 이슬람 국가인 사우디아라비아에서도 라마단은 엄격히 지켜집니다. 그런데 금식을 하기 때문에 음식 소비가 줄 것이라는 상식과는 달리 오히려 평소보다 더 많은 음식이 소비되는 걸로 통계가 나와요. 아마도 활동하는 시간 내내 굶다가 먹게 되니 더 많이 먹게 되기도 하고, 라마단 기간 동안에는 가족과 친지가 모여 파티를 여는 등의 행사가 있기 때문에 음식 소비가 더 많은 것 같아요.

음식뿐만이 아닙니다. 금욕적인 생활을 하는 라마단 기간에 사실 가장 많은 소비가 일어납니다. 라마단 동안에도 가족 친지들이 모여 만찬을 즐길 뿐만 아니라 라마단을 무사히 마친 후에도 무슬림들은 '이드 알피트르'라는 축제일을 또 즐겨요. 이드는 아랍어로 축제, 피트르는 단식의 종료를 의미하며, 이날은 무슬림의 휴일입니다. 줄여서 이드라고 부르는데요. 이드를 기념하며 무슬림들은 새 옷을 사고 가족 친지들에게 선물을 하거나 음식을 대접하면서 덕담을 나누는 풍습이 있어요. 그래서 라마단 동안 전자제품, 의류, 식품 등 여러 분야에서 가장 많은 소비가 발생합니다. 이를 놓치지 않으려고 기업들은 다양한 마케팅을 준비하여 대대적으로 홍보합니다. 쇼핑센터나 백화점, 마트 등은 새벽까지 연장 운영하면서 대대적인 세일을 하고 사람들의 소비를 촉진시키려 합니다. 그래서 무슬림의 블랙프라이데이라는 별칭까지 생겼지요.

소비가 많아질수록 쓰레기가 증가하는 건 당연하겠지요? 실제로 라마단 기간 중에 음식물 쓰레기가 증가하는 것에 대해 문제가 있다고 생각하는 무슬림이 증가하고 있어요. 문제의식을 느낀 일부 무슬림들 사이에서 '그린 라마단 이니셔티브' 운동이 일고 있는 걸 봐도 알 수 있지요. '라마단 동안 벌이는 만찬에 음식물 쓰레기가 발생하지 않도록 하기', '일회용 플라스틱 식기류를 사용하지 않기', '기도 전에 손발 씻는 물을 적게 사용하기', '모스크에 갈 때 카풀하기' 등을 실천하는 운동입니다.

2018년 5월, 아랍에미리트, 이집트, 사우디아라비아 세 나라 주민을 대상으로 실시했던 설문조사에서 응답자의 83%는 음식물 쓰레기가 환경에 끼치는 영향을 인지하고 있고, 79%는 라마단 기간 중에 식품을 저장하는 등의 방법으로 음식물 쓰레기를 줄이려 노력한다고 밝혔어요. 또 68%는 식당에서 식사 후 남은 음식을 자주 포장해 가고, 83%는 기회가 된다면 불우한 사람들에게 음식을 제공한다고 응답했고요.

전 세계 무슬림들 사이에 그린 라마단 이니셔티브가 확산되어 자리 잡게 된다면 지구 전체 환경에 큰 도움이 될 겁니다. 무려 인구의 4분의 1이 무슬림이니까요. 생각해 보면 애당초 라마단은 금식과 금욕을 통한 삶의 방식을 돌아보고 지혜로워지자는 취지이니까 그린

라마단 이니셔티브는 본래의 취지로 돌아가는 움직임이라고 볼 수 있겠지요.

생각해 보기

• 블랙프라이데이에 과소비를 부추기는 것에 반기를 든 운동이 있을까?

사우디아라비아

네옴 시티는 기후 위기의
해법일 수 있을까?

SAUDI ARABIA

#친환경 도시   #스마트 도시   #그린워싱

기후 위기의 원인에 대해서는 이미 많은 사람이 알고 있어요. 그렇지만 구체적으로 누구의 책임인지에 대한 목소리는 별로 들리지 않아요. 온실가스 배출의 가장 큰 책임은 누구일까요? 화석연료일까요? 화석연료에게 책임을 물을 수는 없어요. 화석연료는 지구에서 살다 간 동식물의 잔해가 열과 압력에 의해 만들어진 결과물일 뿐이니까요. 온실가스의 가장 큰 책임은 화석연료를 채굴한 기업과 화석연료를 태운 나라에 있습니다. 그리고 화석연료로 만든 전력을 비롯해서 여러 제품을 사용한 소비자에게도 있고요. 책임의 크고 작음이 다르긴 하지만요. 탄소 배출을 많이 한 나라, 배출을 많이 하면서도 줄이려는 노력을 거의 하지 않는 나라에 '기후 악당' 국가라는 오명을 씌우기도 합니다. 우리나라가 바로 기후 악당 국가 가운데 하나이지요. 화석연료 기업의 석유 채굴을 규탄하면서도 배출 순위에 기업을 넣지는 않아요. 이유는 화석연료를 연소하는 과정에서 탄소 배출량을 계산하기 때문이지요.

아라비아반도에 있는 사우디아라비아(이하 사우디) 왕국은 이 슬람의 창시자인 무함마드가 탄생한 곳이고 이슬람의 최고 성지인 메카와 메디나가 위치해 있어요. 해마다 수백만 명의 무슬림이 성지 순례를 다녀가는 나라이기도 하지요. 사우디는 세계에서 석유 매장량 은 두 번째로 많고 가장 많은 석유를 수출하는 나라로도 유명해요. 천 연가스 매장량도 세계 5위로 에너지 초강대국입니다. 전체 국내총생 산(GDP)에서 석유가 차지하는 비중이 절반 가까이 될 정도이며 사우 디의 석유는 국영 석유 회사인 아람코가 관리하고 있어요. 나라 대부 분이 사막인 사우디는 중요한 자원이 석유인 덕분에 전 세계 경제 규 모가 17위입니다.

기후 위기가 심각해지면서 세계적으로 탄소 배출을 줄여야 한다는 목소리가 커지고 있어요. 이러한 상황이니 사우디 같은 산 유국의 고민은 깊어질 수밖에 없을 것 같지 않나요? 2021년 영국 글래스고에서 열린 기후변화협약 당사국총회(COP26)에서 사우디 는 친환경 공약을 발표해요. 2060년까지 탄소 배출 순 제로를 달성 하겠다고요. 배출 순 제로란 배출한 양과 흡수한 양을 합해서 제로 로 만드는 걸 의미합니다. 탄소를 배출한 만큼 숲을 조성하든지, 탄 소 포집을 하는 등 여러 방법을 통해 탄소를 다시 흡수하겠다는 거 지요. 그러나 이런 발표를 한 지 몇 주 만에 석유 생산량을 늘리겠다고 발표해요. 당시 사우디 에너지부 장관은 "우리는 가장 마지막까지 버틸 것이며, 모든 탄화수소(석유는 천연에서 액체 상태로 산출되는 탄화수소 혼합물)를 채굴할 것"이라면서 석유 펌프질을 멈추지 않을 것이라고 했어요.

사우디는 한편에서 친환경 정책의 하나로 미래형 친환경 도시 '네옴(Neom)' 계획을 발표합니다. 네옴의 크기는 쿠웨이트나 이스라엘 면적보다 큽니다. 2017년에 시작된 네옴 건설은 사우디 북서부 지역을 첨단 기술의 지속 가능한 도시로 변화시키는 걸 목표로 하고 있어요. 사막이 대부분인 나라에 나무 수십억 그루를 심고, 진동 튜브 열차가 초고속으로 달리며 자동차도 없고 탄소 배출도 없는 도시를 만들겠다는 계획입니다. 170km에 이르는 선형 도시를 만들어 최대 900만 명의 주민을 살 수 있도록 하겠다는 건데요. 이 도시는 홍해에서 사막을 직선으로 관통할 예정입니다. 홍해 위에 떠 있는 부유식 산업 단지 옥사곤 계획도 들어 있어요. 옥사곤에서는 세계 최대 산호초 복원 프로젝트 계획도 발표했고요. 최근 보고서에 따르면 2025년 2월 기준 2.4km만 완료된 상태로, 30만 명 미만의 인원을 수용할 수 있는 규모라고 해요. 완공까지는 향후 50년 이상 걸릴 것으로 예상되는데요. 지구 기후가 그때까지 기다려 줄지 의문입니다.

사실 네옴 계획이 발표되었을 때 사막 한가운데에 최첨단 친환경 도시를 건설하는 게 어디까지 실현 가능할 것인지에 대해 회의적인 입장이 많았어요. 바다 위에 부유 시설을 지어 놓고 산호초 복원을 한다는 프로젝트는 모순되는 게 아닌가 싶은 의문도 듭니다. 그곳에서 과도한 자원 소비 없이 시스템 내에서 자체 식량을 생산한다는 것인지도 의문이라고 전문가들은 지적합니다. 왜냐하면 사우디는 현재 약 80%의 식품을 수입에 의존하고 있거든요. 사우디 중앙에는 고원과 연결된 룹알할리 대사막이 펼쳐져 있고, 서쪽으로 홍해를 따라 남북으로 길게 헤자즈산맥이 뻗어 있어요. 농사를 짓기에 유리한 지형이 아닙니다. 네옴에 긍정적인 사람들은 풍력과 태양광 등으로 도시를 유지하고, 담수화 플랜트로 물을 공급받아 농사를 지으며 지속 가능한 스마트 도시를 보여 주는 좋은 사례가 될 거라고 해요.

그러나 지구 평균기온 상승 폭을 1.5℃ 미만으로 제한하기 위해서는 당장 전 세계 석유 생산량을 해마다 5%씩 감소해야 합니다. 그러니 사우디는 석유 증산을 약속했다는 사실만으로도 그린워싱(Greenwashing, 실제로는 친환경적이지 않지만 마치 친환경적인 것처럼 홍보하는 위장환경주의)이라는 오해를 받기 충분합니다. 사우디는 2030년까지 전체 전력의 절반을 재생에너지로 생산하는 계획을 내놓았지만 2019년 기준 0.1%의 전력만 재생에너지로 생산하고 있기도 하고요. 더 중요한 사실은 재생에너지 생산을 위한 인프라를 갖추는 데도 자원 채굴이 필수라는 거예요. 무한한 자원을 채굴할 수 있다는 생각 자체가 터무니없는 일 아닐까요?

건조한 나라 사우디에서는 현재 식수, 생활용수 그리고 공업용수의 절반 정도가 바닷물 담수화 공정을 거쳐 만들어집니다. 이런 공정에 화석연료가 사용되는 건 당연하고요. 사우디야 산유국이니 가능하지만 산유국의 지속 가능한 시간은 언제까지일까요? 또 해수 담수 과정에서 나오는 독성 화학물질 찌꺼기는 바다에 버려집니다. 해양 생태계에 해로울 수밖에 없어요. 아직까지 재생에너지로만 담수 설비가 가동된 적은 없고요. 거기 더해서 네옴이 들어설 자리인 홍해와 요르단의 산악 지대 사이의 낙후된 지역에도 이미 사람이 살고 있어요. 전통적으로 유목 생활을 하는 베두인족 출신 후와이타트족입니다. 네옴 시티 건설을 위해 마을 두 개가 사라진 상태이고, 그곳에 살던 후와이타트족 2만 명은 적절한 보상도 없이 강제 이주를 당했다는 게 인권 운동가들의 전언입니다. 심지어 살해당한 사람도 있어요. 2020년 압둘라힘 알후와이티는 자신이 살고 있는 곳에서 떠나기를 거부하는 사람 가운데 하나였어요. 그는 어쩌면 자신이 살해당할지도 모른다고 온라인에 동영상을 올렸고 예고했던 그 일이 실제 벌어졌습니다.

네옴은 정말 기후 위기 시대의 대안인 친환경 도시가 될 수 있을까요? 아니면 사막 위에 건설된 대도시를 구경하러 오는 관광객들의 볼거리를 제공하려는 걸까요? 이미 완성된 일부 건설 프로젝트에 헬기장과 골프장이 완공되었다는 게 위성사진을 통해 확인되었어요.

산유국들이 갑자기 석유 생산을 완전히 중단하기는 어려울 것 같아요. 여전히 우리 삶에 플라스틱이 많은 부분을 차지하고 있는 것도 사실이고요. 이 부분을 어떻게 풀어 나가야 할지 세계시민의 지혜가 필요해 보입니다.

생각해 보기

• 국가나 기업의 그린워싱 행위에 대해 조사해 보자.

이라크

무기들의 묘지

#전쟁 무기

　　좁게는 서아시아 국가부터 넓게는 북아프리카의 이집트까지 포함하는 중동 지역. 중동 하면 '화약고'라는 말이 따라붙을 정도로 중동은 전쟁이 끊이지 않는 지역이지요. 중동은 대체 어쩌다 화약고가 되었을까요? 전쟁마다 다양한 이유가 있지만 중동에는 중동만의 중요한 이유가 있어요. 무엇보다 제1차 세계대전 이후 유럽 식민 세력에 의해 중동의 많은 나라가 만들어지는 과정에서 아프리카의 국경선처럼 민족이나 종교, 부족의 구분이 고려되지 않은 게 가장 큰 이유입니다. 이 지역은 같은 이슬람이어도 수니파냐 시아파냐에 따라 서로를 적대시할 정도로 종교가 중요한데 말이지요. 미국과 러시아 그리고 기타 힘센 나라들이 중동 지역에 개입하면서 갈등을 부추기는 경향도 있어요. 팔레스타인과 이스라엘 사이의 분쟁도 이 지역의 평화를 요원하게 만드는 요인이고요. 전 세계에서 확인된 석유 매장량의 절반가량이 이곳에 있다는 것도 여러 분쟁의 원인이 됩니다.

이렇게 바람 잘 날 없는 중동에서 전쟁하느라 얼마나 많은 무기가 사용되었을까요? 사용된 무기는 제대로 회수되었을까요? 무기를 들고 있던 병사가 사망할 경우 그 무기는 어떻게 될까요? 탱크는요? 이런 질문을 해 본 적 있나요? 이라크 바그다드 북쪽에 타지 캠프가 있어요. 현재는 이슬람 극단주의를 표방하는 테러리스트 국제 범죄 단체인 IS와 전쟁을 벌이는 주요 기지입니다. 과거 한때 이곳은 사담 후세인의 친위대가 주둔하던 곳이었어요. 이라크 군대가 무기를 생산하고 탱크를 수리하던 크고 비밀스러운 장소였지요. 현재는 녹슨 탱크 수천 대가 버려져 있습니다. 과거 이라크에서 가장 큰 탱크 정비 시설이 있던 곳이었는데 말이지요. 프랑스에서 제작한 자주포도 수십 대 있는데 이란-이라크 전쟁에 사용되었어요. 후세인이 쿠웨이트를 침공한 이후 무기 수입이 금지되면서 부품 공급이 끊겨 결국은 무기들이 버려졌다고 해요. 1979년부터 2003년까지 이라크의 지도자였던 사담이 핵무기를 개발했다는 의혹을 대며 미국과 영국이 이라크를 침공했어요. 2006년 사담은 처형되었지만 핵을 개발했다는 증거는 아직까지 밝혀지지 않고 있어요.

타지 캠프는 탱크와 차량 그리고 자주포가 여기저기 흩어진 채 으스스한 묘지가 되어 버렸지요. 사실 무기 묘지는 이라크에만 있지 않아요. 전쟁의 역사를 지닌 많은 나라에 무기 묘지가 있습니다. 1955년부터 1975년까지 전쟁을 치렀던 베트남의 정글에는 여전히 녹슬고 있는 미국 헬리콥터, 탱크, 버려진 항공기가 남아 있다고 해요. 베트남 정부가 버려진 것들 가운데 일부를 전쟁 기념관으로 전환했지만 훨씬 많은 무기가 외딴 지역에 남아 있습니다. 아프가니스탄에는 소련이 침공해서 전쟁을 벌이다 철수한 후 남겨진 탱크, 비행기가 있고요. 미국이 공급했던 무기와 여러 군용 장비 등이 버려진 채 있습니다. 여전히 내전 중인 시리아, 전쟁 중인 우크라이나 역시 전쟁터였던 곳에 버려진 무기들이 많습니다. 전쟁을 치르진 않았지만 세계 최대 군사 강국인 미국의 애리조나 사막에는 퇴역한 군용기 수천 대를 보관하는 대규모 항공기 보관 시설이 있어요.

전쟁은 이기든 지든 희생이 따르게 마련입니다. 오랜 시간 쌓아 온 유적부터 현재를 살아가는 사람들의 삶터까지, 모든 것이 순식간에 파괴되는 끔찍한 일이고요. 전쟁은 정치하는 몇몇이 결정하는 문제인데 전쟁과 전혀 상관없는 민간인이 가장 많이 희생된다는 게 안타깝습니다. 전쟁에 필요한 무기를 만드느라 쓰인 다양한 자원이 평화적이고 생산적이며 지속 가능한 쪽으로 쓰였다면 난민도 생기지 않았을 테고 배고픈 사람들도 없을 겁니다.

단일 조직으로 세계 최대 석유 소비자이자 온실가스 배출 당사자는 미국 국방부입니다. 미군이 아프가니스탄을 침공한 2001년부터 2017년까지 약 12억 톤(CO_2-eq, 이하 톤)의 온실가스를 배출했거든요. 이 양은 승용차 2억 5,700만 대가 1년 동안 배출하는 양과 맞먹어요. 이 기간 동안 미국의 군수 산업이 배출한 온실가스 26억 톤까지 합친다면 어마어마한 양이죠. 우리나라의 군사 부문 온실가스 배출량은 2020년에 약 388만 톤으로 추정되며, 이는 우리나라 공공 부문 전국 783개 기관의 2020년 총배출량 370만 톤보다 많은 양이에요. 만약 세계가 전쟁 준비, 무기의 현대화, 군사 기지를 만들거나 훈련에 지출하는 돈을 기후 위기 대응에 쓴다면 얼마나 많은 일을 할 수 있을까요?

생각해 보기

• 전쟁에 반대하는 사람들의 활동을 찾아보자.

이란

세계 최초로 습지 협약이 만들어진 곳, 람사르

#습지 #람사르 협약

지구가 뜨거워지면서 온실가스를 어떻게 줄일까에 관심이 커지고 있어요. 배출을 줄이는 것도 중요한데 어쩔 수 없이 배출할 수밖에 없는 부분에 대해서는 다시 흡수하는 방식을 여러모로 생각하고 있는데요. 그동안 쓸모없는 땅이라며 매립해서 농사를 짓는 땅으로 활용하거나 공장을 짓던 습지에 대한 인식이 달라지고 있어요. 갈대나 칠면초 같은 짠물에서도 잘 자라는 염생 식물이 사는 습지가 숲보다 훨씬 많은 탄소를 흡수한다는 사실이 밝혀졌거든요. 습지의 가치는 이뿐만이 아닙니다. 습지는 수많은 생명을 품고 있지요. 습지의 갈대밭은 새들이 오가며 번식하고 쉬어 가는 곳이고요. 습지의 가치에 일찍이 눈을 뜬 사람들이 모여 습지를 보전하자는 데 합의를 한 게 람사르 협약입니다.

람사르는 카스피해 연안에 있는 이란의 지명이에요. 카스피해는 '해'로 불리지만 바다와 연결돼 있진 않아요. 그러나 해가 붙을 정도의 규모입니다. 내륙에 있는 호수로서 세계에서 가장 큰 호수가 카스피해거든요. 카스피해 연안과 내륙 호수를 포함해서 다양한 습지를 보유한 이란이 습지 보호를 위한 국제 협력을 지지하는 데 핵심적인 역할을 했어요. 이렇게 열정적인 노력으로 습지 보전을 위한 첫 회의를 이란에서 개최했고, 개최 도시의 이름을 따 '람사르 협약'이 되었어요. 1960년대부터 특히 이동성 물새의 서식지인 습지가 망가지기 시작하면서 세계적인 우려가 커졌고, 이러한 배경으로 람사르 협약이 만들어지게 되었어요. 유럽에서 여러 차례 준비 회의를 거쳐 조약을 공식화하기로 결정했고, 1975년에 습지 보전에 초점을 맞춘 최초의 협약이 탄생했어요. 환경이 망가지고 있지만 세계인 모두가 두 손 놓고 있진 않다는 걸 알고 나면 위로가 됩니다. 함께 힘을 보태고 싶은 마음도 들지 않나요?

람사르 협약에 가입한 나라가 자국의 습지를 보호하고자 할 때 심사를 거쳐 람사르 습지에 등록할 수 있어요. 우리나라에도 람사르 습지로 등록된 곳이 꽤 있습니다. 1997년 강원도 인제에 있는 대암산 용늪을 람사르 습지로 등록하면서 101번째 람사르 협약 가입국이 되었어요. 2008년에는 경남 창원에서 10차 람사르 협약 당사국 총회도 열렸고요. 서울이 아닌 창원에서 열린 이유는 창원 가까이에 창녕 우포늪이 있거든요. 우포늪도 람사르 습지에 등록된 곳이지요.

비행기의 항로가 있듯이 철새들이 이동하는 경로도 있어요.

철새들의 이동 경로는 왜 필요할까요? 대륙을 건너 먼 거리를 이동하는 동안 쉬기도 하고 먹이도 보충할 장소가 필요하기 때문이지요. 호주와 시베리아로 이동하는 철새들은 중간 기착지로 우리나라와 중국이 공유하고 있는 서해 갯벌에서 쉬었다 갑니다. 이곳을 '동아시아-대양주 이동 경로'라고 해요. 또 철새들이 카스피해를 지나 시베리아와 유라시아 북부 그리고 페르시아만과 인도양을 오가는데, 이곳을 '서아시아-동아프리카 이동 경로'라 합니다. 중앙아시아와 중동의 번식지 그리고 동아프리카의 월동 지역을 연결하는 경로지요. 이동 경로가 정해져 있긴 해도 자를 대고 선을 긋듯이 구분되는 건 아니어서 카스피해에서 우리나라를 오가는 새도 있긴 해요.

중간 기착지로, 또 겨울을 나는 장소로 카스피해는 많은 새가 의지하는 중요한 장소입니다. 카스피해는 이동하는 물새뿐 아니라 벨루가, 철갑상어 등 해양 생물이 많이 살아가는 서식지이지요. 그런데 카스피해 크기가 계속 줄어들고 있어요. 1990년대 이후 매년 몇 센티미터씩 수위가 낮아져요. 해수면이 상승하는 것도 문제지만 낮아지는 것도 그에 못지않게 중요한 문제를 일으킵니다. 카스피해가 줄어드는 까닭에는 여러 가지가 있어요. 그중 가장 큰 이유는 지구 기온 상승으로 증발량은 많은 반면 호수로 유입되는 물은 줄어들었기 때문입니다. 카스피해로 들어오는 물의 80%가량이 러시아의 볼가강에서 오는데요. 볼가강 상류에 수력발전용으로 댐을 건설하고, 농업이

나 산업용 물을 끌어 쓰기 위해 저수지 등을 만들면서 카스피해로 오는 물이 줄었어요. 강우량 감소도 원인입니다.

카스피해와 맞닿아 있는 카자흐스탄, 이란, 아제르바이잔, 러시아 등의 국가는 어업, 농업, 관광, 식수 등을 카스피해에 의존하고 있는데 카스피해가 사라지면 어떻게 될까요? 주변국들이 머리를 맞대고 카스피해를 지킬 방법을 찾아야 할 것 같아요.

생각해 보기

• 람사르 협약에 등록된 우리나라의 습지에 대해 알아보자.

시리아
리틀 아말의 목소리가 들리나요?

#시리아 난민　#리틀 아말　#아랍의 봄

　　2015년 9월 2일 튀르키예의 휴양지인 보드룸 해변에서 남자 어린이가 해변 모래에 얼굴을 묻은 채 숨져 있는 걸 튀르키예 해안 경찰이 발견했어요. 숨진 아이를 두 팔로 안고 걷는 경찰의 사진은 순식간에 전 세계로 퍼졌고 애도의 물결이 SNS를 달구었어요. 숨진 아이는 세 살배기 아일란 쿠르디로 엄마, 아빠 그리고 형과 함께 튀르키예 해안을 떠나 유럽으로 가려다가 그만 고무보트가 뒤집혔다고 해요. 아빠만 살아남은 쿠르디 가족은 시리아 난민으로, 이들이 살던 지역은 당시 IS와 쿠르드 민병대 사이에 내전이 4년째 이어지던 곳이었어요. 도저히 살 수가 없어 고향을 탈출한 가족이 튀르키예를 거쳐 유럽으로 가려고 지중해를 건너던 중 참사가 발생한 거지요. 구명조끼라도 있었다면 쿠르디 가족을 살릴 수 있었을까요?

　　이 일을 계기로 세계시민들이 난민 문제의 심각성을 알게 됐고 유럽 각국에서 난민을 수용해야 한다는 목소리가 나오기 시작했어요. 유엔 난민기구(UNHCR)에 따르면 난민 가운데 시리아 난민 비중이 가장 많다고 해요. 내전으로 살기가 그만큼 어렵기도 하지만 유럽 대륙과 가장 가까이에 위치해 있는 이유도 클 거예요. 정치는 이렇게 우리 삶에 중요해요.

쿠르디 이후에도 난민들의 참사 소식은 끊임없이 들려오고 있어요. 2024년 1월 시리아 출신 청소년 이민자인 오바다 형제는 영국 해협에서 목숨을 잃었지요. 내전으로 삶이 점점 고달파지자 자식이 더 나은 세상에서 살기를 바라는 부모의 바람을 실현하려다 아까운 목숨을 잃는 어린이와 청소년이 많아요. 이런 소식을 접할 때마다 너무나 슬픕니다. 유럽 내에서 난민들의 목소리를 변호하는 이들은 '난민의 삶을 불가능하게 하는 유럽의 법'이 이런 상황을 만들었다고 해요. 그렇다고 유럽 사람 모두가 난민에 호의적인 것도 아니에요. 유럽 난민이 들어와 자기들 일자리를 뺏는다며 난민에 적대적인 유럽인들도 많으니까요.

최근에 시리아 난민 어린이를 상징하는 3.5m 높이의 대형 인형인 '리틀 아말'이 전 세계를 다니며 어린이들을 만나고 있어요. 난민 문제를 알리기 위해서입니다. 아말은 아랍어로 '희망'을 뜻해요. 리틀 아말은 예술 단체인 굿 찬스(Good Chance)가 난민 어린이들의 이야기를 전 세계에 전하기 위해 인형극단인 핸드스프링 퍼펫 컴퍼니(Handspring Puppet Company)와 함께 만든 거예요. 아말은 아홉 살로 2021년부터 8,000km 유럽 횡단에 나섰어요. 아말은 벨기에 브뤼셀 등 세계 여러 지역의 어린이들로부터 수천 통의 응원 편지를 받기도 하고, 악수하고 사진 찍으며 따뜻한 환대를 받기도 해요. 때론 난민에 반대하는 극우 성향 사람들로부터 돌을 맞기도 하지요.

리틀 아말이 세계를 돌아다니며 난민 문제를 호소할 만큼 시리아의 난민이 그토록 많은 이유는 뭘까요? 앞서 얘기했던 '아랍의 봄'을 기억하지요? 튀니지에서 시작된 아랍의 봄은 러시아 가뭄과 관련이 깊고, 결국 곡물 가격 폭등으로 사람들이 먹고사는 일이 막막해지면서 발생한 문제였어요. 튀니지에서 시작된 아랍의 봄은 이집트를 거쳐 시리아까지 이어졌고요. 2011년 독재자였던 아사드 정권에 대한 평화적 친민주 봉기가 내전으로 번지면서 시리아는 황폐해졌고, 시리아 인근 지역 특히 국경을 접하고 있는 이스라엘과 세계 강대국들이 내전에 개입하기 시작하면서 무려 1,200만 명이 집을 떠날 수밖에 없었어요. 이 가운데 500만 명가량이 해외에서 난민 또는 망명 신청자로 살아가고 있고요. 그 와중에 물에 빠져 목숨을 잃는 사람들도 생기게 된 거지요. 2010년 전후 유프라테스강 유역에 닥친 시리아 대가뭄으로 식량 사정이 나빠진 데다, 밀을 주로 수입해 오던 러시아에 가뭄이 발생하면서 결국 시리아 내전까지 이어졌던 겁니다.

지구 기온 상승으로 기후 패턴이 예측할 수 없게 변하고 있어요. 식량이 곧 안보라는 말을 잊지 말아야 해요. 안정적인 식량 공급이 어려워지면 어디서든 폭동이 일어날 수 있지 않을까요? 아랍의 봄이 들불처럼 번진 나라들의 공통점은 모두 독재정권이었다는 거예요. 독재정권은 시민들이 굶든 말든 소수의 이익만 생각하니까요. 정치가 건강해야 난민도 생기지 않으니 우리 삶에 정치는 기후만큼 중요한 것 같아요.

리틀 아말의 목소리에 귀를 기울여 보아요. 이름처럼 시리아 난민에게도 희망이 생기길 기원해 봅니다. 그들이 희망을 가지려면 세계시민들의 역지사지하는 마음이 필요할 것 같고, 탄소 배출을 줄이려는 실천도 필요할 것 같아요.

생각해 보기
• 난민 어린이에게 필요한 도움이 뭐가 있을지 생각해 보자.

카자흐스탄, 우즈베키스탄

과도한 욕심이 부른 재앙으로 사라지는 아랄해

#목화 농사   #사막화   #아동노동

'상전벽해(桑田碧海)'라는 말이 있어요. 뽕나무밭이 푸른 바다로 바뀌었다는 의미로 그만큼 많은 세월이 흘렀다는 뜻입니다. 그런데 이젠 세월이 많이 흐르지 않아도 호수가 사막으로 바뀌기도 해요. 한때 세계에서 네 번째로 컸던 호수가 10분의 1 크기로 줄어들면서 사막이 돼 버린 아랄해 얘기입니다. 호수이지만 염분이 포함돼 있기도 하고 규모도 남한 면적 절반보다 큰 정도여서 아랄'해'라 불려요. 아랄해 호수가 이처럼 줄어드는 데까지 걸린 시간은 대략 50년이었어요. 50년 만에 이런 일이 벌어졌으니 이제 상전벽해는 놀랄 일도 아닌 것 같아요.

과거 소비에트 연방이 1991년 붕괴하며 15개 신생 독립국가가 탄생했는데요. 그 가운데 카자흐스탄과 우즈베키스탄이 아랄해를 사이에 두고 있어요. 유엔 개발계획(UNDP)은 이런 아랄해의 소멸을 두고 20세기의 가장 충격적인 재난이라고 했어요. 물의 위기를 보여 주는 대표적인 사례가 돼 버린 아랄해는 어쩌다 이렇게 된 걸까요?

목화 농사에는 많은 물이 필요합니다. 1960년대 당시 소련은 아랄해 근처의 황무지를 목화밭으로 만들어요. 마침 아랄해로 흘러드는 강이 두 개 있었어요. 아무다리야와 시리다리야입니다. 다리야는 투르크어로 강을 뜻해요. 소련은 목화밭을 조성하면서 두 강의 물줄기를 목화 농장으로 돌려요. 강에는 100여 개의 크고 작은 댐이 세워졌고 농사를 지으며 과도하게 강물을 사용하기 시작합니다. 이때부터 아랄해의 수위가 낮아지고 본래 크기의 10%만 남게 되었어요. 아랄해를 이루는 물의 80%가 이 두 강에서 왔으니까요. 소련 시절부터 목화 농장을 운영하던 우즈베키스탄은 현재 전 세계 6위 목화 생산국이며 5위 목화 수출국이 되었어요. 이렇게 많은 목화를 생산하느라 물줄기는 계속 목화밭으로 물을 공급하고 있고요.

염분이 있는 호수여서 아랄해에는 철갑상어를 비롯한 여러 종의 어류가 살았고 주민들은 어업으로 생계를 유지하며 살았어요. 그런데 1961년에 20종이던 어류가 점점 줄더니 2010년에 이르러서는 한 종도 발견되지 않았어요. 얼긴 3만 톤에 이르던 어획량이 급격히 줄면서 아랄해 주변 어촌이 붕괴되었고, 소금 먼지가 날리면서 경작이 어려워지자 10만 명이 넘는 주민들이 실업자가 되었어요. 염분이 호수 바닥에 말라붙어 있다가 강풍이 불면 모래 폭풍과 함께 주변으로 날리는데, 이게 소금 먼지입니다. 소금 먼지는 주민들의 건강까지 위협해요. 한때 커다란 호수였던 곳은 말라 가면서 동서로 남북으로 쪼개지며 작은 호수가 됐다가 아예 사라지기도 했어요. 호수 주변에 있던 숲마저 소금 먼지로 사라지면서 빠르게 사막화가 진행 중이고요. 큰 호수가 사라지면서 주변의 기후도 달라졌어요. 한쪽에서는 국제 협력을 통한 아랄해 복원을 꿈꿔 보지만 쉬워 보이지 않아요. 두 강의 수원인 고원지대의 빙하도 점점 사라지고 있어 아랄해가 사라지는 속도는 점점 더 빨라지고 있으니까요.

우즈베키스탄에서 재배한 목화로 면티와 청바지 등의 의류를 제작합니다. 패스트 패션이 유행할수록 더 많은 목화가 필요하겠지요. 옷 말고도 목화가 원료인 물건은 꽤 있을 텐데요. 그 가운데 지폐가 있어요. 면 펄프를 주원료로 지폐, 수표, 상품권 등 은행권 보안 용지를 만듭니다. 이토록 다양한 쓰임새가 있다 보니 많이 생산하려 하겠죠? 목화 수확 시기인 9월부터 11월까지는 정부가 통제하는 목화 농장에서 아이들이 학교도 가지 않고 강제 노동에 동원된다는 보도가 이어지고 있어요. 적어도 우리나라 조폐공사에서는 이렇게 불법적인 아동노동으로 수확한 우즈베키스탄 목화를 지폐 원료로 사용하지 말자고 국내 인권 단체들이 요구해 오고 있습니다.

우즈베키스탄에는 우리 민족의 후손들이 살고 있지요. 일제 강점기에 사할린으로, 블라디보스토크로 강제징용을 당한 뒤 스탈린의 강제 이주 정책에 의해 다시 우즈베키스탄까지 쫓겨 간 한인의 후손, 카레이스키(고려인) 말입니다. 우리가 사용하는 지폐 어딘가에 혹시라도 어린이 고려인 후손의 눈물이 스며 있는 건 아닐까 싶습니다.

생각해 보기

• 목화밭이 줄면 아랄해는 복원될 수 있을까?

PART 4

남아시아 · 동남아시아

파키스탄

아라비아해

남아시아와 동남아시아를 보면 기후 불평등을 뼈저리게 느끼게 됩니다. 탄소 배출은 아주 미미한데 기후 위기로 가장 큰 피해를 받고 있으니까요.
잘사는 나라 사람들이 오늘 누린 풍요와 사치가 어떻게 남아시아와 동남아시아로 흘러들어 오는지 알아볼까요?

네팔

부탄

방글라데시

인도

미얀마

라오스

남중국해

스리랑카

벵골만

태국

캄보디아

필리핀

베트남

타이만

말레이시아

브루나이

몰디브

싱가포르

말레이시아

인도네시아

인도네시아

인도네시아

동티모르

파키스탄

대홍수가 청바지 가격을 밀어 올리다

#면화 생산 #기후 인플레이션 #기후 불평등

2022년 심각한 가뭄에 시달리던 파키스탄에 폭우가 쏟아지면서 1,500명이 넘는 사람이 사망하는 일이 벌어졌어요. 사망자 세 명 가운데 하나는 어린이였고, 파키스탄 인구 일곱 명 가운데 한 명 꼴로 홍수 피해를 입었다고 해요. 농경지와 다리 등이 홍수에 휩쓸려 가며 망가졌고 통신선 역시 망가졌어요. 파키스탄 전체 피해액은 약 55조 7,600억 원에 이를 것으로 추산하는데, 이는 파키스탄 2021년 국내총생산(GDP)의 11%라고 해요. 파키스탄 식량의 절반을 생산하는 신드주 지역의 농경지 전체가 휩쓸려 가는 등 파키스탄 경제의 4분의 1을 담당하는 농업 분야가 홍수로 완전히 붕괴되었어요. 우리나라에서도 가끔 있는 어마어마한 폭우에 '100년에 한 번' 또는 '500년에 한 번 내리는 폭우'라는 식의 수식어가 붙곤 하는데요. 파키스탄의 홍수야말로 전례가 없었다고 해요. 2022년에 내린 비는 평년보다 500~700% 많이 내렸으니까요. 상상을 초월할 정도

190

로 많은 비가 내렸지요. 결국 국토의 3분의 1이 물에 완전히 잠기며 마치 거대한 바다처럼 변해 버렸어요.

전 세계 면화의 6%가 파키스탄에서 생산됩니다. 최근 몇 년간 파키스탄은 중국, 인도, 미국, 브라질에 이어 5위권에 드는 주요 면화 생산국이에요. 파키스탄 제조업 종사자 가운데 40%가 섬유와 의류 부문에서 일하고 있어요. 목화 재배 농민들에게서 공급받은 목화로 조면, 방적, 직조, 뜨개질, 가공, 완성품 제조에 이르는 공정이 파키스탄에서 이루어집니다. 값싼 인력으로 세계 시장에서 경쟁력을 얻게 된 거고요. 이렇다 보니 섬유 산업이 파키스탄의 주력 수출 산업이 되었고 현재 미국, 유럽 등 전 세계로 수출하고 있습니다. 그런데 2022년 홍수로 목화밭의 절반에 가까운 45%가 침수되면서 면화 가격이 상승하게 되었어요. 목화 최대 생산지인 미국의 텍사스에서도 2022년에 극심한 더위와 가뭄으로 역시 면화 생산량이 줄었어요. 텍사스의 경우 많게는 74%까지 손실이 발생했다고 하니 어마어마한 양이지요. 이렇게 되면서 면화 가격 상승은 면화로 만드는 기저귀, 생리대, 면봉, 거즈를 비롯해서 청바지 등 의류에까지 영향을 미쳐 가격이 잇따라 오릅니다. 기후가 결국 물가를 상승시키는, 즉 '기후 인플레이션'이 발생한다는 경고가 그래서 나오는 겁니다.

그렇다면 왜 이런 대홍수가 벌어진 걸까요? 원인을 대략 세 가지로 꼽는데요. 첫 번째는 폭염입니다. 2022년 파키스탄은 봄 기온이 40℃ 이상 장기간 이어졌고 자코바다드 지역은 51℃까지 올랐어요. 봄에 말이지요. 이런 상황에서 얼마나 많은 수증기가 대기 중으로 유입되었을까요? 두 번째 원인으로 빙하를 들 수 있습니다. 파키스탄은 극지방을 제외하면 빙하가 가장 많은 나라 중 하나입니다. 봄철 극심한 폭염으로 북부 산악 지역의 빙하가 녹으면서 인더스강으로 흘러드는 물의 양이 엄청나게 증가했어요. 마지막 원인으로 보는 게 라니냐 현상입니다. 라니냐는 서태평양으로 따뜻한 물이 몰리는 현상인데요. 이로 인해 증발량이 증가하고 많은 비가 내렸을 것으로 보고 있어요. 원인을 살펴보면 결국 모두 지구 기온 상승과 연결됩니다. 지구 온난화로 해수 온도가 올라가고 증발량이 많아지니 수증기도 많아져 결국 많은 비를 뿌리는데 마침 그곳이 파키스탄이었던 거죠. 기온이 1℃ 상승하면 남아시아 지역의 몬순은 5%의 비를 더 내리게 한다는 연구 결과도 있어요. 이런 이상 기후의 원인인 탄소 배출량을 보면 파키스탄은 무척 억울할 것 같아요. 파키스탄은 전 세계 온실가스 배출량 가운데 고작 0.4% 정도를 배출하는데, 기후 위기로 가장 큰 피해를 받고 있으니까요.

'기후 불평등'이라는 말 들어 보았을 거예요. 탄소 배출을 많이 한 사람이 그에 비례해서 많은 피해를 입는 게 아니라 파키스탄처럼 배출은 미미한 나라가 어마어마한 기후 재난을 겪는 걸 보면 너무나 불평등하죠? 이런 걸 기후 불평등이라고 합니다. 정의롭지 않아요. 부당한 거지요. 참고로 파키스탄 인구의 5분의 1 정도인 우리나라의 탄소 배출량은 2021년 기준 전 세계 배출량의 1.7%입니다. 탄소 배출을 많이 하는 나라는 다 잘사는 나라들인데 이런 나라들은 파키스탄과 같은 저개발 국가보다는 재난 대비를 잘하고 있지요. 재난이 벌어지고 인명 피해, 재산상의 피해를 겪고 난 이후에도 저개발 국가들의 재난 피해는 쉽게 복구되지 않아요. 재난의 크기가 큰 만큼 복구에 들어가는 비용도 천문학적일 수밖에 없으니까요. 그래서 파키스탄 대홍수 이후 파키스탄 정부는 "기후변화에 원인을 제공한 선진국들이 배상금을 지급하라"고 촉구하기도 했어요. 선진국들이 자기들이 배출한 온실가스로 벌어진 재난임을 인정하고 그에 따른 책임을 지는 것이야말로 기후 정의입니다. 기후 정의는 여기서 그치지 않아요. 앞으로 온실가스 배출을 줄이고 기후 위기를 완화하려는 노력까지 포함합니다. "오늘은 파키스탄이지만, 내일은 당신의 나라일 수 있다." 당시 파키스탄의 참혹한 현장을 둘러본 안토니우 구테흐스 유엔 사무총장의 이 말을 지구에 사는 모두가 겸허하게 받아들이고 기억해야 할 것 같아요.

생각해 보기

• 기후 정의를 위해 세계는 또 어떤 노력을 기울일 수 있을까?

인도

힌두교의 나라가
소고기 최대 수출국?

#소고기 산업   #힌디 벨트   #종교 갈등

　　인도 하면 갠지스강에서 목욕하는 사람들, 소를 숭배하는 힌두교 등이 떠올라요. 힌두교도는 인구의 80%에 이를 정도로 인도의 대세 종교가 맞긴 해요. 힌두교는 소의 몸에 무수한 신들이 깃들어 있다고 믿기 때문에 소를 신성시하지요. 그래서 인도에서 소고기라는 단어는 금기어일 것 같지만 인도는 브라질, 호주, 중국 등과 함께 소고기를 많이 수출하는 나라입니다. 인도는 전 세계 소고기 수출량의 20%가량을 차지하고, 사육하는 소가 3억 마리로 브라질보다 1억 마리 이상 많아 압도적 1위예요. 소고기를 많이 수출하려면 기르고 거래하고 도축하고 가공하는 지역도 당연히 있겠지요? 또 소를 많이 도축하다 보니 소가죽도 많이 나옵니다. 가죽 산업 역시 발달할 수밖에 없어요. 누가 이런 일에 종사할까요? 인도에는 힌두교뿐만 아니라 이슬람을 믿는 무슬림들도 살고 있고, 소수지만 기독교인도 살고 있지요. 힌두교가 아닌 이들은 소고기를 먹고 소

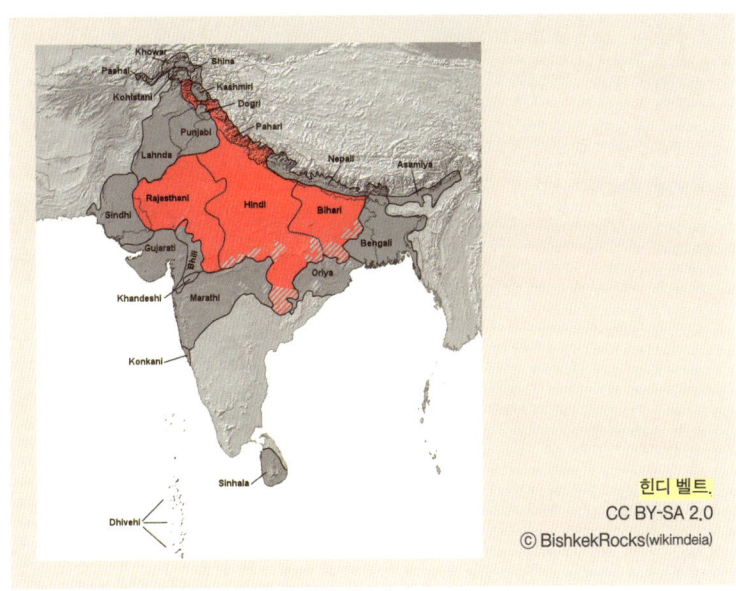

힌디 벨트.
CC BY-SA 2.0
ⓒBishkekRocks(wikimdeia)

고기를 생산하는 일을 직업으로 갖고 있어요. 소고기 산업은 2억 명 가까이 되는 이슬람교도들이 주도하고 있어요. 인도에서도 힌두교가 강세를 보이는 지역을 흔히 힌디 벨트(Hindi Belt)라고 불러요. 지도에 보이는 빨간 부분입니다. 소고기를 먹는 사람들이 주로 거주하는 지역은 북부와 서쪽에 조금 흩어져 있어요.

2015년 뉴델리에서 한 이슬람 신자가 암소를 도축해서 먹었다는 소문 때문에 힌두교도들이 몰려가 이슬람 신자를 집단 구타한 사건이 벌어졌어요. 같은 해 석탄 트럭을 몰던 18세 청년은 힌두 극단주의자들이 던진 가솔린 폭탄에 사망했어요. 석탄 트럭을 소고기를 운반하는 트럭으로 오인한 것이 폭탄을 던진 이유였어요. 2017년에는 인도 북서부 한 지역에서 무슬림들이 트럭 3대로 암소 10여 마리를 운송하던 중 힌두교도의 공격을 받았어요. 힌두교도들이 트럭을 세우고는 트럭 운전자 여섯 명을 몽둥이로 구타했고 그중 한 명이 숨졌어요. 소를 도축하려는 게 아니라 우유를 짜러 가던 길이었다고 설명해도 소용없었다고 해요. 정육점 진열장에 불을 지르는 일도 벌어집니다. 무슬림만 공격하는 것도 아니에요. 인도에 여전히 존재하는 카스트의 최하위층인 달리트는 인도 사회에서 가장 하찮은 일을 하는데 이들도 공격합니다. 달리트가 소를 도축하고 소가죽을 벗기는 등 소와 관련된 일을 한다는 게 공격의 명분입니다. 이런 힌두교도들을 소자경단이라 불러요. 어떻게 모든 사람의 생각과 종교, 문화가 똑같을 수 있나요? 각자 숭배하는 신이, 먹는 음식이 달라도 공존하며 살아야 하지만 여러 나라에서 종교가 갈등의 불씨가 되는 일은 안타깝기만 합니다. 그런데 인도에서 소자경단이 벌이는 이런 행위의 배경에 모디 총리가 이끄는 인도 인민당이 있다고 해요. 종교를 이용해서 표를 얻으려고 갈등을 부추기고 있다는 거지요.

모디 총리는 2025년 2월 현재 세 번째 임기를 수행 중인데요. 2014년 총선 때부터 '소 보호 공약'을 내세우며 불법 소 도축장과 정육점을 단속하겠다고 했어요. 실제는 힌두교도가 아닌 이들을 탄압함으로써 힌두교도들의 표를 얻으려는 게 목적이었어요. 재집권을 위한 소 보호 공약 강도가 세지면서, 급기야 '소 도축 금지법'까지 들고 왔어요. 낙농업과 가죽 산업, 소고기 수출업계는 산업이 위축될 뿐만 아니라 이 법으로 실업자가 쏟아져 나올 것이라며 우려를 표했어요. 또 이 법은 기독교도와 무슬림 그리고 달리트의 값싼 단백질 공급원을 박탈하는 조치라고 반발했어요. 인도 대법원은 이런 금지령이 헌법에 보장된 종교의 자유를 침해하고 빈곤층에 막대한 경제적 부담을 지게 한다는 비판을 정부가 수용해야 한다고 권고했어요.

그런데 소 도축을 금지하다 보니 자연사한 소를 처리할 방법이 없어 몰래 내다 버리면서 문제가 되고 있어요. 소를 키울 여력이 없는 주민들이 밤에 몰래 소를 버리기 시작하면서 소가 밭에 들어와 농작물을 망치는 일이 생겼어요. 사실 소와 지구온난화 사이에는 깊은 관련이 있지요. 소 방귀가 지구온난화를 일으킨다는 얘길 들어 본 적 있을 거예요. 사료를 재배하고 방목할 초지를 마련하느라 숲이 사라지는 문제까지, 소는 온통 기후 문제와 관련이 있어요. 그런데 인도의 소 보호 공약 역시 문제는 많은 것 같아요. 먹든 보호를 하든, 과한 조치는 언제나 문제인 것 같지요?

생각해 보기
• 인도에 종교 갈등이 사라지면 소를 둘러싼 문제도 해결될 수 있을까?

인도
와이파이 라우터를 만드는 공장의 슬픔

#IT 산업   #산업재해

우리가 날마다 만나는 수많은 제품은 어디서 만드는 걸까요? 가장 흔하게 만날 수 있는 제품은 '메이드 인 차이나(made in China)' 제품이죠. 중국을 혐오하는 사람들은 중국산 제품을 하나도 사용하지 않고 살 수 있을까요? 아마도 불가능할 겁니다. 중국이 세계의 공장이 되면서 우리는 물건의 풍요 속에 살게 되었어요. 싼 인건비 덕분에 제품 가격도 싸졌기 때문이지요. 소득이 증가해 소비가 늘어난 것도 분명 있지만, 물건 가격이 싼 것도 소비에 영향을 미칩니다. 많은 물건을 모두 비싼 값에 산다면 물건 하나를 고를 때 무척 신중해질 수밖에 없어요. 그런데 어떤 가게는 대부분의 물건이 1,000~2,000원입니다. 고가인 상품의 가격이 5,000원 정도예요. 이 가게에서 파는 물건들의 제조국을 살펴보세요. 중국산 제품이 없다면 그 가게는 아마도 존재할 수 없을 거예요. 중국뿐만 아니라 남아시아에서 생산하는 제품들도 많아요. 대표적인 나라 가운데 하나가 인도로, 과거에는 시중에 인도산 면직물 등 섬유 제품이 많았어요. 최근 인도는 중국을 제치고 아시아의 떠오르는 별이 되었습니다. 특히 뭄바이에서 시작된 인도의 IT 산업은 눈부시게 발전하는 중이에요. 현재 인도의 실리콘밸리라 불리는 방갈로르에서도 IT 수출품의 약 3분의 1이 생산되고 있어요. 방갈로르 다음가는 도시는 첸나이입니다. 중국과 미국이 정치적으로 불화를 일으키면서 중국 공장을 인도로 옮기는 기업들도 늘어나는 추세라고 해요.

IT 산업의 기본은 인터넷이죠. 어디서든 인터넷에 접속하려면 와이파이 라우터(무선 공유기)가 있어야 해요. 우리가 사용하는 무선 공유기는 어디서 만들어질까요? 인도에서 많이 만들어요. 2022년 인도 수도 델리의 한 공장에서 화재로 27명이 숨지는 사고가 발생했습니다. 4층짜리 전자제품 제조 공장에서 발생한 대규모 화재였어요. 사고 이후 조사를 했더니 이 공장은 제조 시설로 사용하기 전에 소방서와 경찰서의 허가를 받지 못한 곳이었다고 해요. 이렇게 제대로 된 화재 예방 시설을 갖추지 못한 제조 공장에서 화재가 자주 발생하면서, 그 결과 가장 힘없고 취약한 노동자들이 희생되고 있어요. 인도는 산업 강국으로 발전하겠다는 목표는 갖고 있지만 노동자들의 인권을 보장하겠다는 의지는 별로 없어 보입니다. 인도에서는 해마다 산업재해로 수백 명이 숨지고, 수천 명이 영구 장애를 얻게 된다는 보고가 있어요. 국제 제조 산업 노동 단체인 인더스트리올(Industrial)에 따르면 인도에서 가장 많은 사망자를 내는 분야가 제조, 화학, 건설입니다. 2021년 한 해에만 인도 제조 산업 분야에서 한 달에 7건의 사고가 발생하고 160명이 넘는 노동자가 숨졌어요.

델리 공장에서 화재로 딸 셋을 잃은 라케시 쿠마르 씨는 "세 딸을 위해 정의 실현을 원한다"고 했어요. 그러나 정의 실현은 먼 이야기 같아요. 인도 사회에 만연한 법적 관료주의와 화재의 원인에 얽혀 있는 복합적인 요인 등으로 회사로부터 보상받는 일이 어렵기 때문이라고 해요. 인도에서 노동자 문제가 이렇다 보니 우리나라가 훨씬 나을 거라는 생각이 드나요? 과연 그럴까요? 2023년 기준으로 우리나라 산업재해 사망자 수는 2,016명으로, 재해 유형은 떨어짐, 끼임, 교통사고, 부딪힘, 물체에 맞음 등의 순으로 많습니다. 산업재해 통계치를 보면 그다지 인도보다 나은 나라라고 하기가 어려워요. 이런 문제가 왜 해결이 잘 안될까요? 작업장을 관리 감독하는 법이 엄격하게 적용되지 않았기 때문이지요. 인도의 경우 '10인 이상 사업장에서는 안전위원회를 설치해야 한다'는 법 조항을 새롭게 바뀐 법에서 '250인'으로 대폭 늘렸어요. 하지만 이 정도 인원인 사업장을 2016년에 조사했더니 많아야 2%를 넘지 못했다고 합니다.

2021년 태안화력발전소에서 일하던 고 김용균 님이 기계에 끼어 사망하는 사고가 계기가 되어 김용균법이 만들어졌어요. 중대 재해가 발생하면 책임자를 처벌할 수 있게 된 거지요. 2021년 이 법이 제정된 뒤 2022년 1월부터는 50명 이상 사업장을 대상으로 시행해 오다가 2024년 1월부터 5인 이상 사업장에도 적용하게 되었어요. 그럼에도 2025년 6월에 그 화력발전소에서 또다시 기계에 끼어 노동자가 숨지는 사고가 발생했습니다. 더 이상 일터에서 이런 비극적인 일이 반복되지 않아야 하겠습니다. 산업재해 후진국이라는 오명을 뗄 수 있길 바라며, 우리가 사용하는 제품을 생산하는 세계 여러 나라의 노동자들 역시 공장에서 일하다 죽는 일 없도록 안전한 사업장에서 일할 수 있었으면 좋겠어요.

생각해 보기

• 노동자의 인권 보호를 위해서는 또 어떤 법이 필요할까?

인도

모든 불공정의 시작, 목화밭

#목화 농장   #불법 노동

청바지를 몇 벌 가지고 있나요? 여러분이 입고 있는 청바지는 친환경인가요? 청바지를 만드는 원료는 목화입니다. 자, 목화라고 하니까 '엇, 그럼 내 청바지는 친환경인가?' 하는 생각이 혹시 들지 않나요? 면은 목화로 만든 섬유고 목화는 식물이잖아요? 자연에서 자라는 식물로 만든 옷이라니! 자, 청바지가 친환경인지 한번 살펴보죠. 면의 원료인 목화를 재배하는 목화 농장은 전 세계에서 농약을 가장 많이 살포하는 농업 분야입니다. 면 티셔츠 한 장에 필요한 목화를 재배하려면 합성 화학비료를 티스푼 기준으로 17개 사용해야 합니다. 목화가 병충해에 약하기도 하고, 농장에서 단일 작물을 대규모로 재배해야 해서 그런 것도 있어요. 화학비료 사용만 문제가 되는 것은 아닙니다. 청바지 한 벌이 세상에 나오려면 무려 7,000리터의 물이 필요하다는 사실 알고 있나요? 왜 이토록 많은 물이 필요할까요? 국제구호개발기구인 옥스팜에 따르면, 목화를 재배하는 과정부터 옷감을 짜고 염색하는 과정에 필요한 모든 물을 합친 양이 7,000리터입니다. 목화는 물을 엄청 많이 필요로 하는 식물이에요. 아보카도가 물을 좋아하는 것처럼요. 이렇게 많은 물을 필요로 하는 목화 농장이 늘어날수록 전 지구적으로 물 부족은 심해질 겁니다. 목화 색깔이 흰색 티셔츠 색깔은 아니잖아요? 그래서 목화로 옷감을 짜는 과정에 반드시 표백이 필요해요. 유행하는 색과 디자인에 따라 여러 염색 과정이 필요하고, 그때마다 사용되는 화학 염료와 물도 많이 필요하며, 그만큼 폐수도 많이 배출됩니다. 현재 지구상에는 모든 사람이 티셔츠 20장씩 가질 수 있는 분량의 목화가 생산되고 있어요. 아프리카에서는 가뭄으로 물이 부족해서 물 분쟁이 일어나는데 우리의 옷을 위해 이토록 많은 목화가 재배되다니요!

과거 목화 농장에서 흑인 노예가 했던 일을 지금은 저개발 국가의 사람들이 하고 있어요. 전 세계에서 목화 재배 면적이 가장 넓은 나라는 중국, 인도, 미국, 브라질, 호주이며, 파키스탄과 서아프리카의 말리, 베냉, 부르키나파소 같은 저개발 국가에서도 목화가 재배됩니다. 인도에서 생산하는 목화 가격은 미국에서 생산하는 목화 가격의 절반밖에 안 됩니다. 이렇게 싼 이유는 인건비가 저렴하기 때문이지요. 2025년 1월 한국섬유신문 보도에 따르면 인도 목화 농장에서 불법 강제 노동과 아동학대 정황이 포착되었다고 해요. 2022년부터 2023년까지 인도 마디아프라데시주에 있는 90개 목화 농장의 실태를 조사한 결과 아동과 청소년의 불법 노동이 널리 퍼져 있는 사실이 확인됐어요. 인도는 법으로 14세 미만 아동의 노동을 금지하고 있습니다. 그런데도 느슨한 법 집행 등의 문제로 가난에 내몰린 5세에서 14세 사이 1,000만 명이 넘는 아동이 불법 노동에 내몰리고 있다고 해요. 이 가운데 목화 농장에서 일하는 아동들도 있는 거고요. 불법으로 어린이에게 노동을 시키는 이유는 값싼 인건비 때문입니다. 이렇게 생산된 목화가 아디다스와 H&M, GAP 등의 유명 의류 기업에 납품되고 있어요. 우리 옷장에 많게는 수십 장 티셔츠가 걸릴 수 있는 이유이기도 하지요.

　마스크나 어떤 보호 장비도 없이 가장 많은 농약을 살포하는 목화 농장에서 일하는 농민의 건강만큼이나 토양 생태계도 망가지고 있을 겁니다. 세계 목화 생산량 3위인 미국 목화 농장은 목화 수확 기계가 있어서 하루에 300명이 할 일을 기계 한 대가 다 해 줍니다. 많은 노동력이 필요 없어요. 기계를 구입하는 비용은 나라에서 보조금 형태로 지원합니다. 잘사는 나라니까요. 반면 인도와 서아프리카 등 저개발 국가에는 이런 보조금도 없고 기계도 없어요. 티셔츠 한 벌에 대략 면화 400g 정도가 들어가는데, 이 가격이 2009년 40센트에 지나지 않았어요. 0.5달러도 안 되는 가격입니다. 티셔츠 가격은 예나 지금이나 거의 오르지 않고 있어요. 이 가격으로 팔리는 목화 농장에서 일하는 노동자들은 대체 얼마를 받을 수 있을까요? 거기다 기계

한 대가 300명분의 일을 하루에 해치우는 미국의 싼 목화에 떠밀려 인도 목화는 설 자리가 점점 사라지고 있어요. 살충제 등 해마다 목화 농사를 짓는 데 들어가는 돈은 빚으로 남아 있는데 말이에요. 그마저 농사를 지을 수 있는 걸 다행으로 생각해야 할까요? 가뭄으로 목화를 수확할 수 없는 상황에 처하기도 해요. 인도에서 목화 농사를 짓는 농부들의 자살이 끊이지 않는 까닭입니다. 이렇게 누군가의 피눈물로 생산된 목화로 만든 옷이 몇 번 입지도 않은 채 저 멀리 가나의 칸타만토 시장을 거쳐 강과 해안가에 쌓여 골칫덩이 쓰레기가 된다는 것은 얼마나 어리석은 일이고 지구를 낭비하는 일일까요?

생각해 보기

• 옷에는 목화 말고 또 어떤 재료들이 포함되어 있는지 알아보자.

방글라데시

라나 플라자 붕괴 사고와
힙하고 값싼 내 티셔츠

#의류 수출국   #다국적 기업

"우리는 피로 짠 옷을 입고 싶지 않다."
"옷 가격을 50센트씩 올려라."

2013년 4월, 방글라데시 사바 지역에 있던 라나 플라자 9층 빌딩이 붕괴하면서 1,129명이 사망하고 2,500명이 넘는 사람이 부상을 입는 참사가 발생했어요. 참사 소식이 전 세계로 알려지자 분노한 스웨덴 사람들이 올린 글입니다. 그런데 방글라데시가 아닌 스웨덴 사람들이 왜 분노의 글을 올렸을까요? 스웨덴 기업인 H&M이 라나 플라자에서 제작되는 건 아니지만, 방글라데시 여러 지역에 생산 공장을 두고 많은 옷을 제작하고 있었기 때문이에요. 이 사고가 벌어지기 전까지는 스웨덴 사람을 비롯해 세계 대부분 소비자는 옷이 어디서 누가 어떤 환경에서 만드는지 잘 알지 못했어요. 사고도 충격적이었지만 이 건물이 붕괴할 수밖에 없었던 이유가 사고

후에 밝혀졌는데요. 라나 플라자는 애당초 4층짜리였는데 무리하게 증축하면서 9층으로 높아졌던 거였어요. 사고 하루 전에도 건물이 흔들렸고 경찰은 대피를 권고했다고 해요. 그래서 은행이나 상점은 사고 나던 날 문을 닫아 인명 피해가 없었어요. 그러나 다국적 의류 브랜드 공장이 입주해 있는 곳만은 아랑곳하지 않고 영업을 했던 거지요. 공장 노동자는 대부분 어린 여자들이었다고 해요.

방글라데시에서 의류 산업은 국내총생산(GDP)의 3분의 2를 차지할 정도로 중요 산업이에요. 그렇다 보니 어지간한 불법은 정부가 눈감아 주는 일이 많아 4층짜리 건물을 2배 이상 높게 불법 증축해도 규제하지 않았던 거지요. 옷 가격을 50센트씩 더 올리라고 한 걸 보면 옷 가격이 얼마나 싼지 짐작이 가지요? 어린 여자 노동자들에게 돌아갈 임금이 어느 정도였을지도요. 스웨덴 사람들의 목소리가 높아지자 기업들이 태도를 바꾸는 듯했어요. 왜 그랬을까요? 정말 노동자들의 안전을 생각했던 걸까요? 기업들이 두려워하는 건 소비자들의 불매 운동이나 기업들의 행태를 고발하는 캠페인이 아닐까요? 가끔 제게 라나 플라자 붕괴 사고 이후 방글라데시의 노동환경이 나아졌느냐는 질문을 하는 독자들이 있어요. 사고 10년 후 국제 NGO인 액션에이드가 발표한 보고서에 따르면, 라나 플라자 사고 생존자의 63% 이상은 더 이상 의류 공장에서 일을 하지 않아요. 여전히 사고의 악몽에 시달리는 사람들도 있고요. 그렇다면 어마어마한 희생자를 낸 라나 플라자 건물주와 공장 대표들은 처벌을 받았을까요? 여전히 처벌받지 않고 있고, 앞으로도 처벌을 받을 가능성은 희박하다고 외신은 전망해요. 이들은 권력이 있고 부자이기 때문이에요.

과거에는 자기 나라에 생산 시설을 두고 대부분 제품을 자기 나라에서 생산했어요. 그랬기 때문에 국가로부터 노동환경을 통제받았어요. 그런데 세계화와 함께 다국적 기업이 등장했어요. 원료를 생산하는 곳, 원료를 가공하는 곳, 완제품을 만드는 곳이 각기 다른 나라에서 이뤄지는 거예요. 다국적 기업은 어느 국가에서도 엄격하게 통제받지 않아요. 글로벌 기업이 들어선 나라들은 대개 저개발 국가이기 때문입니다. 기업주가 어떤 처벌도 받지 않으니 생존자들이 충분한 보상을 받지 못한 것도 당연한 순서겠지요?

그렇지만 라나 플라자 사고가 방글라데시 사회를 변화시킨 부분은 분명 있어요. 방글라데시 의류제조수출협회(BGMEA)에 따르면, 의류 공장 가운데 80% 이상이 안전과 보안 측면에서 국제적인 수준을 유지하고 있다고 평가될 정도가 되었답니다. 그렇다고 사고가 완전히 사라진 건 아니지만 열악한 노동환경을 개선하려는 기업과 노조 등이 합심한 결과이지요. 그뿐 아니라 전 세계 친환경건축물인증제도(LEED)의 인증을 받은 상위 100개 건물 가운데 절반이 방글라데시에 있어요. LEED는 미국 그린빌딩위원회가 평가, 인증하는 제도로 세계적인 권위를 갖고 있어요. 현재 방글라데시는 전 세계에서 두 번째로 큰 의류 수출국입니다. 만약 스웨덴을 비롯한 세계시민들이 라나 플라자 붕괴 사고에 침묵하거나 무관심했더라도 이런 변화가 생겼을까요?

생각해 보기

• 다국적 기업이 세계 여러 나라에 공장을 짓게 된 이유는 뭘까?

방글라데시

기후 재난을 넘어
기후 적응으로

#재난 대비   #사이클론 경보 시스템

기후 재난은 주로 저개발 국가에서만 벌어진다는 인식이 있어요. 재난에 대비할 인프라가 잘 갖춰져 있지 않기 때문에 일정 부분 사실이기도 해요. 그런데 한파로 미국 텍사스 지역의 발전소가 멈춘다든가, 독일이 홍수로 재난을 겪는 걸 보면서 재난이 더이상 저개발 국가에 한정된 일이 아니라는 사실을 깨닫게 되었지요. 오히려 저개발 국가는 기후 재난을 수십 년째 겪으며 지혜를 터득하고 있다면 어떨까요?

기후 재난 하면 가장 먼저 떠오르는 나라 가운데 하나가 방글라데시입니다. 방글라데시는 갠지스강, 브라마푸트라강, 메그나강이 합류하면서 호수, 습지, 늪이 많아요. 나라의 90% 이상이 해발 9m에도 미치지 못하고 경사도 아주 완만한 평지로 이루어져 있어요. 긴 해안선을 따라 이어진 저지대 삼각주와 국토의 80%를 차지하는 범람원인 지형은 기후변화에 취약할 수밖에 없어요. 사정이 이렇다 보니 우기에 수백 제곱킬로미터에 이르는 지역이 범람하며 많은 사람이 수해를 입곤 하지요. 강이 범람하는 걸 방지하기 위해 정부에 콘크리트 댐 건설을 요구했지만 계속 묵살당한 지역의 주민들은 전통 방식의 대나무 댐을 직접 지어 버립니다. 마이멘싱주 바하두라바드 지역 주민 500여 명은 몬순(계절풍) 때마다 브라마푸트라강이 범람하며 입는 피해를 막으려고 백방으로 노력하다가 스스로 방법을 찾은 겁니다. 워낙 강, 호수, 늪이 많은 나라이다 보니 주변에 흔한 대나무로 댐을 만들며 피해를 최소화했던 전통이 있었던 거죠.

방글라데시는 홍수뿐만 아니라 가뭄, 사이클론, 폭염 등 기후 재난이 끊이지 않는 나라입니다. 2050년까지 기후로 인해 1,300만 명 이상의 난민이 발생할 것으로 세계은행 보고서는 예상하고 있어요. 그러나 숱하게 재난을 겪으며 이들은 이제 세계에서 가장 성공적인 사이클론 경보 시스템을 갖추게 되었지요. 국가 예산의 8%를 기후변화 문제를 다루기 위해 할애하고 있습니다. 재난이 닥친 지역에서 사람들은 떠날 테고, 결국 먹고살기 위해 수도인 다카로 몰려온다면 어마어마한 인구밀도로 새로운 도시 문제까지 생기게 될 겁니다. 방글라데시 정부는 인구를 분산시키기 위해 시범 마을 프로젝트를 하고 있어요. 새롭게 이주해 오는 사람들과 이미 그 마을에 사는 사람들에게 줄 일자리를 창출하고 교육의 기회를 장려하기 위해 각 마을 대표들과 협력을 시작하고 있어요.

빗물 저장 시스템도 눈여겨볼 만합니다. 하늘에서 쏟아지는 비를 어떻게 활용하느냐에 따라 빗물은 보물이 될 수도 재난이 될 수도 있지요. 방글라데시처럼 해발고도가 낮아 해수면 상승이 자주 발생할 경우 염분으로 인한 물 문제가 생길 수밖에 없어요. 물은 많지만 사용할 물이 부족해지는 것이 문제이지요. 그래서 옥상에 빗물을 저장하는 큰 컨테이너를 설치해요. 빗물로 요리도 하고 씻기도 한답니다. 방글라데시는 농경지가 바닷물에 자주 잠기다 보니 염분에 강한 쌀 품종을 재배하고 있어요. 할 수 있는 모든 방법을 동원해서 빠르게 변해 가는 기후에 적응하고 있는 방글라데시, 어쩌면 가까운 미래에 우리의 모습일 수도 있어요. 지형적으로 기후 재난에 취약할 수밖에 없다고 불평할 시간에 긍정적으로 극복할 방법을 열심히 찾고 있는 방글라데시를 보며 기후 위기 시대에 희망을 보는 것 같지 않나요?

기후변화로 물이 부족해지자 상류에 댐을 건설하는 나라들이 많다고 앞서 이야기했지요? 방글라데시를 흐르는 주요 강 브라마푸트라강 역시 댐 건설이 논의되고 있는 곳 중 하나입니다. 브라마푸트라강은 티베트 고원을 가로질러 흐르는 강으로, 주요 수원은 티베트 서부 건조 지역에 있는 히말라야 빙하와 눈이 녹은 물입니다. 중국은 티베트 자치 지구에 있는 브라마푸트라강에 현재 세계 최대 댐인 샨샤댐의 3배가 넘는 댐 건설을 계획하고 있어요. 댐 건설로 강 하류에 위치한 나라들의 고심이 깊어집니다. 상류에 댐을 건설하게 되면 하류 쪽에 위치한 나라들은 물로 인한 피해를 입을 수밖에 없어요. 방글라데시의 건기에는 더 강의 수위가 낮아져, 농업과 어업에 큰 피해를 입을 수밖에 없을 겁니다.

생각해 보기

• 기후 재난에 대응하는 또 다른 사례를 찾아보자.

태국

탕후루와 초미세먼지는
관련이 있을까?

#사탕수수(설탕)   #화전법

설탕시럽을 입힌 탕후루를 좋아하나요? 달콤한 탕후루와 초미세먼지 사이에는 어떤 관련이 있을까요? 2025년 2월 초 태국을 뒤덮은 초미세먼지로 비행기가 착륙을 못 하는가 하면 수백 개 학교가 휴교를 하는 지경에 이르렀어요. 태국에서 벌어진 최악의 대기질 문제는 어제오늘의 문제는 아닙니다. 최악의 대기 오염으로 치앙마이 같은 관광지에 관광객이 줄어들자 현지의 한 상인은 "대기 오염이 내 장사를 망쳤다"는 푸념을 늘어놓기도 했어요. 2023년에는 초미세먼지로 인해 수명이 5년 정도 줄어들 것이라며 지역 주민과 시민 단체 활동가, 학자 등이 나서서 정부기관을 상대로 소송을 제기했어요. 2019년에 미세먼지 개선 계획을 마련해 놓고도 제대로 이행하지 못한 책임을 정부에 묻겠다는 거지요. 2023년 4월 11일 오후 태국 치앙마이의 공기 오염도 지수는 전 세계 1위를 기록했어요. 초미세먼지 농도는 세계보건기구(WHO)의 권고보다 30.4배나 높았고요. 정부를 상대로 소송에 나선 심정이 이해가 가지요? 태국 정부는 물대포에 물폭탄 그리고 인공강우까지 시도하면서 대기질을 개선하려 했으나 해법이 되진 못했어요. 그렇다면 대체 태국의 대기질이 이토록 나빠진 원인은 뭘까요?

석탄화력발전소가 배출하는 대기 오염 물질, 노후한 자동차도 태국의 대기질을 악화시키지만 가장 큰 원인으로 사탕수수를 비롯한 작물 생산지의 화재를 꼽고 있어요. 태국은 쌀, 사탕수수, 고무와 그 밖의 여러 작물의 최대 생산국이면서 수출국 중 하나입니다. 특히 사탕수수는 브라질에 이어 세계 생산량 2위 국가입니다. 사탕수수는 다 자라면 4m가 넘어요. 이렇게 크고 무거운 사탕수수를 수확하려면 옮겨야 하는데 이 과정에서 문제가 생깁니다. 잘게 잘라 콤바인 수확기를 활용해서 운반하면 되지만 가난한 농민들이 값비싼 농기계를 살 여력이 안 된다고 해요. 씨앗, 비료, 살충제를 구입하느라 높은 이율로 돈을 빌리는 바람에 빚더미에 올라앉아 신용상태가 불량한 농민들이 많거든요. 그렇다고 직접 사탕수수를 베자니, 일이 무척 고될뿐더러 최저 임금 규정조차 없기 때문에 선뜻 일을 하겠다는 사람을 찾기가 어려운 실정이에요. 결국 가장 저렴하고 쉬운 방법이 잎을 불태우는 것입니다. 사정이 이렇다 보니 화전법은 사라지지 않는다고 해요. 거기다 연소하는 계절이 11월에서 4월 사이에 이뤄지는데 이 시기는 바람이 거의 없어서 만성적인 대기 오염이 발생할 수밖에 없어요.

　현지 환경 활동가들은 이렇게 문제의 원인을 알면서도 해법을 제시하지 않는 정부와 농민들로부터 농작물을 사들이는 기업들 역시 대기 오염 유발에 책임이 있다며 문제를 제기했고, 소송에 이르기까지 했어요. 2025년 태국 정부는 농작물을 태운 농장에서 사탕수수를 구매하는 설탕 공장에는 높은 벌금을 부과하고, 사탕수수 농장에는 70억 바트의 보조금을 제공하면서 연소를 획기적으로 줄였다고 해요. 그 덕분에 대기질이 개선되고 있다고 합니다. 2025년 1월 기준으로 태국 전국에 있는 설탕 공장 58개 가운데 불을 지르지 않은 농장에서 사탕수수의 90%가량을 공급받았고 화전을 한 농장에서 생산한 사탕수수는 약 10%에 불과했다고 합니다. 설탕을 생산하는 과정이 초미세먼지와 관련이 있다는 것을 알고 나면 탕후루가 예전처럼 마냥 달콤할 수는 없을 것 같아요.

생각해 보기

• 화전법은 또 어떤 문제를 일으킬까?

베트남

VIETNAM

메콩 삼각주와 아프리카의 밥그릇

#쌀 수출 #해수면 상승

앞서 아프리카에서 오카방고 삼각주와 나이저 삼각주 이야길 했는데요. 메콩강이 바다와 만나는 곳에도 삼각주가 있어요. 메콩강이 아홉 갈래로 갈라져 남중국해로 흘러드는 모양을 따서 아홉 마리 용의 삼각주(메콩 삼각주)라 불려요. 해마다 이곳에서 2,400만 톤의 곡물이 생산되는데, 이 양은 베트남 전체 생산량의 54%에 해당합니다. 메콩 삼각주가 베트남의 쌀 창고라 불리는 까닭이지요. 베트남에서 생산한 쌀은 베트남 경제의 중요한 기둥이며 아프리카 여러 나라에 저렴한 곡물 공급원 역할을 해요. 아프리카 사람들에게도 소중한 곳이겠지요?

쌀농사를 하려면 많은 물이 필요한데 기후변화로 우기에도 비가 잘 내리질 않아요. 그런 데다 해수면은 해마다 상승하면서 지하수가 점점 짠물로 바뀌고 있어요. 이렇게 되면 생산량이 줄어들고 품질도 나빠지니 화학비료를 더 많이 사용하게 됩니다. 화학비료 사용으로 논 생태계는 망가질 수밖에 없어요. 부족한 담수를 지하수로 퍼 올리고 있으나 역부족입니다. 과도하게 많은 농사를 지으며 사람처럼 삼각주도 지쳐요. 그렇다고 농사로 생계를 잇는 사람들에게 당장 농사를 그만두라고 할 수는 없는 노릇입니다.

오랜 시간 메콩 삼각주가 유지될 수 있었던 건 과거 이곳이 쌀농사를 이토록 과도하게 짓지 않았다는 뜻입니다. 메콩 삼각주에 수천 헥타르에 이르는 대규모 농지가 들어선 것은 프랑스 식민지 시절부터였어요. 1년에 한 번 짓던 쌀농사를 이모작으로 바꾼 것도 프랑스였고요. 이런 농업이 지금까지 이어진 거지요. 또 하나 이토록 집약적인 농사를 짓게 된 배경에 전쟁이 있어요. 1946년부터 1954년까지 인도차이나 전쟁과 1955년부터 벌어진 베트남 전쟁을 겪으며 베트남 사람들 모두가 굶주렸어요. 미국과 전쟁을 치르며 경제적 제재까지 받고 있어서 식량을 수입해 올 수도 없었지요. 바로 그때 메콩 삼각주가 베트남 사람들을 굶주림에서 구해 주었어요. 1986년 베트남은 외국 기업들의 투자를 받으면서 농경지를 확대하기 시작했어요. 농민들의 비료와 살충제 구입에 정부가 재정적으로 도움을 줬고요. 드디어 이모작에서 삼모작까지 가능하기에 이르렀어요. 굶주렸던 베트남이 이젠 세계에서 인도, 태국에 이어 세 번째로 많은 쌀을 수출하는 나라가 되었습니다. 수출하는 쌀의 90%를 메콩 삼각주에서 생산하고 있고요. 생산량은 어마어마하게 증가했지만 그에 비례해서 생태계는 망가지는 데 가속도가 붙었어요. 거기에 더해 지구온난화로 해수면은 점점 상승하고 있어요.

해수면 상승으로 점점 짠물이 치고 들어오니 더 이상 농사가 불가능한 땅이 늘어나고 있습니다. 베트남 정부는 짠물에서도 견딜 수 있는 벼 품종을 개발하고 있어요. 땅이 아예 바닷물에 잠겨 더 이상 쌀농사를 지을 수 없게 된 논에서 쌀농사 대신 새우 양식을 하는 곳도 늘고 있어요. 이런 현상은 베트남뿐만 아니라 방글라데시를 비롯한 남아시아 여러 해안 지역에서 벌어지고 있어요. 아프리카 코트디부아르가 남아시아에서 수입하는 쌀의 83%, 가나가 수입하는 쌀의 90%가 베트남 쌀입니다. 쌀농사가 줄어들면 수출량도 줄어들 테고요. 그 결과 쌀 가격은 오를 수밖에 없어요. 어디서부터 잘못된 걸까요? 프랑스 작가 마르그리트 뒤라스는 메콩강의 아홉 갈래를 가리켜 "바다의 빈 공간으로 사라져 가는 물의 영토"라는 표현을 했더라고요. 삼각주가 정말 물의 영토로 바뀌고 있는 것 같아요. 부디 바다의 빈 공간으로 사라져 가는 게 사람이 먹어야 할 식량이 아니길 빌어 봅니다.

생각해 보기

• 쌀처럼 사라져 가는 식량에는 무엇이 있을까?

싱가포르
쓰레기 매립지로 만든 섬, 세마카우

SINGAPORE

#인공 섬　#제로 웨이스트 캠페인

　　싱가포르는 쓰레기 없이 깨끗한 거리로 유명한 나라죠. 그렇지만 한때 국제 환경 단체인 그린피스로부터 나라 전체 크기와 맞먹는 양의 쓰레기를 생산한다고 비판을 받은 적이 있던 나라였어요. 뉴욕 정도 크기의 작은 나라에서 그토록 많은 쓰레기가 발생하다니, 싱가포르는 쓰레기를 대체 어떻게 처리하고 있는 걸까요? 워낙 땅이 작아 인프라를 건설할 공간이 부족하자 바다와 강, 습지를 매립해서 공간을 확보해 왔어요. 사정이 이렇다 보니 쓰레기를 처리할 공간 역시 전혀 생각지 못한 아이디어로 해결합니다. 세계 최초로 쓰레기를 태운 재로 바다를 매립해서 인공 섬을 만들어요. 본 섬에서 남서쪽에 위치한 부콤섬 아래에 세마카우 매립지가 탄생합니다. 1999년 처음 매립을 시작한 이후, 이 인공 섬에 꾸준히 쓰레기를 태운 재를 매립하고 있어요. 쓰레기로 만든 섬이라고 하면 악취가 나고 파리 떼가 들끓는 풍경을 상상하기 쉬우나 이곳 인공 섬은 푸른 바닷물과 나무와 풀이

220

무성하고 심지어 야생동물까지 살아요.

  땅이 부족한 섬나라의 아이디어가 어떤가요? 2035년이면 세마카우 매립지가 가득 찰 거라고 해요. 그러면 어딘가에 또 섬을 만들면 될까요? 사실 바다에 인공 섬을 만들어 쓰레기 매립지로 사용하는 일은 간단한 문제가 아니에요. 우리나라도 땅은 좁고 쓰레기가 넘쳐나다 보니 2007년에 바다에 인공 섬을 만들어 최종 폐기물을 매립하는 방안을 정부가 제안했던 적이 있어요. 당시 정부의 제안은 호응을 얻지 못했어요. 육지에서도 매립지를 제대로 관리하지 못해 침출수가 지하수를 오염시키는 등 문제가 많은데, 관리 감독이 더 어려운 섬에 매립지를 만든다는 것은 말도 안 된다며 환경 단체 등 시민들이 반대했어요. 어장이 피해를 볼 확률도 높고 바다를 쓰레기장으로 인식하느냐는 비판의 소리도 나왔어요.

  싱가포르의 경우 쓰레기를 함부로 거리에 버렸다가는 엄청난 벌금을 물게 되는 등 다소 지나칠 정도로 엄격하게 사회질서를 규제하고 있어요. 거리가 깨끗할 수 있는 비결이지요. 인공 섬의 관리 역시 엄격히 잘 이루어지고 있는 것 같기 합니다. 그럼에도 우리의 삶이 풍요로워지면서 소비가 증가하다 보니 쓰레기 발생이 많은 것도 사실이지요. 그렇다면 쓰레기 매립지를 어디에 만드느냐를 생각하기에 앞서 어떻게 발생하는 쓰레기양을 줄일 것인가를 생각해 봐야 하지 않을까요? 싱가포르는 세마카우 매립지 수명을 2035년이 아니라 그 후로도 오래도록 연장하기 위해 쓰레기를 줄일 계획을 세우고 있어요. 쓰레기 발생을 줄이면서 동시에 재활용률을 높이는 거지요. 2019년 싱가포르 정부는 재활용률을 70%로 높이고 세마카우에 버려지는 폐기물량을 30% 줄이는 것을 목표로 하는 '제로 웨이스트 캠페인'을 시작했어요. 쓰레기 섬에 태양광발전소를 짓고, 매립지 재를 활용해서 도로 건설 자재를 만드는 등 다양한 프로젝트도 시도하고 있어요. 쓰레기 섬 주변으로 맹그로브 숲을 조성해서 다양한 동물들이 찾아올 수 있도록 환경을 만들었고요. 바다의 일부를 쓰레기 매립지로 만들었으니 이렇게 맹그로브 숲 조성으로 일정 부분 상쇄하는 것은 다행이라 생각합니다. 2035년부터는 우리나라도 이제 직접 매립이 금지되고 소각한 뒤 재만 매립이 가능하게 됩니다. 싱가포르와 마찬가지로 매립할 땅이 부족하기 때문입니다. 우리는 어떤 선택을 하면 좋을까요?

생각해 보기

· 쓰레기 매립과 관련해 우리나라에서는 어떤 정책을 펼치는지 알아보자.

필리핀

전 세계에서 최악의
해양 플라스틱 쓰레기를 배출하는 나라

#다국적 기업   #해양 플라스틱 쓰레기

해양 플라스틱 쓰레기는 어제오늘의 문제가 아니지요. 콧구멍에 10cm 길이의 플라스틱 빨대가 꽂힌 바다거북이 고통스러워하던 모습은 떠올리기만 해도 고통스러워요. 위와 장에 가득 찬 플라스틱 때문에 굶어 죽은 향유고래도요. 왜 해양 플라스틱 쓰레기는 날로 늘어만 갈까요? 쓰레기를 버리는 사람들에게 분명 책임이 있어요. 그렇다면 그런 쓰레기가 나오도록 제품을 만든 기업에게는 책임이 없을까요? 전 세계에서 최악의 해양 플라스틱 쓰레기를 배출하는 나라가 필리핀입니다. 필리핀 사람들은 왜 이토록 쓰레기를 많이 배출하는 걸까요? 필리핀 물건은 소형 포장이 많다고 해요. 주머니 사정이 넉넉지 못한 사람들은 샴푸며 세제, 치약, 식품, 음료 등을 1회 사용할 수 있는 소포장으로 필요할 때마다 구입한다고 해요. 양이 많아질수록 돈을 더 지불해야 하기 때문이지요. 다국적 기업들이 이런 사람들을 대상으로 소포장 제품을 만들어 팔고 있어요. 최근 우리나라도

1인 가구가 증가한다고 자꾸 소포장으로 물건을 파는 경향이 있는데 이렇게 되면 포장재 쓰레기는 증가할 수밖에 없어요.

필리핀이 최악의 해양 플라스틱 쓰레기를 배출하게 된 배경에는 쓰레기를 수거하고 처리하는 인프라가 부족한 이유도 있어요. 여기저기 흩어진 쓰레기를 모으기에 필리핀은 7,600여 개 섬으로 이뤄진 나라라는 지리적인 한계도 있습니다. 섬이라 가뜩이나 쓰레기가 바다로 떠밀려 가기 쉬운 환경인 데다, 이렇듯 소포장으로 판매를 하고 있으니까 쓰레기 지옥이라는 표현을 할 수밖에 없어요. 국제 환경 단체 그린피스가 2017년에 마닐라만에서 수거한 5만 4,000개가 넘는 플라스틱 쓰레기를 분석했더니 네슬레, 코카콜라 같은 식품 기업, 유니레버, 프록터앤드갬블(P&G) 같은 생활용품 기업의 플라스틱 포장재가 가장 많이 나왔어요. 결국 해양 쓰레기의 책임에서 기업들이 자유롭지 못하다는 얘기죠. 쓰레기에 취약한 필리핀 같은 섬나라에서 플라스틱 쓰레기를 최소화할 수 있는 방법을 궁리해야 하지만, 누구도 그 책임을 기업에게 묻지 않기 때문에 이토록 많은 플라스틱 쓰레기가 바다로 휩쓸려 가고 있어요. 거기다 필리핀은 태풍이 지나가는 주요 길목입니다. 2013년 11월에는 하이옌, 2021년에는 라이, 2024년에는 마니 같은 슈퍼 태풍이 필리핀을 강타했어요. 2024년에는 한 달 동안 슈퍼 태풍 여섯 개가 휩쓸고 지나가기도 했고요. 많은 인명과 재산상의 피해를 남겼고, 그

와중에 또 얼마나 많은 쓰레기가 바다로 쏠려 갔을까요?

비영리 해양 보전 단체인 프로오션은 필리핀 현지인들과 함께 해안가에 떠밀려 온 플라스틱 쓰레기 줍기, 일명 비치코밍(beach-combing)을 합니다. 하지만 아무리 주운들 생산의 속도와 양을 조절하지 않는 한 쓰레기가 줄어들 기미는 보이지 않아요. 필리핀의 대표적인 휴양지인 보라카이섬은 쓰레기가 쌓이고 하수가 범람하자 필리핀 정부에 의해 일시적으로 폐쇄되기도 했어요. 환경 인프라는 턱없이 부족한 데다 관광객이 몰려와 쓰레기는 넘쳐 나면서 벌어진 일입니다.

인도네시아 발리에서 스쿠버 다이버가 찍은 바닷속 영상에는 해양 생물들 사이로 비닐봉지, 페트병 등 수많은 쓰레기가 떠다니더군요. 해양 쓰레기는 해류를 타고 태평양으로 돌아다닐 거예요. 기업들이 생산한 포장재를 회수하는 인프라를 만들라고 요구하는 목소리가 필요하지 않을까요?

생각해 보기
• 플라스틱 쓰레기를 생산하는 기업에 어떤 식으로 책임을 물을 수 있을까?

인도네시아
자카르타가 가라앉고 있다

#지하수 #수도 이전

점점 가라앉고 있는 도시가 있어요. 인도네시아 수도 자카르타 얘깁니다. 투발루나 키리바시공화국 같은 나라는 정확히 표현하면 땅이 가라앉는 게 아니라 해수면이 상승하면서 상대적으로 물속에 잠기는 거예요. 자카르타는 해마다 2.5cm, 일부 지역은 25cm씩 가라앉고 있다고 해요. 이슬람 사원인 모스크의 지붕만 일부 보일 정도로 건물 전체가 물에 잠겨 그곳에서 수영하는 사람들이 있을 정도입니다. 땅이 가라앉으니 바닷물이 차올라 바닷가에 장벽을 세우고 있지만 별 효과가 없어요. 가라앉는 속도가 너무 빨라서 2050년이 되면 북부 자카르타의 95%가 가라앉을 것으로 예상해요. 잘 지어진 주택가에는 자동차 대신 작은 조각배가 한 척씩 세워져 있다고 해요. 비만 오면 홍수가 발생하기 때문이지요.

이렇게 되자 인도네시아 정부는 수도를 보르네오섬의 동쪽에 있는 동칼리만탄주로 옮길 계획을 세우고 건설 중입니다. 새롭게 건설할 수도 이름은 누산타라입니다. 이곳은 본래 있던 도시가 아니라 열대우림을 밀어내고 새롭게 건설하는, 일종의 신도시인 셈입니다. 수도를 숲 한가운데로 옮기려는 이유 중에는 대기질이 최악으로 오염된 자카르타를 떠나 청정한 곳으로 가려는 의도도 있어요. 가뜩이나 인도네시아의 칼리만탄, 수마트라 등의 열대우림을 이미 팜유 농장으로 개발하면서 어마어마한 숲이 사라졌는데 이제는 수도를 건설하느라 또다시 숲이 파괴되고 있어요. 그렇다면 자카르타는 왜 가라앉고 있는 걸까요? 수도를 이전하면 자카르타는 가라앉아도 괜찮은 걸까요? 여러 질문이 떠오릅니다. 자카르타의 침강과 수도 이전에 대해 알아 가다 보면 많은 환경문제가 얽혀 있는 걸 알 수 있어요. 자카르타가 가라앉는 가장 중요한 원인은 지하수를 너무 많이 꺼내 쓰고 있기 때문입니다. 왜 지하수를 꺼내 쓸까요?

한강이 서울과 수도권 주민들에게 생명 줄이듯 자카르타가 있는 자와섬에는 찌따룸강이 흐르고 있어요. 찌따룸강은 한때 무척 아름다운 강으로 꼽히기도 했지만 지금은 가장 더러운 강 10위에 들 정도로 오염이 심각합니다. 1990년대부터 강 상류에 섬유 공장이 들어서면서 몰래 버린 각종 폐수에다 강 주변 무허가 주택들에서 나온 생활하수가 더해지면서 강 오염이 심각한 상태에 이르렀어요. 2022년 5월 해외 소셜 자선 단체인 카르마가와(Karmagawa)가 SNS에 올린 찌따룸강은 마치 물감을 풀어놓은 듯 붉게 물들어 있었어요. 의류 공장에서 사용한 염료 폐기물을 정수 처리도 없이 흘려보낸 탓이지요. 이렇게 염료로 알록달록한 강물 색은 비단 인도네시아의 일만은 아니에요. 의류 염색 공장이 있는 저개발 국가 어디서나 벌어지는 일입니다. 만약 폐수를 제대로 처리해서 배출할 경우 그만큼 비용이 들 테고 옷 가격은 올라갈 테죠. 자카르타의 상수도 보급률은 80%가량 되지만 사람들이 오염된 물 대신 비교적 깨끗한 지하수를 선호하면서 너도나도 지하수를 퍼 올려 식수로 사용하고 있어요. 참고로 자카르타는 1900년 12만 명이던 인구가 115년 만에 90배 늘어 1,000만 명을 넘었어요. 인도네시아는 크게 다섯 개 섬으로 이루어져 있는데 서쪽부터 수마트라, 자와, 칼리만탄(보르네오), 슬라웨시 그리고 파푸아입니다. 이 가운데 자카르타는 자와섬에 있어요. 자와섬 면적이 남한의 1.2배인데 인구는 우리나라의 3배인 1억 5,000만 명이에요.

인도네시아 정부의 수도 이전 결정을 바라보는 마음은 편치 않아요. 수도는 옮길 수 있지만 그럼에도 자카르타에는 많은 인구가 살아갈 겁니다. 점점 국토가 가라앉는 곳에서도 살아갈 수밖에 없는 사람들이 대다수일 거예요. 자카르타에서 무려 2,500km 떨어진 누산타라로 이주할 수 있는 사람과 이주를 할 수 없는 사람으로 나뉘겠지요. 이주를 선택할 수 없는 사람들에게 어떤 선택이 남아 있을까요? 기후변화로 해수면 상승 속도는 더 빨라질 텐데 열대우림을 파괴하며 새롭게 수도를 짓는 일을 바라보는 심정은 너무나 복잡합니다.

인도네시아의 수도 이전에는 패스트 패션의 문제, 수질 오염의 문제에다 열대우림 파괴의 문제까지 그리고 가라앉는 자카르타에 남겨질 사람들의 문제까지 여러 문제가 얽혀 있어요.

생각해 보기

- 또 가라앉고 있는 지역에는 어디가 있을까?

말레이시아

내 운동화가 시작되는 곳, 말레이시아 숲

#천연고무   #숲 파괴

MALAYSIA

일상에서 만나는 고무에는 어떤 게 있을까요? 남학생들 대부분이 좋아하는 축구를 비롯한 구기종목에 공은 필수죠. 통통 튀는 공을 만드는 원료가 고무예요. 지금은 합성고무를 많이 사용하기는 하지만요. 고무밴드부터 바지 허리, 소매 등에도 고무가 필요하고 머리를 묶을 때도 지우개도 모두 고무가 필요하지요. 운동화 밑창에도 고무가 필요합니다. 충격을 감소시키고 미끄럼을 방지하는 데 효과적인 재료가 고무지요. 사실 고무는 보이지 않는 곳에서 훨씬 많이 사용되고 있어요. 자동차 타이어는 말할 것도 없고 자동차 엔진과 공장을 돌리는 데 필수인 컨베이어 벨트를 만드는 데도 고무가 사용됩니다. 유연하고 튼튼하며 효율적으로 재료를 운반하는 데도 고무가 필요하고요. 이렇듯 우리의 일상뿐만 아니라 산업 전반에 없어서는 안 될 고무는 어디서 오는 걸까요?

기원전 1500년 무렵 중앙아메리카에 올멕 문명(Olmec

civilization)이 있었다고 해요. 멕시코만의 라벤타와 산로렌소에 남아 있는 올멕 문명의 유적을 보면 문화 수준이 매우 뛰어났을 것으로 추정해요. 올멕은 고무 인간이라는 뜻이에요. 이 지역에 고무나무가 많이 있었던 거죠. 서구 사람들은 이곳 선주민들이 고무로 공을 만들어 갖고 놀기도 하고 껌으로 씹는 모습을 발견해요. 신기한 물질인 건 분명한데, 천연고무는 온도가 높으면 녹고 온도가 낮으면 굳어서 갈라지는 특성 때문에 딱히 이용할 방법을 찾지 못했어요. 그러다 18세기 들어 스코틀랜드 화학자이자 염색업자였던 찰스 매킨토시가 고무를 두 장의 천 사이에 넣어서 방수 기능이 뛰어닌 옷감을 만들어요. 방수가 된다는 사실을 알아낸 사람들이 응용하면서 비옷, 장화 등을 만듭니다. 1839년에는 굿이어라는 사람이 천연고무에 황을 섞으면 열에 강해진다는 사실을 발견해요. 오늘날 굿이어 타이어는 이 사람의 이름에서 유래했지요. 19세기 후반부터 고무의 수요가 엄청나게 늘어나요. 자전거가 등장하고 곧이어 자동차가 등장했는데, 바퀴 타이어와 타이어 내부에 고무튜브를 만들기 위한 고무가 필요했거든요. 고무나무는 중남미 지역에 드문드문 자라고 있었는데 수요가 많아지니까 사람들이 고무나무가 돈이 된다는 걸 알고 많이 심기 시작했어요. 아마존 일대에 고무나무를 심는 사람들이 늘어났어요. 브라질은 고무나무 씨앗이 국외로 반출되는 걸 금지시켰고요.

1876년 영국 사람인 헨리 위컴이 고무나무 씨앗을 몰래 영국으로 가져갑니다. 왕립 큐가든 식물원에 심어 이식에 성공해요. 이후 당시 영국의 식민지였던 말레이시아 그리고 인도네시아 등으로 고무나무가 퍼지게 되지요. 동남아시아는 중남미와 같은 위도라 기후가 비슷했으니까요. 수요가 많아진 고무를 공급하기 위해 동남아시아에서 고무나무 플랜테이션이 갖춰지고 체계적으로 관리되기 시작했어요. 고무는 일일이 나무에서 고무액을 채취하는 일이라 무척 고됩니다. 식물학자가 관리하고 많은 노동력이 고무나무 농장에서 일을 하니 얼마나 많은 고무를 생산했을까요? 이렇게 되니까 남아메리카의 고무 산업은 따라올 수 없게 되었어요. 점점 수요가 증가하니 라오스, 인도네시아, 캄보디아, 미얀마, 필리핀 등으로 고무나무가 퍼지게 되었고요. 지금은 태국이 최대 생산국이지만 한때 말레이시아가 세계 최고의 고무 생산국이었어요.

　　고무나무가 동남아시아로 퍼지면서 고무나무 농장이 되기 전, 그곳은 어떤 곳이었을까요? 열대우림이었지요. 가장 넓은 면적의 열대우림을 소유한 인도네시아와 말레이시아에 팜유 농장, 고무나무 농장이 들어서면서 기존의 숲이 파괴되고 있어요. 생물 다양성이 풍부한 땅인 열대우림이 개간되면서 수많은 생물이 사라졌지요. 계속해서 숲이 사라지면서 오랑우탄을 비롯한 동물들이 살 곳을 잃어버리는 일이 벌어지자 말레이시아 정부는 오랑우탄을 해외로 입양시키는 오랑우탄 입양 정책을 꺼내요. 이 정책은 시민 단체의 항의를 받고 철회

됐어요. 넓은 면적의 숲이 사라지면 생물 다양성이 훼손될 뿐만 아니라 그 지역의 물 순환에 문제가 생깁니다. 지구 곳곳에서 물 부족 문제는 숲 파괴와 밀접한 관련이 있지요. 그렇다고 고무 채취를 금지하자는 게 아니에요. 생산량을 끝없이 올리지 않고 지속 가능한 방법이 무엇일지 찾아봐야 한다는 겁니다. 생산은 소비를 전제로 하니까 소비의 속도를 줄이는 일이 필요하지 않을까요?

생각해 보기

• 주변에서 고무가 쓰이는 제품엔 어떤 것이 있는지 더 찾아보자.

PART 5

오세아니아

남중국해

필리핀

인도양

가장 작은 대륙인 오세아니아. 아름다운 바다를 중심으로 소규모 섬들이 모여 있고, 드넓은 초원과 거대한 산호초를 자랑하지요. 그런데 오세아니아와 주변 국가들은 기후 위기와 생태계 보전의 최전선에 놓인 지역이기도 해요.

태평양 한가운데 미드웨이 환초

0 ——————— 500 km
0 ——————— 500 mi

하와이

필리핀해

팔라우

미크로네시아

마셜 제도

나우루

솔로몬 제도

모르

파푸아뉴기니

산호해

사모아

바누아투

피지

호주

래즈먼해

뉴질랜드

호주

산호초가 보내는 조난 신호

#산호초 백화 현상　#그레이트 배리어 리프

　　코로나19 팬데믹 직전까지 전 세계인의 이목은 호주로 향했어요. 바싹 가문 데다 강풍이 불어 벌어진 산불이 6개월 동안 꺼지지 않았기 때문이지요. 이 산불로 코알라는 기능적 멸종이라는 비극을 맞았습니다. 결국 불을 끈 것은 비였어요. 인류의 뛰어난 과학기술로도 대형 산불은 끌 수 없다는 교훈을 기억해야 합니다. 기후 문제를 과학으로 풀겠다는 생각이 언제나 옳을 수는 없다는 걸 보여 준 사례니까요.

　　산불이 확연히 드러나는 문제라면 산호초 백화 현상은 대부분 모른 채 진행되는 환경문제입니다. 호주 북동부 해안에는 2,600km 길이의 산호 군락이 있어요. 해안 가까이에 장벽처럼 둘러쳐 있어 그레이트 배리어 리프(Great Barrier Reef)라 부릅니다. 지구에서 가장 큰 산호 군락이지요. 산호는 자포동물문 산호충강에 속하는 군체동물로, 산호가 군집을 이룬 걸 산호초라 해요. 산호를 식물로 착각하는 이들도 있는데 초는 암초라는 뜻입니다. 2021년 산호초 보호 기관인 앨런 코럴 아틀라스(Allen Coral Atlas)가 산호초 보전을 위해 산호초 지도를 제작했어요. 지도에 따르면 호주와 남태평양 일대 섬들 그리고 인도네시아, 필리핀을 비롯해서 북쪽으로 대만을 지나 오키나와까지 산호초가 분포합니다. 마다가스카르와 아프리카 동해안에도 일부 산호초가 있고요.

산호초는 해안 침식을 방지하는 장벽 역할을 해요. 남태평양의 작은 섬에서도 사람들이 살아갈 수 있는 건 연안에 산호초가 둘러쳐 있고 맹그로브 숲이 해안에 있어서 섬으로 닥쳐오는 거센 파도와 태풍의 에너지를 줄여 주기 때문이지요. 온갖 해양 생물이 산호초에서 먹이를 먹고 번식도 하며 살아갑니다. 산호초는 포식자로부터 피신하는 용도로도 활용되고요. 산호초를 서식지로 살아가는 물고기 종류만 1,500여 종에 이른다고 해요. 산호초를 바다의 열대우림이라고 부르는 이유입니다. 아름다운 산호초를 보러 관광객이 찾아오니 관광업이 활성화되고, 풍부한 어장이 형성되니 어업을 직업으로 삼을 수 있어요. 산호초는 육지에 사는 사람들의 생계까지 책임져요. 산호는 수명이 긴 대신 1년에 1cm 정도로 아주 천천히 자랍니다. 수십 년에서 수백 년을 자란 걸 지금 보는 거니까 한번 훼손되면 복원되기까지 긴 시간이 필요합니다.

건강한 산호는 알록달록 아름다운데 사실 산호는 대부분 투명해요. 산호에 들어와 사는 다양한 조류(algae) 덕분에 알록달록해 보이는 거지요. 산호와 조류는 공생 관계에 있어요. 조류가 다 빠져나가 산호초가 백색으로 변하는 걸 백화 현상이라고 하는데, 최근 몇십 년 사이에 백화 현상이 심각한 문제가 되고 있어요. 백화 현상은 산호가 마지막으로 보내는 조난 신호이기 때문이지요. 산호는 예민한 생물입니다. 수온, 산성도 그리고 오염에 굉장히 민감하거든요. 환경에 변화가 생기면 조류가 산호를 떠납니다. 산호가 조류를 쫓아내기도 한다고 해요. 그렇게 되면 산호는 색을 잃고 허옇게 변합니다. 산호 연구자인 재커리 라고(Zachary Rago)가 제작한 영화 〈산호초를 따라서(Chasing Coral)〉에는 백화 현상으로 폐허가 된 바닷속이 나와요. 마치 전쟁터 같았어요. 너무 미안한 마음이었고요. 바다는 우리가 배출한 이산화탄소와 열을 가장 많이 흡수합니다. 그러니 지구 기온이 상승하면서 바닷물 온도도 상승할 수밖에요. 바다가 흡수한 이산화탄소는 칼슘과 결합하는 성질이 있어서 산호가 외골격을 만드는 걸 방해해 잘 자라지 못하게 해요. 게다가 육지에서 유입되는 온갖 오염 물질로 산호가 살 수 없는 환경이 되지요. 선크림 성분이 산호초를 괴롭힌다는 얘기도 여기서 나오는 거고요.

현재 세계 최대 산호초인 호주 그레이트 배리어 리프는 우주에서도 보일 정도로 규모가 큽니다. 이 해역의 지난 10년간 바닷물 온도가 과거 400년 사이 가장 높은 온도를 기록했다는 논문을 호주 멜버른대학 교수팀이 과학 저널 〈네이처〉에 발표했어요. 특히 세계적

인 폭염이 발생했던 2004년은 지난 407년 중 해수 온도가 가장 높았던 해였어요. 지구 기온 상승의 주범은 온실가스이고 온실가스의 최대 배출원은 화석연료입니다. 아이러니하게도 호주는 세계에서 석탄 수출 2위 국가입니다. 호주 정부는 2023년에 '2030년까지 국가 온실가스 배출량을 2005년 대비 43% 감축'하겠다는 내용의 기후법을 통과시켰지요. 그러고는 2024년에 대형 석탄 광산 세 곳의 운영을 연장하는 걸 승인하는 바람에 환경 단체들이 반발했어요.

산호초를 대신할 인공 방파제를 아무리 지어도 산호초의 기능을 대신할 수 없다는 연구 결과는 계속 쏟아져 나옵니다. 미국 지질조사국(USGS)이 발표한 논문에 따르면 '훼손되거나 파괴된 산호초를 복원하면 플로리다와 푸에르토리코에서만 해마다 약 3,000명의 생명을 보호할 수 있고 재산 피해 및 경제적 손실을 연간 5,670억 원

이상 줄일 수 있다고 해요. 결국 자연만이 해법일 수 있다는 결론에 이른 거지요. 지구 평균기온 상승이 1.5℃로 억제된다고 해도 현재 산호초의 70~90%가 사라질 거라는 경고가 계속됩니다. 하지만 이런 상황에도 우리의 화석연료 소비는 줄어들 기미가 보이지 않아요. 시민의 목소리가 절실한 까닭입니다.

생각해 보기

• 산호초처럼 자연 방파제의 역할을 하는 생물엔 또 어느 것이 있을까?

뉴질랜드
세계 최초 생물 보안법

NEW ZEALAND

#키위새 #외래종 #토착종

　　뉴질랜드에는 두 가지 키위가 있어요. 과일 키위와 뉴질랜드를 상징하는 새 키위입니다. 키위새는 오직 뉴질랜드에만 사는 토착종으로, 조류라기보다는 포유류와 공통점이 더 많아요. 일반적으로 새는 날기 위해 뼈를 비웠지만 키위는 골수로 채운 무거운 뼈를 가지고 있어요. 무려 체중의 3분의 1을 차지할 정도로요. 이렇게 튼튼한 뼈로 비록 날지는 못하지만 사람처럼 빠르게 달릴 수 있어요. 날지 않으니 날개는 깃털보다는 털에 가까워요. 독특한 특성을 가진 키위는 뉴질랜드의 상징이며 사람들의 사랑을 듬뿍 받고 있지요. 그런데 개발로 서식지가 줄어드는 데다 북방족제비, 고양이 등 침입종에 의해 개체 수가 급감하고 있어요. 지리적 고립으로 인해 포식자 없이 진화한 많은 토종 생물들은 유입되는 침입종뿐만 아니라 병충해나 질병에도 매우 취약합니다. 뉴질랜드 환경보호부에 따르면 야생 키위새는 7만 마리 정도 남았으며 해마다 2%씩 수가 줄어들고 있다고 해요.

이 비율은 일주일에 약 20마리 이상 사라진다는 뜻이에요.

섬처럼 폐쇄된 공간에 외래종이 들어와 토착종을 멸종시킨 사례는 많아요. 뉴질랜드 부속 섬인 스테판섬에 1894년 등대지기가 고양이 한 마리를 데리고 옵니다. 암컷이었던 고양이는 임신한 상태였다고 해요. 이 섬에는 스테판뉴질랜드굴뚝새가 살고 있었는데요. 이 새도 키위새와 비슷하게 날지 못하며 야행성이었다고 해요. 고양이는 이 굴뚝새를 사냥하기 시작했고, 사냥한 새를 등대지기에게 물어다 주곤 했어요. 등대지기는 마침 자연에 관심이 많았다고 해요. 굴뚝새 표본을 만들어 영국으로 보냈고 영국의 생태학자, 박물학자 들은 처음 보는 굴뚝새에 큰 관심을 가졌답니다. 1896년 한 생태학자가 스테판뉴질랜드굴뚝새를 보려고 섬에 찾아와요. 그러나 그때 굴뚝새가 다 사라진 뒤였어요. 불과 2년 사이에 말이지요. 등대지기가 섬을 떠나고 고양이가 지나치게 많이 번식하자 등대지기들은 고양이를 사냥하기 시작했어요. 결국 1925년에 스테판섬에서 고양이가 완전히 사라졌다고 해요. 스테판섬에서 30년도 채 안 되는 시간 동안 두 종의 생물이 사라졌어요. 모두 인간의 개입에서 비롯된 비극이 아닐 수 없어요.

뉴질랜드는 섬이라는 특성 때문에 대륙에서는 볼 수 없는 고유한 생태계가 형성돼 있고 토종 생물종이 많아요. 이를 보호하기 위해 뉴질랜드는 강력한 생물 보안 조치를 취하는데, 그게 생물 보안법입니다. 뉴질랜드는 1993년 세계 최초로 생물 보안법을 시행했어요.

자국 내 농업과 생물 다양성을 지키기 위해 제정한 법입니다.

농업, 원예, 낙농업은 뉴질랜드 경제에 매우 중요한데, 구제역이라도 발생하면 수출길이 막혀 경제에 큰 손실을 초래할 수 있어요. 생물 보안법이 필요한 이유예요. 뉴질랜드는 국경을 통제하기 위해 여행자와 그들의 물품, 화물에 대한 엄격한 검사를 실시하고, 질병이나 해충의 초기 징후가 있는지 야생동물, 농장, 숲 등을 정기적으로 모니터링해요. 뉴질랜드에는 여러 농산물이 많지만 마누카 꿀은 그중에서도 대표적이에요. 양봉하는 이들을 엄격하게 행정 지도하고 관리한 덕분에 마누카 꿀은 '액체 황금'이라는 별명이 붙을 정도로 질적으로 우수한 식품이 되었어요. 혹시라도 감염 사례가 발견되면 신속하게 조치를 취합니다. 이런 생물 보안 시스템은 뉴질랜드 생태계의 풍부한 생물 다양성을 유지하면서 동시에 식량 안보를 보장해 줍니다. 뉴질랜드의 생물 보안법은 세계 최고 수준이고, 중요한 재난을 사전에 예방합니다. 그럼에도 관광과 물류의 이동에 따른 침입종이 없을 수 없어요. 또 하나 기후변화가 새로운 위협이 되고 있지요. 이것은 어느 한 지역에서 노력한다고 해결될 문제가 아니기 때문이지요.

생각해 보기

• 우리나라에서 외래종 때문에 피해를 입은 토착종은 무엇이 있을까?

마셜 제도

비키니 환초에서 자행된 핵실험

#수소폭탄 #방사능

태평양에는 크고 작은 섬들이 2만 개에서 3만 개쯤 있어요. 주로 남태평양에 있는 이 섬들을 하나로 묶어 오세아니아라 불러요. 오세아니아는 미크로네시아, 멜라네시아 그리고 폴리네시아로 나눕니다. 남태평양의 섬들 가운데 키리바시 공화국이나 나우루, 팔라우 같은 나라는 모두 해수면 상승으로 위협에 처한 나라들입니다.

호주와 하와이 중간에 있는 마셜 제도는 29개의 환초가 촘촘히 모여 이루어진 나라입니다. 환초는 산호초가 반지 모양으로 둘러싼 구조의 섬을 가리키는 말이에요. 마셜 제도 가운데에는 비키니 환초가 있는데, 1954년 3월 이곳에서 미국이 수소폭탄 실험을 해요. 수소폭탄 이름은 '캐슬 브라보(Castle Bravo)'로, 그 위력은 제2차 세계대전 당시 일본 히로시마에 떨어졌던 핵폭탄의 1,000배나 되었다고 해요. 마셜 제도가 지금은 독립된 주권을 가진 나라지만 당시에는 미국 영토였어요. 이곳에서 미국은 1946년부터 1958년까지 핵실험을 67번이나 해요. 미국이 1992년까지 실행한 1,054건의 핵실험 중 고작 6%에 지나지 않는 횟수지만, 에너지로 따지면 미국의 핵실험 전체의 절반을 넘을 정도로 위력이 굉장했어요. 이렇게 많은 핵실험이 있었으니 마셜 제도는 얼마나 심각하게 방사능으로 오염되었을까요?

70년 이상 시간이 흘렀으니 이제는 생물이 살 만한 곳이 되었을까요? 마셜 제도를 조사한 미국 컬럼비아대학교 연구진 다수는 이곳을 무인도로 둬야 한다고 권고했어요. 토양을 채취해서 분석한 결과 11개 섬에서 방사성 물질이 발견되었으니까요. 특히 비키니섬에서는 체르노빌이나 후쿠시마 핵발전소보다 방사능이 10배에서 최대 1,000배나 많이 검출된다고 해요. 1946년 핵실험을 위해 비키니섬 주민들을 집단 이주시켰으나 1960년대 말 미국 정부는 안전하다며 일부 사람들을 재정착시키려 했어요. 그러나 높은 방사능 수치 때문에 다시 이주시켰지요. 문제는 해수면이 상승하면서 마셜 제도에 있는 방사성 불실이 바다로 흘러들 수 있다는 겁니다. 단지 해수면 상승으로 나라가 물에 잠기는 문제와는 또 다른 심각한 문제가 발생할 수 있는 거예요. 이 문제는 미국이 행한 핵실험이 원인이므로, 미국에서 방사성 물질이 바다로 흘러들지 않도록 조치를 취해야 합니다. 마셜 제도에 거주하는 지역 주민은 말할 것도 없고 태평양이 방사성 물질로 오염될 경우 인류뿐만 아니라 해양 생태계에도 위협이 될 수 있으니까요.

1954년 3월 1일에도 수소폭탄 실험이 있었는데요. 참치 잡이를 하던 일본 어선 제5후쿠류마루가 160km 거리에 있었어요. 수소폭탄이 폭발하며 생긴 버섯구름은 40km까지 치솟았고 주변 200km까지 영향을 미쳤어요. 승무원 23명을 태운 배 위로 강한 방사선을 방출하는 '죽음의 재'가 쏟아져 내렸고요. 23명 가운데 한 명이 목숨을 잃었고, 살아남은 이들은 평생을 갖은 병치레와 피폭자라는 편견 속에 살아야 했어요.

생각해 보기

• 비키니섬에 살던 주민들은 어떤 피해를 받았을까?

나우루
NAURU

콜라 식민지가 되는 건 한순간

#인광석 #인스턴트식품 #정크 푸드

유엔 회원국 가운데 가장 작은 공화국인 나우루는 여러 나라의 식민지였다가 1968년 독립합니다. 아직 화학비료가 등장하기 전 이 섬에 풍부했던 인광석은 바닷새의 똥으로 최고의 비료 원료였어요. 토양이 황폐화된 유럽에서 특히 인기가 많았지요. 1900년대 영국 지질 탐사인 앨버트 엘리스가 나우루에서 인광석을 발견하면서 채굴하기 시작합니다. 독립 이후 채굴권을 가진 나우루는 인광석을 수출하며 세계에서도 손가락에 꼽을 정도의 부국이 돼요. 1980년대까지 1인당 국내총생산(GDP)이 5만 달러로 석유 부국인 사우디아라비아 다음으로 GDP기 높은 나라였어요. 우리나라는 1990년대에도 1인당 GDP가 6,147달러였으니 나우루가 얼마나 잘 살았는지 가늠이 되나요? 인광석을 팔아 벌어들인 돈을 국민들에게 고루 나눠 줘서 1만 명의 국민 모두가 부를 누리며 살았다고 해요. 여기까진 훈훈한 얘기지요. 독재자가 등장해서 다 가로챌 수도 있었을 텐데 말입니다.

작은 섬인 나우루에는 도로가 길이 18km짜리 하나뿐이었지만, 여객기는 9대, 주유소는 29개나 있었다고 해요. 짧은 거리도 모두 자동차를 몰고 다녔을 뿐만 아니라 대부분 고가 자동차를 타고 다녔고요. 1990년대 들어서면서 인광석이 바닥을 드러냈지만 대부분 국민이 일하려 들지 않았어요. 심지어 섬나라인데도 어업에 종사하려는 사람들이 없었고요. 나우루 정부는 인광석을 대체할 수입원을 찾다가 난민 수용소, 조세 피난처 등을 시작합니다. 호주 정부로부터 난민을 수용하는 조건으로 자금을 지원받아 나라 살림을 꾸리기 시작했어요.

2015년 기준 세계보건기구(WHO) 통계에 따르면 나우루 인구의 94.5%는 비만과 과체중이고 인구의 40%는 당뇨병을 앓고 있어요. 나우루 사람들 대부분의 식단이 인스턴트 음식으로 채워진 것과 관련이 깊어요. 나우루는 100년 가까이 인광석을 채굴하면서 섬 전체의 땅이 황폐해졌어요. 농사를 짓기 힘든 상황이 된 거죠. 결국 정크 푸드들이 쏟아져 들어오기 시작하면서 콜라 식민지가 돼 버렸어요.

이제 나우루 사람들에게는 인스턴트식품이 주식입니다. 그래서 나우루에 제대로 된 부엌이 없는 집이 많다고 해요. 굳이 조리가 필요 없는 식품으로 끼니를 때우니까요. 호주산 햄, 냉동 채소에 비스킷과 초콜릿, 그리고 참치 캔, 고등어 캔 등 생선 통조림 음식을 주로 먹어요. 섬나라인데 왜 고기를 잡지 않고 캔에 담긴 생선을 먹을까요? 길들여진 입맛을 돌리는 일이 쉽지 않은 이유도 있겠지만 이제 나우루 사람들은 고기를 잡을 줄 모른다고 해요. 해수 온도 상승으로 어장이 빈약해지기도 했고요. 만약 외부에서 공급되는 식품이 중단된다면 어떤 일이 벌어질까요?

이런 식품을 주식으로 삼으면서 당뇨가 심해져 급기야 다리를 잘라 내는 사람들도 드물지 않다고 해요. 섬 곳곳에 "당뇨병은 우리 모두의 일"이라는 경고성 벽화가 그려져 있지만 건강한 식단으로 돌아가는 일은 쉬워 보이지 않아요. 정크 푸드로 끼니를 다 해결하면서 쏟아져 나온 쓰레기가 바닷가, 고원, 수풀 곳곳을 쓰레기 천지로 만들었어요. 쓰레기 처리 시설도, 재활용도 없어 섬 자체가 하나의 쓰레기장이 되었어요. 수도 시설도 거의 없어요. 그런 탓에 일본의 원조를 받은 빗물 통에 빗물을 받아 사용하는 가구가 많아요.

최근 기상 이변으로 우기가 아닌 때에 비가 쏟아지거나 가뭄이 오는 때가 많아요. 그래서 물 확보에 어려움이 있어요. 나우루를 보고 있자면 지구의 미래를 보여 주는 예언 같다는 생각이 들어요. 자원이 무한할 것처럼 과잉 소비를 하고 과잉으로 쓰레기를 배출하는 우리의 모습이 나우루의 모습과 뭐가 다를까요? 다른 게 하나 있어요. 규모가 다릅니다. 그래서 나우루는 이미 바닥을 본 것이겠지요. 미래를 예측할 수 있다는 것이 인간의 뛰어난 능력이라 생각합니다. 우리의 미래를 우리가 바꿔야 하지 않을까요?

생각해 보기

• 나우루 사람들이 희망을 가지려면 어떤 노력이 필요할까?

바누아투

기후 위기로부터 보호받을 권리

#저개발 국가

2015년, 넓디넓은 바다 위 작은 섬나라 바누아투에 슈퍼 사이클론 팸이 강타했어요. 당시 사이클론은 평균 시속 270km였고 최대 시속은 330km였다고 해요. 지구 기온 상승으로 수증기 양이 많아지니 갈수록 사이클론이 많이 생기고 위력도 세집니다. 게다가 바다에는 바람을 거스를 장애물이 없으니 거침없이 휘몰아치며 섬나라를 흔들어 놓았어요. 바누아투의 주택은 대개 현지에서 구하기 쉬운 짚이나 얇은 철판으로 지었다는데 이토록 강한 바람에 온전할 수가 있겠어요? 건물의 90%가 허물어지는 등 손상을 입었다고 해요. 긴급구호를 간 유니세프의 전언에 따르면 송신탑도 바누아투의 수도인 포트빌라에 한 개 있는 걸 제외하고는 전부 파괴되어 피해 상황을 파악할 수단마저 제한되었다고 해요. 물과 전기 공급도 제대로 이뤄지지 못하니 오염된 물을 먹은 어린이들이 수인성 질병에 그대로 노출될 위험이 커질 수밖에 없었어요.

인구의 80% 이상이 농사로 생계를 잇는데 태풍이 지나가며 농작물 대부분을 망가뜨려 놨으니 얼마나 막막했을까요? 국제사회의 원조가 있다고는 하지만 해마다 점점 더 빈번하고 거세지는 태풍에 이 섬나라 주민들은 어떻게 삶을 이어 갈 수 있을까요? 인구의 13%가 이미 빈곤선(일반적으로 한 사회에서 기본적인 생활 유지에 필요한 최소한의 소득 수준) 이하의 생활을 하고 있는 바누아투는 탄소 배출을 얼마나 할까요? 이런 질문이 나올 수밖에 없지요. 바누아투가 기후 위기로부터 자신들이 보호받을 권리에 대해 국제사법재판소(ICJ)에 의견을 묻기로 한 이유입니다. 탄소 배출량이 미미한 저개발 국가들이 기후 재난에는 가장 큰 피해국이 됩니다. 그러니 탄소 배출을 줄이려는 노력도, 피해국에 대한 지원도 부족한 선진국들을 향해 목소리를 내려는 거예요.

밥 러프만 바누아투 총리는 "과거와 현재 배출하는 온실가스가 기후 재난의 가장 큰 원인이라는 것은 과학적으로 이견이 없는 사안이고, 그러기에 누구의 책임인지를 명확히 하는 일은 기후 위기로부터 보호받는 권리"라고 말했어요. 바누아트 총리는 이 책임 소재를 따지기 위해 국제사법재판소에 자문 의견을 구하는 작업부터 시작합니다.

몇 년 전에 바누아투 이야기를 다룬 다큐멘터리를 한 편 봤습니다. 바누아투 사람들이 나무로 만든 전통 배를 타고 호주에서 석탄을 실은 화물선이 출항하는 걸 막아서는 장면이 나왔어요. 바누아투 사람들은 알고 있던 거죠. 거대한 배에 가득 실린 석탄이 어디선가 태워지면서 엄청난 온실가스를 배출할 테고, 자신들은 더욱 거세진 사이클론을 맞이하게 될 거라는 관계를요. 화물선은 이들의 저지선을 아주 가볍게 뚫고 나아갔어요. 거대한 화물선이 일으킨 물보라에 상대적으로 너무나 왜소한 배가 뒤집히면서 바누아투 사람들이 물에 빠졌어요. 물에서 건져 올려진 사람들이 펑펑 울더라고요. 하염없이 우는 모습을 보고 있자니 저도 눈물이 났어요. 너무 미안했고요. 그들이 운 건 탄소 배출은 거의 하지 않는데도 언제나 기후 재난의 최전선에 있는 자신들의 처지가 억울해서였을까요? 대항할 거라고는 고작 나무배밖에 없는 자신들의 신세가 처량해서였을까요?

생각해 보기

• 바누아투 사람들을 위해 오늘 내가 할 수 있는 일은 무엇일까?

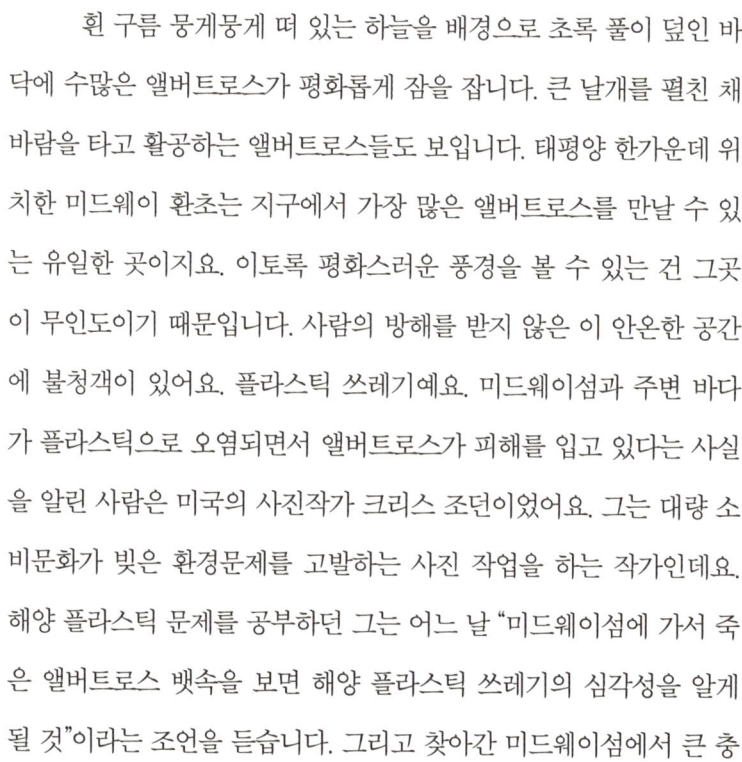

미드웨이 환초

앨버트로스는 창공을 날고 싶다

#해양 플라스틱 쓰레기

흰 구름 뭉게뭉게 떠 있는 하늘을 배경으로 초록 풀이 덮인 바닥에 수많은 앨버트로스가 평화롭게 잠을 잡니다. 큰 날개를 펼친 채 바람을 타고 활공하는 앨버트로스들도 보입니다. 태평양 한가운데 위치한 미드웨이 환초는 지구에서 가장 많은 앨버트로스를 만날 수 있는 유일한 곳이지요. 이토록 평화스러운 풍경을 볼 수 있는 건 그곳이 무인도이기 때문입니다. 사람의 방해를 받지 않은 이 안온한 공간에 불청객이 있어요. 플라스틱 쓰레기예요. 미드웨이섬과 주변 바다가 플라스틱으로 오염되면서 앨버트로스가 피해를 입고 있다는 사실을 알린 사람은 미국의 사진작가 크리스 조던이었어요. 그는 대량 소비문화가 빚은 환경문제를 고발하는 사진 작업을 하는 작가인데요. 해양 플라스틱 문제를 공부하던 그는 어느 날 "미드웨이섬에 가서 죽은 앨버트로스 뱃속을 보면 해양 플라스틱 쓰레기의 심각성을 알게 될 것"이라는 조언을 듣습니다. 그리고 찾아간 미드웨이섬에서 큰 충격을 받아요. 태어난 지 몇 주밖에 안 된 어린 앨버트로스들이 떼로 죽어 있었던 거죠. 눈으로 확인하기 위해 죽은 새의 배를 가르고 보니 그 안에서 페트병 뚜껑, 플라스틱 조각 심지어 플라스틱 라이터까지 나왔어요. 대체 이 쓰레기들은 어디서 온 걸까요?

태평양을 둘러싼 수많은 나라에서 나온 온갖 플라스틱들이 해류를 타고 흐르다 미드웨이섬 근처에 모이게 된 겁니다. 사진으로 다 담기엔 역부족이어서 조던은 영상으로 남깁니다. 유튜브에 "Albatross by Chris Jordan"을 입력하면 1시간 37분짜리 영상이 있어요. 꼭 한 번 보길 바랍니다. 플라스틱으로 위를 가득 채운 새는 굶어 죽어요. 어미 새가 열심히 물어다 먹이는 것이 대부분 플라스틱 쓰레기라는 사실이 기가 막힙니다. 어미 새는 어린 새가 잘 자라도록 최선을 다 했지만, 결과적으로 살 수 없도록 만든 거죠. 안간힘을 쓰면서 살리려고 버둥거리는 앨버트로스를 보면서 우리가 지금 무슨 짓을 하고 있는 지 스스로에게 묻게 됩니다. 사랑스럽다가 슬프다가 공포스럽다가 분노하는 다양한 감정을 꼭 느껴 보기 바랍니다.

생각해 보기

• 우리가 버린 플라스틱 쓰레기가 어디로 가는지 생각해 보자.

PART 6

남아메리카·중앙아메리카

아마존 열대우림을 품은 대륙. 유럽의 식민 지배로 긴 시간 고통받았던 지역. 우리와 지구 반대편에 있어 교류가 쉽지 않은 지역. 남아메리카와 중앙아메리카입니다. 그런데 알고 보면 이곳에서 난 자원이 우리 일상 곳곳에 숨어 있어요.

바하마

쿠바

아이티

도미니카공화국

앤티가 바부다

도미니카 연방

세인트루시아

세인트빈센트
그레나딘

바베이도스

그레나다

리즈

자메이카

트리니다드
토바고

스

카라과

카리브해

베네수엘라

가이아나

수리남

프랑스령
기아나

1카

파나마

콜롬비아

에콰도르

브라질

페루

볼리비아

칠레

파라과이

북대서양

남태평양

아르헨티나

우루과이

남대서양

포클랜드
제도

칠레

아타카마 사막의 경고

CHILE

#광산 채굴 #싱크홀 #의류 쓰레기

칠레는 남미의 서쪽에 길게 자리 잡고 있지만 사실 육지의 섬이나 다름없어요. 남아메리카 위성 지도를 보면 서쪽 해안 가까이에 노란색으로 보이는 지역이 거의 아래쪽 끝까지 이어집니다. 페루의 해안 사막부터 칠레의 아타카마 사막에 이르는 지역이죠. 지도를 보면 칠레는 그야말로 사막에 둘러싸인 섬처럼 보여요. 아타카마 사막은 세계에서 가장 건조한 사막입니다. 건조한 이유는 서쪽에 치우쳐져 있는 안데스산맥의 비 그늘(rain shadow, 산맥이 습한 바닷바람을 가로막고 있어 비가 내리지 않는 지역) 효과와 주변에 흐르는 한류의 영향 때문이지요. 아타카마 사막에 세계 최대 구리 광산인 추키카마타 광산이 있고, 안디나 분지에 소금 호수가 있어요. 친환경 제품에 필수인 두 가지 원료의 원산지가 모두 아타카마 사막이라는 사실이 놀랍습니다. 구리야 전선의 원료니까 전자제품 전반에 필수품이고요. 배터리의 원료인 리튬은 소금 호수의 물을 증발시켜서 얻습니다.

건조해서 세상 쓸모없을 것 같던 사막에서 21세기에 가장 많이 필요로 하는 두 가지 원료를 얻을 수 있게 되었으니 운이 좋다고 해야 할까요? 그런데 땅속에 매장된 구리를 채굴하면 그 공간은 텅 비게 되잖아요. 땅속 텅 빈 공간은 그대로 유지가 되는 걸까요? 2022년 8월 칠레 북구 한 구리 광산 근처에 파리 개선문도 빠질 정도의 거대한 싱크홀이 생겼어요. 처음 구멍이 뚫렸을 때는 지름이 25m였는데 열흘쯤 지나자 지름이 2배로 커졌고 깊이도 200m가 되었어요. 칠레 환경관리청(SMA)은 3년에 걸친 조사 끝에 싱크홀 사고의 원인을 발표했어요. 운영 업체인 캐나다 광산 기업 룬딘 마이닝(Lundin Mining)이 광물을 과잉 추출하고 환경 허가 조건을 어기는 등 중요한 환경 규제 사항을 위반했다는 것이었어요. 특히 허가받지 않은 구역인 코피아포강 대수층에서 채굴을 진행한 사실이 드러났어요. 이 광산은 영구 폐쇄 명령이 최종 확정되었지만 근처 주택가에 사는 사람들의 두려움이 얼마나 클지 상상이 되나요?

아타카마 사막 소금 호수에서 리튬을 생산하는 방식을 알아볼까요? 먼저 호수의 물을 끌어 올려서 거대한 염전에 옮겨 태양열로 증발시켜요. 물을 무한히 끌어 올리면서 호수의 수위뿐만 아니라 땅속에 있는 지하수의 높이도 낮아집니다. 호수의 수위가 낮아지면서 주변 환경에 큰 변화가 생기는 건 당연합니다. 가뭄이 심해지며 토양에 수분이 줄어들고요. 낮 시간대 기온은 높아집니다. 호수가 증발하는 만큼요. 호수는 홍학을 비롯한 여러 동물의 서식지이고, 소금 호수 근처에는 주로 칠레 선주민들이 살고 있지요. 이들은 백인들의 탄압에 밀려 척박한 소금 호수 근처로 이주했던 역사가 있어요. 그런데 리튬을 채굴하느라 환경에 변화가 생기면서 또 다시 주거권을 박탈당하는 상황에 처하게 되었어요. 친환경 자동차를 만들려는 이유가 지구에서 지속 가능한 삶을 살기 위한 게 아니었던가요?

사람들이 아타카마 사막에서 이렇게 채굴해서 가져가기만 할까요? 아니에요. 가져다 놓는 것도 있어요. 2023년 5월 미국 기업 스카이파이(SKYFI)가 실시간 위성으로 찍은 칠레 아타카마 사막의 풍경은 가히 충격적이었어요. 광대한 사막 위에 얼룩덜룩한 의류 더미들이 찍혔거든요. 아타카마 사막은 1년에 비가 1mm 남짓 내리거나 일부 지역은 500년이 넘도록 아예 내리지 않는 극히 건조한 사막인데, 이곳이 거대한 쓰레기장으로 변하는 중입니다. 아프리카 가나와 함께 중고 의류의 허브라 불리는 칠레는 전 세계에서 모인 의류 쓰레기의 종착역입니다. 버려진 옷들은 대개 합성섬유라 생분해되기까지 수백 년은 족히 걸리며 이 과정에서 대기와 지하수를 오염시킵니다. 타이어나 플라스틱 폐기물만큼 유해하지요.

기후 위기를 극복하자며 대안으로 떠오른 두 가지 기술인 재생에너지와 전기차는 화석연료를 사용하지 않는다는 점에서 환영받았어요. 태양과 바람의 힘으로 전기를 생산하고 석유 대신 전기로 자동차를 움직인다는 게 두 기술의 핵심 개념입니다. 얼마나 친환경인 가요? 그런데 실상을 들여다보면 우리가 쉽게 친환경이라고 불러도 될지 의아해집니다. 지금 사용하고 있는 에너지원을 재생에너지로 전환만 하면, 내연기관차를 전기차로 바꾸기만 하면 기후 위기에서 벗어날 수 있다는 것은 허위에 가깝습니다. 풍력 터빈을 만들고 태양광 패널을 만들기 위해서는 필요한 광물이 있어요. 그걸 채굴하는 과정에서 생태계 파괴 문제, 자원 고갈 문제가 발생해요. 희토류 채굴 과정에서 방사능 오염의 문제까지 발생하고요. 환경문제는 한두 가지가 아닙니다. 그렇다고 계속 화석연료나 핵발전소를 운영하자는 애기는 아니에요.

아타카마 사막이 우리에게 던져 주는 경고는 준엄합니다. 우주에서도 확연히 보일 정도로 과잉 소비가 남긴 흔적은 엄청납니다. 우리가 현재 누리는 풍요로움의 크기를 줄이지 않는 한 새로운 기술 개발은 결코 진정한 대안일 수 없다는 것을 아타카마 사막의 현주소를 보며 깨달아야겠습니다.

생각해 보기

• 우리가 누리는 풍요로움의 크기를 줄이는 방법에는 어떤 게 있을까?

에콰도르
세계 최초로 '해안의 권리'를 인정한 나라

#갈라파고스 제도   #동식물 생존권

나라 이름이 '적도'인 곳이 있다고요? 네, 바로 에콰도르입니다. 에콰도르는 에스파냐어로 적도라는 뜻이에요. 에콰도르 하면 진화론의 성지 갈라파고스 제도가 자연스레 연상되지요. 갈라파고스 제도는 에콰도르에서 1,000km 떨어져 있는 태평양의 섬입니다. 찰스 다윈이 《종의 기원》을 쓸 수 있었던 배경에 갈라파고스 제도가 중요한 역할을 했다지요. 그곳에서 채집한 표본을 토대로 진화 이론을 펼쳤으니까요. 가령 같은 갈라파고스 제도에 서식하는 핀치여도 두껍고 딱딱한 견과가 많은 섬에서 그걸 먹이로 삼는 핀치와 곤충이 많은 섬에서 그걸 먹이로 삼는 핀치의 부리가 다르다는 데 착안해서 '먹이에 따라 부리가 달라진다'는 사실을 밝혀낸 것이 하나의 사례지요.

생물의 보고인 갈라파고스 제도를 보유한 나라답게 에콰도르는 동식물 생존권을 보장하는 헌법을 만든 나라이기도 해요. 역사상 최초로 자연계의 다른 생물들에게까지 '지속 가능하게 존재하면서 후세를 이어 가고 진화할 권리'를 부여하는 조항을 헌법에 담았어요. 선언적인 조항에 그치지 않고 생물종 멸종과 생태계 파괴를 가져올 수 있는 행동들을 예방하고 제한할 의무를 국가에 부여했어요. 그리고 국가의 실천이 부족할 경우 일반 시민들이 자연을 대신해서 법적인 소송을 제기할 수 있는 길까지 열어 놓았어요.

이런 헌법 조항을 만들 수 있는 배경을 찾아가다 보면 에콰도르에서 유전 개발을 하던 미국 석유 회사 텍사코(Texaco)의 석유 유출 사고와 만나게 됩니다. 1964년부터 1992년까지 텍사코는 에콰도르의 아마존 지역 수쿰비오스와 오레야나주에서 유전을 개발하면서 7,000만 리터의 원유 폐기물과 6,000만 리터의 원유를 방류하면서 8,000km²가 넘는 토양을 오염시켜요. 이 사고로 주변 지역 생태계는 말할 것도 없고 지역 선주민들에게도 엄청난 피해를 안기게 됩니다. 이 사고는 '아마존 체르노빌'이라고 불릴 정도였어요. 치명적인 오염을 일으켜 놓고도 미국계 석유 회사는 대책을 마련하지 않았어요. 그래서 아마존 선주민들이 석유 회사를 상대로 소송을 제기해요. 2001년에 텍사코를 셰브론이 인수하면서 이제 셰브론과 에콰도르 정부가 소송을 하게 됩니다. 이 소송은 2024년 12월 현재 마무리되지 않은 채로 있어요.

에콰도르의 야수니 국립공원은 지구상에서 가장 생물학적으로 다양한 곳으로 알려져 있어요. 1979년에 국립공원으로 지정되었고 유네스코 생물권 보전 지역으로 선정되었습니다. 바로 이 야수니 국립공원에 에콰도르 원유 매장량의 40%에 달하는 17억 배럴의 원유가 묻혀 있는 걸로 추정되면서 개발이냐 보전이냐의 논쟁이 시작되었지요. 에콰도르 정부는 원유를 채굴하지 않을 테니 국제적 모금을 요구했어요. 이를 '야수니 이니셔티브'라고 부릅니다. 그러나 국제 사회의 모금은 너무나 초라했고 그래서 원유 채굴을 시작해요. 선주민들과 환경 단체의 반발은 거세었고, 공원을 지키려는 이들 사이에서 원유를 캘지 말지 여부를 국민에게 묻자는 제안이 나옵니다. 그리고 2023년 에콰도르 대선과 함께 야수니 국립공원의 원유 개발을 할지 말지 여부를 묻는 국민투표가 치러졌어요. '에콰도르 정부가 43광구로 알려진 지역의 ITT원유를 땅속에 무기한 보관해 두는 것에 동의합니까?' 이게 투표용지에 적힌 질문이라고 해요. 결과는 어떻게 되었을까요? 유권자의 90%가 넘는 이들이 투표에 참여했고 이 가운데 60% 가까이가 '동의' 즉 찬성표를 던졌어요.

2025년에 에콰도르 헌법재판소는 세계 최초로 해안 생태계의 권리를 인정했어요. 해양 보호 구역 안에 있는 어업에 대한 엄격한 규제가 필요하다는 판결을 내렸거든요. 이런 판결이 나온 배경에는 2020년 상업 어부들이 정부를 상대로 소송을 제기한 데 있어요. 에콰도르는 육지 해안선에서 15km 이내에 있는 모든 해안 지역을 해양 보호 구역으로 지정해서 소규모 전통 어업만 가능한데요. 이에 상업 어업을 하는 어부들이 이런 규제가 경제 활동에 참여할 권리와 식량 주권을 침해하는 위헌이라고 주장했어요. 그 결과 헌법재판소가 이런 판결을 내린 거랍니다.

에콰도르 헌법재판소는 이전에도 육지 생태계와 맹그로브 숲, 야생동물 등 자연의 권리를 인정해 온 이력이 있어요. 에콰도르는 2008년 자연도 인간이나 기업과 마찬가지로 합법적인 권리를 가진다는 내용을 세계 최초로 헌법에 포함시킨 나라입니다. 모든 사람과 공동체, 민족, 국가는 자연의 권리를 집행하기 위해 공공기관에 요청할 수 있다는 내용이 더해지면서 세계인의 주목을 받았어요. 자연의 권리를 인정한다는 것이야말로 우리가 지구라는 공동의 집에 사는 평등한 식구라는 고백이 아닐까 싶어요. 에콰도르가 유럽이나 북미의 여느 나라처럼 잘살기 때문에 이런 법을 제정한 게 아니라는 사실이 더 귀하다 생각합니다. 물질적인 풍요로움보다 지구를 위한 선택을 한 에콰도르 사람들에게 한없는 고마움을 보냅니다. 아마존을 지구의 허파라면서 왜 지구의 허파를 보전하는 일에 우리는 이토록 무관심하고 함께하려는 마음이 부족한 걸까요?

생각해 보기

• 자연의 권리를 헌법에 포함시킨 나라가 또 있는지 알아보자.

BOLIVARIAN REPUBLIC OF VENEZUELA

베네수엘라
오리노코 광산에서 자행되는 불법들

#불법 채굴   #공정 무역

　　스마트폰을 비롯한 전자제품에 들어가는 광물은 땅속에 그 상태로 있는 게 아니잖아요. 커다란 암석을 채굴한 뒤 화학약품 등으로 처리해서 전자제품에 들어갈 광물을 얻는 데까지 복잡한 여러 과정이 반드시 필요해요. 세상에서 가장 단단한 광물인 다이아몬드 0.2g을 얻기 위해서는 250톤의 암석을 채굴해야 합니다. 물론 250톤의 암석에서 다이아몬드만 추출하는 건 아니지만 이토록 커다란 돌덩이를 땅 위로 끌어 올린 뒤 여러 과정을 거쳐야 필요한 광물을 비로소 얻게 되지요. 채굴부터 그 이후 과정까지 촘촘하게 심각한 환경문제가 생깁니다. 더구나 이런 과정을 불법적으로 하게 된다면 또 어떤 문제가 발생할까요?

　　아마존 열대우림은 남아메리카 아홉 개 나라에 걸쳐 있어요. 베네수엘라의 아마존 지역에 있는 오리노코 광산에는 금, 다이아몬드, 콜탄 그 밖에 여러 광물이 풍부하게 매장돼 있습니다. 이 지역에

266

서 대규모 불법적인 채굴과 이를 위한 숲 벌목이 벌어지고 있어요. 오리노코강이 흐르는 오리노코 지역은 재규어를 비롯해 수달, 강돌고래 등 멸종 위기에 처한 동물들의 서식지입니다. 그런데 금광업자들이 불법으로 수은을 사용해서 금을 추출하는 과정에서 중금속과 독성 화학물질이 오리노코강으로 그대로 버려져 심각한 수질 오염이 발생하고 있어요. 수은이 물고기 몸에 축적되고 먹이 사슬을 따라 지속적으로 피해를 줍니다. 그뿐 아니라 어업으로 생계를 잇는 지역사회에도 영향을 미쳐요. 높은 수은 수치 때문에 지역 주민들에게서 신경 장애, 선천적 결함과 같은 심각한 건강 문제가 발생하는 것으로 보고됩니다. 광물을 다량으로 채굴하는 과정에서 퇴적물이 강물로 흘러들어 수생 생물과 어업에 의존하며 살아가는 지역사회의 생계가 망가집니다. 법적인 어떤 규제도 받지 않는 불법 채굴로 토양 침식도 심각하고요. 이렇게 망가진 땅은 자연스레 회복되기가 거의 불가능하다고 해요. 삼림이 대규모로 파괴되면 가뭄이 더 심해지고 물 공급이 줄어들면서 물 부족이라는 새로운 문제를 낳습니다.

이 지역에는 야노마미족, 페몬족, 와라오족과 같은 선주민들이 오랜 시간 살아왔어요. 그런데 불법 채굴 지역이 확대되면서 선주민들이 쫓겨나는 일이 벌어졌어요. 대대로 전통적인 생활 방식으로 살던 곳에서 강제로 이주를 강요당하는 일은 지울 수 없는 상처입니다. 다른 지역으로 이주해도 그곳에서 온전한 삶을 꾸리는 일은 불가능하기에 새로운 도시 문제가 또 발생합니다. 일부 선주민들은 불법 채굴 작업에 동원되면서 거의 착취에 가까운 노동을 강요받고 있어요. 불법 채굴 업자들이 범죄 집단과 연루되어 있어서 이런 불법적인 일이 자행된다고 해요. 그렇다면 베네수엘라 정부는 이 사실을 모르는 걸까요?

베네수엘라는 한때 세계 최고의 원유 매장량을 자랑하던 아주 부유한 나라였어요. 벌어들인 외화로 생필품이든 공산품이든 수입하면 됐으니까요. 소수가 독점하던 부를 우고 차베스 대통령이 국민 모두에게 분배하면서 빈부 차이도 해소되었어요. 그러나 2013년 차베스 대통령이 사망하면서 정국이 불안정해진 데다가 국제 유가가 하락하면서 피해를 직격으로 맞았어요. 베네수엘라 수출의 90%가 원유였거든요. 게다가 정부 고위 관료들의 부정부패와 이로 인한 반정부 시위 등으로 걷잡을 수 없는 지경에 이르렀어요. 불법 채굴이 자행되어도 정부가 손을 쓸 여력이 안 되는 거지요. 이런 상황으로 베네수엘라는 인플레이션이 발생해 돈의 가치가 거의 사라진 상황입니다. 베네수엘라를 떠나 브라질이나 멕시코 또는 미국으로 이주하려는 행렬이 계속되고 있고요. 정치가 우리 삶에 얼마나 중요한지를 또 한 번 깨닫습니다.

베네수엘라 아마존은 놀라운 생물 다양성을 지닌 지역으로 수천 종의 동식물이 서식하고 있어요. 강과 숲을 터전으로 살아가는 선주민 사회도 있고요. 불법으로 채굴해도 어느 기업이든 구입해 주기 때문에 이 악순환의 고리가 끊어지지 않는 겁니다. 이런 위기에 자포자기하지 않고 여러 환경 단체와 선주민 사회가 자신들의 영토를 보호하고 지속 가능한 대안을 찾으려는 노력도 분명 있어요. 환경과 지역사회에 관한 교육을 하고 생태 관광을 개발하며 불법 채굴을 줄이기 위한 공정 무역 프로그램 등을 발굴하려는 움직임이 있으니까요. 또 이런 불법 채굴에 압력을 가하기 위해 국제 협력 협정이 추진되고 있다고 해요. 세계시민으로서 베네수엘라의 문제에 관심을 기울이고 국제 연대가 필요한 때에는 함께 힘을 모으는 노력이 필요할 것 같아요.

생각해 보기

· 불법 채굴을 줄이기 위해서는 어떤 노력이 필요할까?

아르헨티나
생선 가공 공장의 마법, 분홍색 호수

#수산물 가공

ARGENTINA

삼면이 바다로 둘러싸여 있지만 우리 밥상에 오르는 생선이 모두 우리 앞바다에서 잡히는 건 아니에요. 남아시아, 아프리카, 유럽 그리고 저 멀리 남미 아르헨티나에서도 생선을 수입하고 있지요. 우리나라 남도의 대표적인 전통 식재료 가운데 홍어가 있어요. 과거에는 흑산도와 근처 바다에서 잡은 홍어로 요리를 해서 그 지역의 대표 음식이 되었는데요. 최근 홍어 어획량이 눈에 띄게 줄었어요. 그러나 여전히 홍어 요리를 좋아하는 이들이 있고 지역의 대표 전통 음식이니까 홍어가 필요합니다. 그래서 이제 많은 홍어가 흑산도가 아니라 아르헨티나에서 와요. 얼마 전까지 칠레에서 주로 수입했으나 홍어 개체 수가 계속 줄자 칠레 정부가 제재에 나섰어요. 이후 아르헨티나에서 홍어를 주로 수입하고 있지요. 우리나라와는 정반대에 있는 곳에서 가져오는 홍어, 이미 출발부터 탄소발자국을 많이 찍습니다.

생선이나 새우 같은 수산물은 30~40% 정도는 신선한 상태로 소비하지만 60~70%는 가공해서 소비하고 있어요. 멀리서 배로 운송되는 수산물일수록 더더욱 가공 처리합니다. 일반적으로 생선을 가공하는 과정에서 머리, 내장, 껍질, 꼬리, 지느러미 등을 제거하느라 전체 재료의 절반 가까이가 폐기물이 됩니다. 참치 통조림 가공 과정에서는 65%가 버려지는 것으로 알려져 있고요. 수산시장에 가 봤다면 충분히 이해될 텐데요. 생선을 손질하면서 계속 물로 씻는 걸 볼 수 있어요. 손질하는 과정에서 발생하는 부산물을 씻어 내기 위해서죠. 가공 공장에 따라 차이는 있겠지만 생선 1kg을 가공 처리하는 데 18~60리터의 물을 사용합니다. 또 폐기물 대부분이 유기물이다 보니 박테리아나 균류 등의 발생 확률이 올라가기 때문에 소독 과정이 필요해요.

2021년 7월 아르헨티나 파타고니아에 위치한 추부트주에 있는 코르포 석호가 진한 분홍색으로 변했어요. 원인은 근처에 있는 수산물 가공 공장에서 새우 보전에 사용하는 살균제 화학물질인 아황산나트륨 때문이었어요. 이 화학물질이 섞인 폐기물을 처리하지 않은 채 인근 호수로 방류하면서 호수가 오염된 거지요. 이 호수는 전에 공업 단지의 유출수가 흘러나와 자홍색으로 변한 적도 있어요. 추부트주 환경관리국장은 언론과의 인터뷰에서 "붉은색은 피해를 입히지 않을 것이고 며칠 안에 사라질 것"이라고 해서 주민들의 분노를 샀습니다. 관리 감독해야 할 기관이 앞장서서 사건을 축소시키려 하니 당연한 반응입니다. 지역 주민들은 오랫동안 석호와 근처 추부트강 주변에서 악취가 발생하는 등 환경문제가 지속적으로 발생했다고 주장했어요. 수십 개의 외국 어업 회사가 이 지역에 가공 공장을 운영하고 있고, 주로 새우와 청어를 가공합니다. 공장은 추부트주에 수천 개 일자리를 창출하고 있어요. 그렇기에 관리 감독을 소홀히 하는 걸까요? 화학물질이 수생태계에 당장은 치명적인 일을 일으키지 않는다고 해도 누적된다면 분명 문제가 되겠지요. 생선을 가공하지 말아야 한다는 게 아니라, 폐기물을 제대로 처리해서 방류하자는 거예요. 또 가공하고 판매하고 소비하는 수산물의 양이 적절한지에 대한 고려도 분명 필요해 보입니다. 모든 게 이윤 추구를 중심으로 이루어지다 보니 자연 생태계가 망가지는 것에는 관심이 부족해요. 지속 가능한 삶이란 어떤 삶인지 진지하게 생각해 보면 좋겠습니다.

생각해 보기

• 흑산도의 홍어 개체 수는 왜 줄어든 것인지 알아볼까?

남아메리카

콜롬비아
교통지옥의 구세주, 케이블카

#케이블카 #대중교통

　　설악산 케이블카 설치에 대한 찬반 문제는 환경에 관심이 조금 있는 사람이라면 한 번쯤은 들어 봤을 겁니다. 그리고 그게 왜 반대할 문제일까 하는 의문이 들기도 할 거예요. 이 문제는 다양한 정보에 대한 사전 지식이 필요하고 여러 입장에 서 봐야 하는 문제입니다. 설악산 케이블카 설치를 찬성하는 이들은 주로 지역 경제 활성화에 도움이 된다는 주장을 합니다. 장애인도 산에 오를 권리가 있다는 주장도 있어요. 그런데 지역 경제가 케이블카로 인해 활성화된다는 증거는 어디에도 없습니다. 오히려 산 정상에 후딱 올라갔다가 내려오며 등산 시간이 짧아지기 때문에 그 지역에 오래 머물지 않을 수도 있고요. 설령 관광객이 많이 와서 케이블카를 탄다고 해도 그건 케이블카를 운영하는 기업과 근처 몇몇 식당에 도움이 되는 정도지 지역 경제를 활성화시킬 거라는 근거로는 부족합니다. 오히려 많은 이들이 몰려왔다 가면서 버린 쓰레기며 교통 체증, 배기가스로 인한 오염 등으로 지역 주민들이 겪는 불편도 많지 않을까요?

　　장애인의 권리문제를 볼까요? 일단 어딘가에서 설악산까지 장애인이 이동할 권리조차 아직 확보되지 않은 상태입니다. 우리나라에서 대중교통 이용 환경이 가장 좋은 서울에서조차 장애인들의 이동권리는 거의 충족되지 않는 상태입니다. 거기 더해서 설악산은 국립공원입니다. 우리나라의 국립공원을 모두 합쳐 봐야 국토의 5%도 채 되지 않아요. 국립공원은 이 땅만큼은 어떻게든 생태계가 온전할 수 있도록 남겨 두자고 한 최후의 보루예요. 그런 곳에 기어이 케이블카를 설치해서 풍경을 관람하는 게 맞을까요? 더구나 설악산 케이블카 설치 예정지에는 천연기념물인 산양이 살지요. 몇 년 전 겨울 폭설이 내렸을 때 먹이를 찾아 헤매던 산양 무리가 사람들이 쳐 놓은 울타리에 갇혔어요. 결국 160마리가 넘는 산양이 굶어 죽었습니다. 아프리카돼지열병의 확산을 막으려 쳐 놓은 울타리가 산양을 꼼짝 못 하게 가두는 역할을 하고 말았어요. 이제 케이블카가 들어서면 산양의 처지는 더욱 힘겨워질 듯합니다.

　　케이블카가 정말 필요한 곳은 따로 있지요. 남아메리카의 여러 나라에서 케이블카는 교통수단으로 쓰입니다. 볼리비아의 행정 수도 라파스는 해발 약 3,600m가 넘는 고산지대에 있으며 아래 도시와는 해발고도가 800m 이상 차이 납니다. 우리나라로 치면 북한산 꼭대기에 수도가 있고 아래에 다른 도시가 있는 셈이지요. 참고로 서울

북한산의 해발고도는 836m예요.

고산지대에 수도가 있으니 자동차를 이용하면 꼬불꼬불 오가야 하고 도로는 또 얼마나 길어질까요? 게다가 난개발로 지은 도시들의 도로가 무척 좁아 늘 교통 체증이 심했어요. 지반이 약해서 지하철을 건설할 수도 없고요. 그래서 떠올린 게 케이블카였어요. 케이블카가 대중교통 수단으로 등장하면서 만성적인 교통 체증이 해소되었을 뿐 아니라 교통사고도 30%나 줄었다고 해요. 세계 최초로 케이블카를 대중교통 수단으로 도입한 도시는 콜롬비아의 메데인입니다. 2004년 메데인에 도입된 케이블카는 그야말로 혁명이었어요. 소외되고 가난한 이들이 밀집해 사는 산꼭대기까지 공공의 발이 가닿기 시작하면서 범죄의 온상이던 빈민가가 살 만한 곳으로 바뀌었으니까요. 메데인은 케이블카가 지하철 시스템 등 다른 대중교통과도 연결되는 '메트로 케이블 시스템'을 구축했어요. 광범위한 도시 재생의 하나로 도입된 케이블카가 성공적이었기에 이후 남미 여러 나라로 퍼져 나갈 수 있었어요.

2021년 멕시코시티 북부 틀라페스코에도 케이블카로 된 교통수단이 개통되었어요. 교통이 불편해서 선호하지 않는 지역에 케이블카가 연결되면서 불평등이 해소되기 시작했다고 합니다. 케이블카의 기술이 잘 쓰인 좋은 사례입니다. 이제 이 도시들은 특별한 대중교통 수단으로 관광객을 불러 모읍니다. 볼리비아 라파스에 공항이 있어서

라파스에 도착한 관광객들은 높은 곳에서 낮은 곳으로 케이블카를 타고 내려오면서 입체적으로 도시를 즐길 수 있다고 해요. 라파스에는 기네스가 공인한 최장 케이블카 시스템이 있어요. 환승도 물론 가능하고요. 기술은 그 자체로 가치중립적입니다. 그것을 어떤 목적으로 무엇을 위해 사용하느냐에 따라 좋은 기술일 수도 그렇지 않을 수도 있겠지요.

생각해 보기

• 케이블카 외에 교통지옥을 해결할 다른 시스템은 없는지 알아보자.

볼리비아

가뭄으로 인한 비상시국 선포

#물 부족   #안데스산맥 습지

2016년 11월 21일 에보 모랄레스 볼리비아 대통령은 비상시국을 선포하고 군대를 소집했어요. 비상시국을 선포한 까닭은 극심한 가뭄 때문이었습니다. 볼리비아는 이미 1990년대 말부터 가뭄에 시달렸는데 2016년에서 2017년으로 넘어가는 그 시기에 최악의 사태를 맞아요. 엘니뇨 현상으로 강수량이 40% 줄어들고 기온도 2~3℃ 상승하면서 물이 부족해진 거지요. 코차밤바, 오루로, 포토시, 수크레뿐 아니라 행정 수도인 라파스와 주변 엘알토 도시권까지 가뭄이 덮쳤어요. 2016년 10월부터는 수돗물이 끊어지는 일이 잦아지면서 며칠을 물 없이 지내며 씻지도 요리하지도 못하는 일이 벌어집니다. 수도꼭지만 누르면 언제나 물이 나오던 도시인들에게 단수는 큰 충격이었어요. 돈 많은 사람들은 생수를 샀지만, 그럴 형편이 못 되는 사람들은 물을 구하러 그릇을 들고 거리를 헤매야 했고요. 농촌 지역에서는 물이 부족해 기르던 라마 무리가 떼죽음을 당했고 농민들은 파산을 피할 수 없었어요.

분노한 시민들이 곳곳에서 시위를 벌이는 일이 잦아졌습니다. 대통령이 비상시국을 선포할 수밖에 없었던 상황이 그려지나요? 대통령은 위기를 해결하기 위해서는 시간이 필요하다며 국민에게 상황을 설명하고 견뎌 주기를 요청했어요. 2017년 2월에 볼리비아 정부는 가뭄과 지구온난화 대비를 위해 2억 달러를 모았어요. 저수지를 새로 만들고 우물을 파고 누수를 줄이기 위해 수도관을 수리하고 방수 가공 처리를 했어요. 그런데 근본 원인은 따로 있었지요. 행정 수도 라파스에서 몇십 년 동안 벌어진 산림 파괴로 인해 지하로 흘러드는 물이 줄어든 거예요. 빙하도 급격히 줄어들었고요. 빙하 녹은 물이 볼리비아에 물을 공급해 주었는데 빙하가 빠르게 녹아내리면서 정작 필요한 때 물이 부족하게 된 거예요. 사실 물 부족에 대한 경고는 그동안 꾸준히 있었어요. 2003년에는 1만 8,000년 동안 형성된 차칼타야 빙하가 2015년에 사라질 수 있다고 과학자들이 예측했고, 실제로는 2009년에서 2011년 사이에 다 녹아 버렸어요. 우리가 기후 위기라는 경고를 듣지만 대부분 무시하고 지나치듯이 볼리비아 정부와 시민들 대다수도 그랬던 것 같아요.

볼리비아는 2000년에 상수도를 민영화했는데, 이때 코차밤바 지역의 수도 요금이 2배로 오르자 대규모 시위가 벌어졌어요. 이를 진압하는 과정이 난폭해지면서 결국 당시 대통령이었던 곤잘로 산

체스 데 로사다는 미국으로 망명하게 되었어요. 2006년 원주민 출신 모랄레스 대통령이 당선되면서 수도 민영화를 재검토했고 환경부, 수자원부를 만들었습니다. 2009년에는 국민투표로 '물 접근을 기본권, 나아가 국민주권의 증표'로 여기는 헌법이 채택되었고요. 2010년에는 유엔 총회에서 볼리비아의 제안으로 '마실 수 있고, 위생적이며 청결한 물에 대한 권리'를 기본권으로 인정하는 결의안을 채택했어요. 물은 그야말로 기본권이 맞아요. 그런데 이런 노력에도 지구온난화는 악화되었고 볼리비아의 물 부족 사태가 벌어졌던 거지요.

2018년과 2019년에는 엄청난 비로 홍수와 산사태가 발생했어요. 기후 시스템이 정상적으로 작동하지 않으면서 대책을 마련하려고 분주합니다. 남아메리카에는 서부 해안을 따라 남북으로 길게 쭉 뻗은 안데스산맥이 있지요. 과학자들은 안데스 고산지대에 분포한 습지를 보전하려고 해요. 습지는 눈과 빙하가 녹은 물, 빗물 그리고 지하수까지 빨아들이는 자연 스펀지거든요. 약 10m 깊이로 침전물이 걸러진 물을 저장하고 있는 습지는 생물 다양성을 위해서도 중요하지만 이산화탄소를 흡수하는 탁월한 능력도 보유하고 있지요. 해발고도가 높은 볼리비아는 비록 빙하가 녹으면서 물이 부족해졌지만, 반면 역설적이게도 기온이 올라가 농사에는 도움이 된다고 해요. 농작물 수확량이 많아지면서 경제적으로 여유가 생긴 농부들이 트랙터를 빌려 사용하기도 합니다. 그러나 트랙터는 다른 농기구에 비해 땅을 더 깊게 파기 때문에 결국 땅이 황폐해지고 이산화탄소가 배출될 거라고 과학자들은 안타까워합니다. 당장 눈앞의 이익은 생기겠지만 장기적으로는 더 나빠지니까요. 가난했던 농부들의 주머니 사정이 조금 나아졌는데 돈보다 환경, 이렇게 이야기하기는 참 어려운 문제지요?

생각해 보기

• 안데스산맥의 습지에 대해 더 자세히 조사해 보자.

브라질

생태 희생 지역, 세하두

#하부브(모래 폭풍) #세하두 초원 #판타나우 습지

BRAZIL

　한낮에 느닷없이 모래 폭풍이 몰려오며 도시를 뒤덮는 상상을 해 본 적 있나요? 순식간에 환하던 낮이 밤으로 바뀌는 상상은요? 강풍에 정전이 발생하고 인터넷이 끊기며 비행기가 이륙을 못 하는 상황이 벌어지는 상상은요? 이 모든 일이 상상이 아니라 실제 벌어진 적이 있어요. 2021년 10월 브라질 상파울루에 거대한 모래 폭풍이 몰려오면서 벌어진 일입니다. 거대한 모래 폭풍을 하부브(haboob)라 부르는데, 건조한 지역에서 상승 기류가 발생하면서 일으키는 먼지 폭풍의 일종입니다. 주로 중동과 북아프리카에서 발생하는 걸로 알려져 있어요. 지평선 저 끝까지 수백 미터의 모래 폭풍이 도시를 삼키며 3시간에서 길게는 7시간 가까이 낮을 밤으로 바꾸었어요. 전문가들은 고온 건조한 날씨가 계속되면서 100여 년 만에 발생한 극심한 가뭄을 모래 폭풍의 가장 큰 원인으로 보고 있어요. 브라질에는 광활한 아마존 열대우림이 있고 세계에서 가장 긴 아마존강을 비롯해 수

많은 지류가 흘러요. 세계에서 가장 큰 담수 습지인 판타나우 습지도 있는 곳인데 하부브가 닥칠 줄 누가 알았을까요? "너무나 비현실적이야.", "세상에 종말이 온 것 같아." 당시 상파울루에서 정전으로 한낮에 칠흑 같은 어둠이 닥치자 지역 주민들이 나눈 대화를 뉴스를 통해 듣게 되었어요. 얼마나 당황했는지 느껴지지 않나요?

아마존 열대우림 가장자리 동남쪽으로 광활한 열대 사바나 세하두가 있어요. 아마존만큼이나 많은 생물종이 서식하는 곳임에도 잘 알려지지 않았어요. 세하두는 포르투갈어로 '폐쇄됐다'는 뜻입니다. 이름처럼 세상과 단절된 채 인류 역사 내내 꽁꽁 숨어 있던 세하두에는 선주민들이나 피난민들이 들어와 결속력 강한 공동체를 이루며 살아가고 있지요. 세하두는 넓은 초원으로 발육이 부진한 나무 그리고 키 작은 관목이 빽빽하게 뒤엉켜 있어요. 1년의 반은 건기인데 바싹 마른 땅이 화재로 인해 황폐해지곤 했어요. 토양은 산성이 강해 토착종이 아닌 식물은 자라질 못했고요. 그런 까닭에 불모지로 관심 밖에 있었습니다. 20세기 중반까지는요. 1950년대 브라질은 발전하겠다며 세하두 한복판 땅을 개간해서 새로운 수도를 건설했어요. 브라질리아는 그렇게 세하두에 자리 잡게 되었고 현재 약 500만 명이 살고 있습니다. 세계에서 생물 다양성이 가장 풍부했던 열대초원인 세하두에 살고 있던 생물들은 존재조차 모른 채 사라져 갔겠지요.

브라질은 세하두에 도시만 건설한 게 아니었어요. 1970년대

들어 브라질 농학자들이 석회가 주성분인 비료를 개발하면서 세하두의 척박한 토양에도 이제 작물을 재배할 수 있게 되었어요. 관개 시설을 건설하면서 건기에도 물을 공급할 수 있게 되었고요. 개발의 광풍이 닥쳤겠지요. 불도저며 트랙터가 몰려와 세하두 수천 제곱킬로미터 관목지를 다 밀어 버렸어요. 그 땅에서 이제는 옥수수, 사탕수수, 그리고 가장 많은 면적을 차지하는 대두를 재배하고 있어요. 이곳에서 생산된 작물들이 중국, 미국, 유럽 등지로 수출되면서 사바나의 개간은 더욱 속도를 높였고요.

2021년 세계은행이 발표한 보고서에 따르면 지구상에서 농업 잠재력이 가장 큰 땅이 세하두입니다. 생물 다양성이 줄어드는 속도와 수치까지 반영된 보고서라면 저렇게 결론을 내리지는 못했을 것 같아요. 세하두는 생태적 희생 지역으로 변하고 있어요. 환경 보호 조치는 미흡하고 인간의 용도대로 소비되는 땅을 가리켜 희생 지역이라고 부릅니다. 브라질 정부 통계에 따르면 2020년부터 1년 동안 파괴된 세하두 사바나 면적이 서울 면적의 14.1배나 됩니다. 세하두의 삼림 벌채가 아마존보다 더 빠르게 진행되고 있어요. 아마존 보전에 대한 목소리가 세계적으로 높다 보니 상대적으로 덜 알려진 세하두가 아마존 대신 개간되고 있는 게 현실입니다.

대두 농사와 가축 목장으로 개간하는 일도 끊이질 않고 있어요. 1970년 이후 브라질이 적극적으로 농·축산업 분야를 성장시키면서 현재는 전체 세하두의 절반 정도가 사라진 상태입니다. 사정이 이렇다 보니 세하두의 생물 다양성, 물, 기후 안정성 등 모든 면에서 심각한 결과가 나타나고 있어요. 현재 브라질 대두의 70%, 소고기의 40%가 세하두에서 생산됩니다. 대두는 주로 중국과 유럽으로 수출되어 가축의 사료로 쓰이지요. 이토록 생태계를 망가뜨리면서 생산한 농작물이 굶주리는 인류의 입으로 들어가는 게 아니라 사료로 쓰입니다. 세하두와 아마존은 별개의 공간이긴 하지만 서로 긴밀하게 연결돼 있어요. 세하두는 아마존을 비롯한 브라질의 주요 강으로 물을 공급합니다. 반대로 아마존의 숲이 망가진다면 세하두는 더 건조해져 사막화로 이어질 수 있어요. 하나가 망가지면 다른 하나에 부정적인 영향을 미치는 상호 의존적인 관계입니다. 그런데 아마존은 50% 이상이 법적으로 보호되는 반면 세하두는 8% 정도만 보호될 뿐이에요.

열대우림이나 열대 사바나만큼 판타나우 습지도 생물 다양성이 높은 지역이며 기후변화를 완화하는 데 중요한 역할을 합니다. 어떻게 기후변화를 완화할까요? 아마존의 경우 맑은 날에 200억 톤의 물이 숲에서 뿜어져 나와 대기로 쏟아집니다. 증산작용이 활발하게 이루어지기 때문이지요. 이렇게 뿜어진 수증기의 강이 아마존강보다 큽니다. 이것을 아마존의 마법이라 표현하는 이들도 있어요. 어마어마한 강이 대기를 흐르고 있는 거지요. 울창한 나무가 빨아올린 물기가 숲을 가득 채운 미세한 포자, 꽃가루, 곰팡이와 만나 만들어 내는 비구름이 숲을 적셔 줍니다. 이렇게 어마어마한 양의 물이 끊임없이 순환하는 숲이라 열대우림이라고 부르지요. 아마존이 위치한 남아메리카뿐 아니라 멀리 북아메리카에 있는 캐나다의 물 공급에도 아마존 열대우림이 영향을 끼친다고 합니다. 하늘을 흐르는 강은 육지의 강보다 훨씬 더 멀리까지 흘러갑니다.

2024년에는 1980년 이후 44년 만에 최악의 가뭄이 발생했어요. 브라질 자연재해감시센터에 따르면 아마조나스를 비롯해서 마투그로스, 상파울루, 파라나 등 거의 브라질 전역에 있는 아마존 열대우림 지역이 가뭄의 영향을 받았어요. 지독한 가뭄이 발생하면서 화재도 17년 만에 가장 많이 발생한 것으로 집계되었고요. 특히 판타나우 습지의 화재가 무척 심각했는데, 피해 면적은 최소 서울 면적의 13배가 넘는다고 해요. 그러나 삼림 훼손은 2024년 들어 전년도보다 30% 줄었어요. 남미의 트럼프라 불리던 자이르 보우소나루 대통령에서 룰라 대통령으로 바뀌면서 개발보다는 보전 쪽에 힘을 실어 주어 생긴 변화입니다.

브라질은 지독한 가뭄뿐 아니라 폭염에 냉해까지 발생하면서 심각한 기후 충격을 겪었어요. 우리나라 반대편에 있는 브라질의 기후 충격은 우리와 관련이 있을까요? 브라질은 커피를 비롯해 오렌지, 설탕, 옥수수 등 전 세계 많은 먹을거리를 생산하는 나라입니다. 기후 충격으로 농사를 망쳐 생산량이 줄고, 생산량이 줄어드니까 가격이 오릅니다. 식량 가격이 출렁이면 우리나라처럼 식량의 절반 이상을 해외에 의존하는 나라는 영향을 받을 수밖에 없어요. 기후는 인류 역사를 관통하며 지배해 왔습니다. 기후 위기는 한마디로 식량 위기이고 그런 까닭에 이미 식량은 '주권'이고 '안보'인 시대가 되었습니다. 우리의 안온한 일상이 보장받기 위해서는 아마존 열대우림, 세하두 초원 그리고 판타나우 습지가 온전해야 해요. 먼먼 남미와 우리가 이토록 가깝게 연결돼 있다니요.

생각해 보기

• 세하두 초원과 판타나우 습지를 지키기 위해 오늘 나는 무엇을 할 수 있을까?

수리남

미나마타 협약이 무시되는 금광 개발

#불법 금광   #수은 오염

　수리남이 어느 날 넷플릭스 시리즈 제목으로 등장했어요. 남미에서 가장 작은 나라인 수리남이 '마약 밀매'라는 반갑지 않은 이슈로 등장한 건 유감입니다. 수리남은 금과 보크사이트 등 광물이 많이 매장돼 있는 걸로 알려져 있어요. 광물을 채굴하는 과정에서 생태계가 망가진다는 사실을 앞서도 설명했는데요. 수리남의 금광에서 벌어지는 가장 심각한 환경문제 가운데 하나가 수은입니다. 미국 환경보호청(EPA)에 따르면 전 세계 금 생산량의 20%가 소규모 광산에서 나오는데, 이 과정에서 38%나 되는 범위에 수은 오염이 발생해요. 수은은 금을 쉽고 저렴하게 채굴할 수 있는 물질이지만, 동시에 환경을 굉장히 쉽게 망가뜨리고 결국 그 환경에 사는 사람과 생물들에게 치유 불가능한 위협이 되는 물질이죠.

　2023년 9월 뉴욕타임스는 수은에 관한 미나마타 협약이 체결된 지 10년이 지났는데도 여전히 금 채굴에 수은이 사용된다며 특히 남미의 소규모 광산에 대한 우려를 표했어요. 같은 해 11월 로이터 통신은 금 채굴로 인한 수은으로 위기에 처한 열대 조류에 관한 보도를 했고요. 현재 수리남에서 진행되는 대부분의 소규모 금광은 불법이지요.

수리남의 수도 파라마리보에서 남쪽으로 3시간, 다시 식인 물고기 피라냐가 많이 산다는 강을 따라 작은 배로 2시간여를 더 가면 나무를 모조리 베어 내고 땅을 파헤친 현장이 나타납니다. 소규모 불법 금광의 풍경인데요. 그곳엔 수리남 사람만 있지 않아요. 수리남의 위치를 지도에서 찾아보면 가이아나, 브라질, 기아나에 둘러싸여 있어요. 즉 주변국에서도 사람들이 금을 채굴하러 오죠. 대서양을 사이에 두고 아프리카에서도 금을 캐러 국경을 넘어 수리남으로 몰려드는 사람들이 많아요. 수리남 금광은 깊이 땅을 파고 들어가는 일반적인 광산과 달리 이른바 노천 광산입니다. 흙을 5m쯤 걷어 내면 금이 섞인 퇴적층이 나타나지요. 그만큼 금 매장량이 풍부하고 채굴도 생각보다 쉬워 소규모로 금을 채굴하는 사람들이 쉽게 몰려드는 곳이고 불법 체류자들도 많아요. 채취한 금을 수은에 담그면 수은이 다른 불순물은 흡수하지 않고 금만 흡수합니다. 수은과 금의 혼합물을 모아서 불로 가열하면 노란 황금을 얻을 수 있어요.

금 채굴에 수은을 사용하는 나라는 수리남뿐만이 아닙니다.

남미의 금광 지역에서 광범위하게 이뤄지는 것 같다고 해요. 과학자들이 조사해 보니 페루 금광 근처에서 물떼새, 울새, 휘파람새에 이르는 열대 새부터 티티원숭이에 이르기까지 다양한 동물들이 수은 오염 징후를 보인다고 해요. 금광 채굴은 보호 구역 안 깊숙한 곳에서 불법적으로 이루어지거나 보호 구역 밖에서 정부의 허가 없이 비공식적으로 이루어집니다.

　　소규모 금광이 많은 수리남에서 물고기의 수은 수치를 살펴보는 연구도 진행했는데요. 광산 근처 말고 수리남 내륙의 깨끗한 지역에 사는 여성과 어린이의 머리카락과 혈액 내 수은 농도를 평가했어요. 비교치로 미국 루이지애나 남동부 해양 어류 소비 인구의 여성과 미국의 평균값을 같이 놓고 비교했는데, 수리남 사람들에게서 수은 농도가 월등히 높은 걸로 나왔어요. 소규모 금광 지역의 상류에 있는 마을이었는데도 이렇게 높은 수치의 수은이 검출된 까닭이 뭘까요? 관련한 논문에 따르면, 금이 1kg 생산될 때 수은 1kg이 환경으로 유실되는 것으로 추정해요. 금 채굴 작업에 사용되는 수은 중 약 55%는 대기 중으로 사라지고 45%는 하천으로 유입됩니다. 금 생산량만큼 수은이 대기든 하천이든 환경으로 방출된다고 보면 맞을 것 같다고 논문은 밝히고 있어요. 대기나 하천 어디쯤에 울타리를 칠 수는 없으니 어디로든 퍼져 나가겠지요.

　　수은은 인간을 포함한 척추동물에게 독성이 있는 중금속입니다. 수생 미생물은 금속 수은을 극도로 독성이 강한 메틸수은으로 변환시키는데, 하천으로 유입된 수은이 이렇게 수생 미생물에서 먹이 사슬을 타고 올라가며 축적됩니다. 정부가 강력히 규제해야 할 부분이지만, 수리남의 대통령을 비롯한 권력자들은 금광에 투자를 하는 등 오히려 관련한 이권 사업에 개입돼 있다고 알려져 있어요. 국제관계 전문 월간 시사지 〈르몽드 디플로마티크〉에 따르면, 공식적으로는 수리남 정부가 수은 사용을 금지하면서도 사실은 묵인하는 것으로 보인다고 해요. 수은을 이용해 채굴되는 금이 수리남 수출의 85%나 차지하고 있는 이유도 있고요.

우리나라에서도 수은 중독 사고로 목숨을 잃은 사건이 있었지요. 온도계 회사에서 일하던 15세 청년 노동자 문송면은 배기 장치조차 없는 밀폐된 공간에서 수은을 들이마시고 있었어요. 그때가 1988년이니 아직 미나마타 협약이 체결되기 전의 상황이긴 합니다. 온도계에 수은을 주입하는 일을 하면서 수은에 중독되어 짧은 삶을 살다간 이 청년 노동자의 일은 이후 대한민국 사상 최악의 산업재해 사건이었던 원진레이온 직업병 투쟁의 불씨가 되었어요. 이런 일련의 사건으로 산재 노동에 대한 인식이 생기면서 산재직업전문 의료기관인 녹색병원이 설립되었습니다.

세계 경기 불황 등으로 불안해진 사람들이 금을 사들이면서 최근 금값이 나날이 치솟고 있어요. 금은 지구에 한정된 자원인데 사려는 사람이 증가하니 당연히 가격이 오를 수밖에 없어요. 그러니 금을 채굴하려는 사람도 그만큼 증가하는 것 아닐까요? 금을 사는 일과 환경문제가 알고 보니 무척 가깝게 연결돼 있네요.

생각해 보기

• 가상화폐가 유통된다면 금의 가치는 하락할까?

파나마

전 세계 물류 대란을 일으킨
이상 기후

#파나마 운하 #가뭄 #세계 물류 공급

　　수에즈 운하가 아시아와 유럽을 잇는 가장 짧은 뱃길이라면 태평양과 대서양을 가장 빠르게 연결하는 통로는 파나마 운하입니다. 만약 이런 운하가 없었다면 물건을 수송하는 데 드는 비용이 거리에 비례하기 때문에 지금처럼 물건이 흔한 삶은 불가능했을지도 모릅니다. 인류가 운하를 만들기 시작한 지는 오래되었어요. 세계에서 가장 오래된 운하는 중국의 대운하로 기원전 5세기에 건설을 시작해서 13세기에 완공했어요. 무려 2,000년 가까운 시간 동안 운하가 건설된 거지요. 아마도 도시와 도시를 연결해 가면서 이렇게 긴 운하가 완성된 것 같아요. 대운하라는 이름에서 알 수 있듯이 세계에서 가장 긴 운하이기도 해요. 총길이 1,770km의 대운하는 중국 북쪽의 베이징과 남쪽의 항저우를 연결하면서 여러 도시를 통과합니다. 대운하는 오늘날에도 사용되고 있어요. 아마도 무거운 곡물 운반이 운하의 가장 요긴한 쓸모가 아니었을까 싶어요. 운하는 바다와 바다, 강과 바다, 그리고 강과 강을 가깝고 편리하게 연결하는 구조물입니다.

2025년 미국의 트럼프 대통령은 취임사에서 "파나마 운하를 건설하느라 막대한 자금이 들었을 뿐만 아니라 미국인의 큰 희생이 뒤따랐는데도 이를 파나마에 돌려준 것은 바보 같은 짓"이라 말하며, 파나마 운수를 환수하겠다고 해서 파장이 일었어요. 트럼프 대통령의 말은 사실과 다릅니다. 미국인의 큰 희생이라는 말은 마치 미국인들만 희생을 치렀다는 말로 오해하기 쉬워요. 사실 파나마 운하 건설에는 바베이도스, 자메이카, 파나마, 세인트루시아 등 서인도 제도에서 이주한 노동자도 거의 10만 명 가까이 참여했어요. 관련한 내용은 유네스코 세계유산에 기록물로 올라와 있습니다. 이 기록물의 제목이 '실버맨'인데 당시 서인도 제도에서 온 비숙련 노동자라는 뜻입니다. 이처럼 파나마 운하 건설에는 1881년부터 1914년까지 많은 노동자가 참여했어요. 수에즈 운하에 화물선이 끼어 통행이 금지되었던 적이 있었다고 앞서 이야기했어요. 파나마 운하도 통행에 문제가 발생한 적이 있습니다. 2023년 7월부터 하루 통행 가능한 선박 대수를 줄이면서 대기하는 화물선들이 운하 수변에 진뜩 몰려 있는 사진이 인공위성으로 촬영되었어요. 언뜻 세어 보아도 80척이 넘는 배가 대기 중이었어요. 선박 통행량을 줄인 것은 최악의 가뭄 때문이었습니다.

파나마 운하는 산지에 있어서 배가 지나다닐 수 있도록 운하에 물을 채우는 방식으로 운영됩니다. 12개의 갑문이 있어서 배가 지나다닐 때마다 필요한 물은 운하 중앙에 위치한 가툰 호수에서 공급해요. 호수는 해발 26m 높이에 있습니다. 배 한 척이 갑문을 통과하려면 최대 2억 3,000만 리터의 물이 필요한데요. 2023년 파나마는 1950년 이래 최저 강우량을 기록했어요. 가툰 호수의 수위도 급격히 낮아졌습니다. 그러자 갑문에 공급할 물이 부족해졌어요. 하루 최대 50척의 배가 지나다니던 운하에 20척밖에 못 지나다닐 만큼 문제가 생긴 거죠. 그러자 운하 주위로 어마어마한 배가 대기하게 되었고, 당연히 전 세계 물류 공급에 대란이 발생할 수밖에 없었어요. 전 세계 해상 물류의 약 5%가 오가는 곳에서 벌어진 문제라 특단의 조치가 필요했고, 생각해 낸 고육책은 갑문에서 사용한 담수를 재사용하자는 것이었어요. 본래는 갑문을 채운 담수는 바다로 흘려보냈는데, 그 물을 버리지 말고 재사용하자는 거지요.

　　잘 해결되었을까요? 갑문을 여닫을 때 바닷물과 민물은 섞일 수밖에 없어요. 때로 갑문을 채운 물이 가툰 호수로 유입되면서 가툰 호수의 염도가 올라가곤 했는데요. 이제 물을 재사용하면서 염도가 더 높아졌어요. 거기다 바닷물이 유입되면서 가툰 호수에서 해양 생물이 관측되는 사례가 늘고 있어요. 태평양과 대서양에 사는 토종 개체가 외래 침입종이 되면서 호수 생태계를 교란시킬 우려가 커진 거지요. 이상 기후로 물 부족 현상이 더 심화될 가능성이 높아지자 운하를 채울 새로운 담수 공급원을 찾기 위해 가툰 호수 근처에 새로운 저수지를 만들 필요가 있다는 제안이 힘을 얻고 있어요. 파나마 입장에서는 이상 기후로 피해를 보게 되는 이 상황이 억울할 겁니다. 왜냐하면 파나마는 세계에서 탄소 네거티브 국가로 인정받고 있거든요. 파나마 국토의 65%가 열대우림으로 덮여 있는 데다 2018년에 이미 전체 전력의 77.8%를 수력, 태양광, 풍력 등의 재생에너지로 생산하고 있어요. 2021년에 탄소 중립을 이미 선언했고요. 기후 문제는 한두 나라에서 탄소 배출을 줄인다고 해결될 문제가 아니라 전 세계가 한마음으로 연대해서 해결해야 할 문제입니다.

생각해 보기

• 만약 지구에 운하가 애당초 없었다면 환경은 덜 망가졌을까?

코스타리카

뱀, 박쥐, 뱀새, 나비에게 시민권을 주다

#군대 없는 나라 　#지구행복 지수 　#생물 다양성

코스타리카는 다른 나라에는 없는 특별한 게 많아요. 먼저, 군대가 없는 세계 유일한 나라입니다. 1949년 헌법을 개정하면서 군대를 없앴어요. 아프리카나 남미의 여러 나라가 군사독재나 내전 등으로 정치가 불안하다는 건 이미 설명했지요. 코스타리카에는 군대가 없으니 그런 위험들이 아예 사라졌어요. 주변 중앙아메리카와 남미 국가들에서 벌어지는 수많은 군사독재나 내전을 생각하면 코스타리카의 정치적 안정은 경이롭기까지 합니다. 그럼 국경 경비는 어떻게 하냐고요? 그 일을 경찰이 합니다. 8,000여 명의 경찰이 있는데 이 가운데는 관광객을 담당하는 관광 경찰도 있어요. 혹시라도 생길지 모를 분쟁이나 외부 위협은 국제법에 따라 해결한다고 정하고 있고요. 국민이 합의해서 군대를 없애고 대신 국방비에 들어갈 돈을 보건과 교육 분야에 사용합니다.

국방비에 각 나라가 어느 정도나 돈을 지출할까요? 국방기술진흥연구소에 따르면 2024년 기준으로 우리나라는 국내총생산 (GDP)의 2.8%를 지출합니다. 중국 1.7%, 일본 1.2%에 비하면 상당히 많은 금액을 우리는 국방비로 쓰고 있는 셈이지요. 남북 분단국가여서 어쩔 수 없는 비용이라고 생각해야 할까요? 만약 남북이 종전 선언을 하고 국방비에 들어갈 돈을 복지, 의료, 교육 등으로 사용한다면 우리 삶의 질이 얼마나 풍부해질까요? 2023년 기준 우리나라 GDP는 3만 3,000달러쯤 되니까 무기를 사고 군대를 훈련시키느라 쓰고 있는 돈이 어느 정도인지 가늠이 되지요? 코스타리카가 군대를 폐지한다는 내용을 기록한 문서가 2017년 유네스코 세계 기록유산에 등재되었어요. 인류 역사에 전쟁이 없었던 때는 별로 없어요. 그런 점에서 군대 없이도 민주주의를 유지하는 일이 가능하다는 것을 증명한 사례기 때문에 인류의 기록유산으로 충분히 가치가 있다고 판단한 거지요. 코스타리카의 뒤를 이어 군대가 없는 나라들이 계속 나오면 좋겠어요.

코스타리카는 지구행복 지수도 높은 나라입니다. 영국의 민간단체인 신경제재단(NEF)이 2006년에 민든 지구행복 지수는 GDP 대신 삶의 질을 수치화한 지표인데요. 국가의 기대수명과 개인이 평가하는 행복도를 곱한 다음, 이 수치를 1인당 평균 탄소 배출량으로 나눠 산정합니다. 2024년 5월 발표된 각 나라의 지구행복 지수 가운데 우리나라는 76번째였어요. 우리나라의 기대수명과 행복도는 높은 편인데, 그에 비해 탄소 배출량이 커서 지속 가능성이 떨어졌기 때문입니다. 코스타리카는 몇 해 동안 연속 1위를 했고 적어도 늘 5위 안에는 들어요. 이 지수는 분모 그러니까 탄소 배출량이 적을수록 높아집니다. 그렇다면 코스타리카는 탄소 배출량을 어떻게 줄였을까요?

코스타리카는 지리적으로 강수량이 풍부하고 지열과 바람이 좋은 위치에 있어요. 코스타리카 전기통신공사(ICE)가 발표한 연간 보고서에 따르면 2023년 코스타리카 전체 전력 생산 가운데 재생에너지 비율이 94.94%였어요. 재생에너지 종류별 비중을 보면 수력이 66.85%로 압도적으로 많고 뒤를 이어 지열 12.04%, 풍력 11.89%, 그 밖에 열에너지, 바이오매스, 태양광 등으로 전력을 생산하고 있어요. 2016년에는 365일 중 250일은 100% 재생에너지로 전기를 공급했고, 2015년에도 코스타리카의 재생에너지 비중이 98.9%에 이르기도 했어요. 수력이 압도적으로 많은 전력을 생산하고 있는데, 기후변화로 인해 강수량이 줄면서 전력 공급이 불안정해질 것에 대비해 태양광과 풍력 등 기타 재생에너지 비중을 높이려 대책을 마련하고 있어요. 반면 우리나라의 재생에너지 발전량은 2023년 기준으로 9%에 불과해 세계 평균 30.3%에 너무 많이 뒤처집니다. 재생에너지를 제외하고 나머지 전력 발전 대부분을 화석연료에 의존하고 있으니 우리의 지구행복 지수를 얼마나 많이 깎아 먹었는지 이해가 되지요?

코스타리카 정부는 벌목을 줄이고 대기질과 수질을 향상시키고 생물 다양성을 보전하려는 노력도 꾸준히 하고 있어요. 국토의 25%가 국립공원과 보호 구역으로 지정돼 있지요. 잘 보전된 자연을 보러 오는 사람들이 많아지니 생태 관광의 낙원으로 유명해졌어요. 코스타리카라는 말에는 '풍요로운 해변'이라는 뜻이 담겨 있다고 해요.

수도인 산호세 인근에 위치한 소도시인 쿠리다바트는 꿀벌, 식물 그리고 나비 등 생물들에게 시민권을 부여하면서 '달콤한 도시(Ciudad Dulce)'라는 애칭으로 불리게 되었어요. 도시 계획을 비인간 주민을 중심으로 재구성했지요. 녹지 공간을 잘 활용해서 주민에게 생태계 서비스가 수반되는 인프라를 제공하고 있고요. 대기 오염을 줄이고 나무가 제공하는 냉각 효과의 혜택을 받을 수 있는 재산림화 프로젝트를 실시하고 있어요. 토종 식물을 광범위하게 심어서 수분 매개자들이 번성하도록 설계된 도시 전역에는 녹지 공간과 생물 통로가 확보돼 있어요. 쿠리다바트시의 에드기 모라 시장은 재임하는 12년 동안 모든 벌, 박쥐, 벌새, 나비를 시민으로 인정했어요. 시장은 인터뷰에서, "수분 매개자는 자연 세계의 컨설턴트이며 최고의 번식자이면서도 비용을 청구하지 않는다"고 했어요. 모든 거리를 생물 통로로, 모든 동네를 생태계로 전환하려는 계획에 수분 매개자는 핵심적인 역할을 한다고 말이지요. 어떤 환경에서 어떤 교육을 받고 자라면 이런 생각을 현실에 펼쳐 보일 수 있을까요? 궁금해지는 게 더 많아지는 코스타리카입니다.

생각해 보기

• 동식물을 시민으로 인정한 나라가 또 있는지 알아보자.

벨리즈

'위험에 처한 세계유산' 목록에서 벗어난 산호초

#벨리즈 산호초   #유네스코 세계 자연유산

아메리카 대륙에서 가장 작은 나라 벨리즈 해안에는 북반구에서 규모가 가장 큰 산호초가 있어요. 벨리즈 해안은 해안선을 따라 길게 형성된 산호초와 연안의 둥그런 형태의 산호섬, 수백 개의 모래섬, 맹그로브 숲, 연안 석호 그리고 하구 퇴적지로 이루어진 뛰어난 자연 생태계입니다. 바다거북을 비롯해서 포유동물인 매너티, 아메리칸악어를 포함해 여러 멸종 위기종의 주요 서식지이지요. 해안가와 산호섬에는 마야 유적지인 조개무지가 있는데 조사 결과 2,500년 전부터 사람들이 산호초에서 물고기 잡이를 했다고 합니다. 이런 가치를 인정받아 1996년 유네스코 세계 자연유산에 등재되었어요.

마야 문명이 쇠락하면서 방치되었던 산호초는 에스파냐의 초기 탐험가들이 발견하면서 오가다 물을 얻고 배를 수선하려고 이용했답니다. 17세기에는 해적들의 천국이었는데, 주로 영국 출신의 해적들이 에스파냐와 영국의 무역선을 약탈하는 기지로 활용했어요.

2016년부터 벨리즈 정부는 해안에서 겨우 10km 떨어진 지역에서 석유를 시추하려고 내진 시험을 진행하고 해안에 도로 등 편의 시설을 건설했어요. 이 과정에서 산호초가 위협받자 정부는 산호초 보전을 위한 모든 필요한 조치를 이행하겠다고 약속했어요. 하지만 제대로 이행되고 있지 않아 세계유산 지역을 보호하는 데 실패했다는 평가를 받았어요. 산호초가 망가질 경우 벨리즈 경제는 큰 타격을 입을 수밖에 없어요. 벨리즈 인구의 절반 가까이가 산호초와 관련된 관광업이나 어업에 종사하고 있으니까요. 이 두 분야에서 벌어들이는 수입이 벨리즈 국내총생산(GDP)의 15%를 차지할 정도로 경제 의존도가 높은 편입니다. 단지 해양 생태계를 위해서뿐만 아니라 벨리즈의 경제를 생각하더라도 산호초를 보전하는 일은 반드시 필요한 거죠. 그런데 관광객이 몰려올수록 개발 압력이 높아져요. 자연을 보러 오는 사람들을 더 많이 오도록 하기 위해 개발이 더 필요하다는 이 아이러니를 해결하기 위해서는 적정선을 찾는 게 무엇보다 중요하지요. 얼마큼 벌 것인가, 어느 정도 선에서 개발을 멈추고 몇 명의 관광객을 받을 것인가 하는 적정 기준이 필요합니다.

유네스코 세계유산 위원회에서는 해안 건설과 석유 탐사로 돌이킬 수 없는 훼손 위협에 시달리는 벨리즈 산호초를 거의 10년 동안 위험 목록에 올려 두었어요. 그러자 벨리즈의 환경 단체, 여행산업 협회, 환경법 및 정책 연구소 그리고 벨리즈 오듀본 소사이어티 등 시민사회단체가 지역 주민들과 협력해서 적극적으로 산호초 훼손을 막기 시작했어요. 글로벌 청원 캠페인을 통해 벨리즈 산호초가 처한 위험을 세계에 알렸고, 이에 45만 명이 넘는 사람들이 벨리즈 정부에 즉각적으로 조치를 취하라는 이메일을 보냈어요. 지역사회의 보전을 위한 목소리도 활발하게 일어났고요. 정부는 2017년 12월에 벨리즈 해안의 석유 탐사를 제한하는 조치를 취했고 관련 법률을 제정했어요. 2018년 6월 벨리즈 정부는 맹그로브 숲을 보호하기 위한 규제를 시행했고요. 그렇게 되면 세계유산 지역 안에서 공유지 판매가 제한되거든요. 2018년 6월에 바레인에서 열린 유네스코 세계유산 위원회 회의에서 벨리즈 산호초가 드디어 유네스코의 '위험에 처한 세계유산' 목록에서 제외되었어요. 유네스코와 국제자연보전연맹(IUCN) 등 국제단체와 벨리즈의 시민사회, 이해관계자 그리고 벨리즈 정부가 함께 협력하면서 결정적인 행동을 취한 덕분입니다. 위기에 처한 동식물 또는 유적지의 보전을 위해 서명해 달라는 메일을 받을 때가 많아요. 그럴 때 내용을 읽어 보고 가능하면 동참하려고 해요. '나 하나쯤이야'라고 생각하는 사람이 수천, 수만, 수십만 명이라고 생각하면 나 하나가 세상을 바꿀 수도 있는 일 아닐까요?

생각해 보기
• 오늘 나의 작은 실천이 세계의 어떤 생물을 살릴 수 있을까?

아이티

어쩌다 숲이 1%만 남게 되었을까?

#사탕수수 농장   #노예 혁명   #삼림 황폐화

중앙아메리카 동쪽 카리브해에 있는 에스파뇰라섬은 마치 우리나라처럼 국경선을 사이에 두고 동쪽에 도미니카공화국, 서쪽에 아이티 이렇게 두 나라로 나뉘어 있어요. 두 나라는 환경, 경제, 정치 등여러 면에서 대조됩니다. 삼림이 황폐화된 아이티와 달리 도미니카공화국은 국토의 32%가 자연 보호 구역일 정도로 초록을 간직한 나라입니다. 1인당 국민소득도 도미니카공화국이 아이티에 비해 5배나많아요. 아이티는 정치적으로 불안정하지만 도미니카공화국은 민주주의 체제를 유지해 오고 있고요. 에스파뇰라섬은 비옥했던 땅과 천혜의 자연조건으로 서구 열강의 식민지 쟁탈전이 벌어졌던 곳이지요. 여기서 주목할 부분은 '비옥했던' 땅입니다. 15세기 말부터 탐험에 나선 유럽인들은 카리브 연안에 있는 섬나라들의 대부분 땅이 비옥하다는 걸 알고 이 비옥한 땅에다 사탕수수를 재배하기 시작했어요. 18세기에 들어와 설탕은 유럽의 대중적인 식품이 됩니다. 동남아시아가 원산지인 사탕수수는 아랍 지역에서 재배되었다가 지중해 일부 지역에 전해졌고, 이후 유럽인들이 대서양의 여러 섬과 브라질 그리고 카리브해의 열대 섬들에 대규모 사탕수수 농장을 조성하기 시작했어요. 쿠바, 바베이도스, 자메이카, 산토도밍고 그리고 생도밍그(오늘날 아이티) 등에 사탕수수 농장이 들어서면서 500년 가까운 시간 동안 세계 설탕 생산은 계속 증가했어요. 아이티에서 혁명이 일어났던 시기를 제외하고 말이지요.

아이티는 프랑스의 식민 지배를 받는 동안 프랑스의 황금알을 낳는 거위와 같았어요. 프랑스가 카리브해 여러 섬에 사탕수수 농장을 만들고 거기서 생산된 설탕을 유럽과 북미 등에서 다른 물건과 교환하는 거래를 했는데, 아이티에서 설탕이 가장 많이 생산되었다고 해요. 사탕수수 농장은 노동력을 무척 많이 필요로 합니다. 현재는 기계로 처리하는 많은 공정을 당시에는 모두 사람의 힘으로 처리해야 했어요. 아프리카에서 실어 나른 흑인의 노동력이 없었다면 사탕수수 농장은 애당초 존재할 수 없었을 겁니다. 재배하고 수확하는 과정부터 즙을 짜는 과정까지 모두 노동력을 필요로 합니다. 사탕수수 즙을 짜고 그 즙을 정제하려면 계속 끓여야 하는데 이때 땔감이 어마어마하게 필요하거든요. 울창한 숲이 사탕수수 농장을 조성하느라 사라지고, 사탕수수를 가공하는 과정에서 땔감으로 또다시 사라집니다. 그래서 사탕수수 농장 인근의 숲이 점차 헐벗기 시작했어요. 이런 가운데 고강도의 노동에 비인간적인 취급을 당하던 흑인 노예들이 혁명을 일으켜요. 결국 아이티는 독립은 이루었지만 이후 1915년부터 1934년까지 미국의 식민지가 되기도 해요.

정치적으로 계속 불안정한 상태에서 2010년, 아이티에 30만 명 이상의 사망자를 낸 대지진이 발생합니다. 미국 지질조사국(USGS)에 따르면 진앙지가 수도 포르토프랭스 남서쪽 15km 지점이었어요. 무척 가까운 곳이 지진의 진앙지인 데다 거의 모든 건물이 내진 설계가 되어 있질 않아 더 피해가 컸던 겁니다. 지질학적으로 아이티는 두 개의 판이 만나는 곳에 있습니다. 그래서 이런 지진은 앞으로도 있을 거라고 예측됐고, 2021년에 다시 지진이 발생합니다. 지진 말고도 아이티는 해마다 허리케인이나 열대성 저기압이 통과하면서 대규모 홍수를 맞아요. 2016년에는 초강력 허리케인 매슈가 강타하면서 300명 가까운 사망자가 발생했어요. 지진과 허리케인 벨트에 위치한 아이티에서 벌어지는 이런 재해를 어쩔 수 없는 자연 재난으로 말할 수는 없을 것 같아요. 사탕수수 농장으로 인한 숲 파괴뿐만 아니라 농업과 연료로 사용할 땔감을 마련하느라 숲은 계속 사라졌어요. 결국 전 국토의 1% 정도의 숲만 남기에 이르렀지요. 이런 환경이다 보니 홍수로 토양 침식이 더 심각해지면서 황폐화의 길로 빠르게 갈 수밖에 없었던 거예요.

프랑스로부터 독립한 이후 프랑스는 프랑스의 지주들이 두고 간 사탕수수 농장과 노예에 대한 권리 그리고 아이티의 근대화 비용 등의 명목으로 빚을 갚으라고 아이티에 줄기차게 요구했어요. 1825년 배상금 1억 5,000만 프랑을 요구했고 1844년에 9,000만 프랑으로 깎았지만 이것도 엄청난 비용이었어요. 아이티는 빚을 갚기 위해 프랑스 은행에서 돈을 빌렸고 이를 갚는 데 122년이나 넘게 걸렸어요. 122년간 배상금 지불을 위해 국가 예산의 80%를 지출했고, 그로 인해 아이티의 경제는 완전히 망가졌어요. 산림을 복원하고 교육과 인프라를 건설하는 데 사용해야 할 돈을 배상금으로 다 쏟아부었으니까요. 아이티 국민들은 생존을 위해 더 많은 삼림을 벌목하며 농사를 짓고 연료로 사용할 숯을 만들었어요. 그렇다 보니 악순환의 고리에서 헤어 나오질 못하게 된 거고요. 이런 부당함에 분노한 많은 학자와 일부 정치인들은 프랑스가 아이티에 되갚아야 한다고 주장하기 시작했어요. 아이티의 자연환경을 망가뜨렸고 노동력을 착취한 대가를 지불하는 게 마땅하지 않나요? 2015년 프랑스 프랑수아 올랑드 대통령은 자국의 부당함을 인정했지만 배상금은 아직까지 지불하지 않고 있어요.

허리케인이 지나는 길목에 위치한 아이티에 절실한 것은 숲을 조성해서 토양 침식을 줄이는 일입니다. 현재 아이티의 많은 비정부기구(NGO)와 사회단체가 소규모 나무 심기에 참여하고 있어요. 단지 나무를 심는 것을 넘어 과일나무를 심는 등 경제적인 효과도 얻을 수 있는 방법을 모색하고 있고요. 우리나라도 난방과 음식 조리에 땔감을 사용하면서 오랜 시간 숲이 황폐해져 왔지만, 난방원이 나무에서 연탄으로 바뀌면서 다시 숲이 울창해졌어요. 녹색기후기금(Green Climate Fund, GCF)이 있어요. 가난한 나라의 기후 대응과 탄소 배출 절감을 위해 만들어진 국제금융기구입니다. 아이티야말로 녹색기후기금 지원이 필요한 나라 아닐까요?

생각해 보기

• GCF 사무국이 우리나라에 있는데 잘 운영되는지 조사해 보자.

중앙아메리카

과테말라

마야 생물권 보호림이 활기를 띠다

#마야 생물권 보호 구역　#FSC 인증

　　과테말라는 빈곤과 불평등 문제가 심각한 나라로 2023년 기준 인구의 55%가 빈곤 속에서 살아가고 있어요. 이토록 높은 빈곤율의 원인으로 생산적인 일자리 기회가 제한적인 사회 구조와 빈번하게 발생하는 자연재해를 꼽아요. 어린이 영양 실조율은 세계에서 10위권에 속하고요. 일부 가난한 지자체의 경우 어린이의 발육 부진율이 거의 90%에 달할 정도예요. 가난한 나라 대부분이 그렇듯이 농업이 주요 산업인데, 극심한 기상 현상과 그에 따른 재해로 인프라가 망가지고 농업 생산량이 감소하니 식량 불안이 커질 수밖에 없어요. 이런 이유로 조국을 떠나 인근 멕시코나 미국 등으로 떠나려는 이주자들이 많아요.

　　과테말라는 상위 1%가 65%, 상위 5%가 85%의 부를 소유하고 있어요. 과테말라의 불평등이 높은 원인을 찾으려면 1500년대 에스파냐 식민지 시대로 거슬러 올라가야 해요. 에스파냐 식민지 개척자들은 토지 소유권과 많은 부를 소유한 채 선주민인 마야인을 노예로 부렸어요. 부와 권력을 쥔 이들의 유산은 수세기에 걸쳐 이어졌고요. 토지 분배가 매우 불평등해서 소수의 사람들이 경작지 대부분을 소유하고 있습니다. 많은 이들이 대규모 농장에서 노동자로 일을 하며 낮은 임금을 받고 있어요. 거기 더해서 1960년부터 1996년까지 36년간 남북 전쟁으로 선주민 사회가 특히 더 황폐해졌어요. 전쟁 이후로 소수 엘리트가 정치와 사업을 장악했고 농촌과 선주민 지역에서는 빈곤이 지속되었어요. 과테말라의 경제는 커피, 설탕, 바나나와 같은 농업에 크게 의존하고 있어요. 그런데 이러한 산업에서 얻은 이익 대부분은 노동자가 아닌 대지주와 기업에게 돌아가지요.

과테말라는 고품질 원두로 유명합니다. 과테말라 커피의 대부분은 그늘에서 재배돼요. 숲을 많이 훼손하지 않은 형태여서 커피 농장이 들어서도 생물 다양성에 그나마 덜 부담이 되었어요. 그러나 기온이 상승하고 예측할 수 없는 강우량으로 점점 커피 재배가 어려워지면서, 더 높은 곳으로 올라가 숲을 없애고 햇빛이 드러난 상태에서 커피 농사를 짓는 농장이 늘어나고 있는 추세입니다. 기온이 상승하고 강수량이 증가하면 해충이 창궐하는 환경으로 바뀌기 때문에 그로 인해 살충제 사용이 늘어날 수밖에 없어요. 기후변화로 커피 가격이 많이 올랐지요. 가격도 문제지만 커피 농사를 위해 환경에 더 부담이 가는 일을 하게 되니 그게 더 문제입니다.

부정적인 요소들이 많은 가운데에서도 사람들은 비전을 세우고 희망을 찾고자 합니다. 과테말라는 다채로운 천연자원과 풍부한 문화유산을 가진 나라입니다. 마야 문명권이었던 과테말라에는 멋진 티칼 피라미드가 있어 해마다 수천 명의 방문객이 찾아오죠. 이국적인 풍경을 자랑하는 티칼 피라미드는 〈스타워즈〉 영화의 촬영지기도 했던 곳으로, 마야 생물권 보호 구역 안에 있어요. 울창한 숲에 오래전 건축물인 티칼 피라미드들이 군데군데 우뚝 서 있는 풍경이 멋집니다. 마야 생물권 보호 구역은 210만 헥타르 규모로 과테말라 정부와 유네스코가 1990년에 조성한 중앙아메리카에서 가장 큰 원시림입니다. 이곳은 일반적인 보호 구역처럼 정부가 모두 관리하는 곳이 아니라 20개가 넘는 다양한 관리 단위의 네트워크로 구성돼 있어요. 이 가운데 10곳은 산림 허가 구역입니다. 보호 구역인데 말이지요. 지속 가능한 방식으로 지역사회가 숲에서 생계를 유지할 수 있는 권리를 부여했다는 뜻이고요. 그런데 허가 구역에서 20년 동안 삼림 벌채율이 0%였다고 해요. 허가 구역이 엄격한 보호 구역보다 숲을 훨씬 더 잘 보호했다는 거지요.

허가 지역 주민들에게 일자리를 보장해 준 게 성공 요인이었어요. 2013년부터 2021년 사이에 100개가 넘는 임업 기업이 1만 2,000개의 일자리를 창출했고 특히 여성을 위한 많은 리더십 직책과 혜택이 4만 5,000명이 넘는 이들에게로 확대되었습니다. 이 지역의 빈곤율이 다른 지역보다 상당히 낮아 다른 곳으로 이주하는 일도 거의 없다고 해요. 20년이 지나자 정부는 토지 계약이 갱신될 모든 지역에 다시 25년 연장을 허가했어요. 이 숲에서는 라몬 너트가 자라는데 처음에는 아무도 그것에 관심이 없었다고 해요. 그러다 여러 공동체에서 라몬 너트를 밀가루로 가공하는 법을 배웠고요. 생너트보다 가공했을 때 더 비싼 가격에 팔 수 있게 되었어요. 여성들이 이 밀가루를 사용해서 타말레와 여러 가공 식품을 만들어 파는 등 소득을 올리고 자원을 공유하는 활동에 참여하고 있어요. 숲에서 자라는 양치류를 비롯한 여러 식물로 교회 예배를 장식하는 꽃다발 가게를 운영하기도 합니다. 이 지역에서 소득을 창출하는 모든 기업에게 정부는 FSC(Forest Stewardship Council) 인증을 요구합니다.

FSC 인증이라고 혹시 들어 본 적 있나요? 이 책도 이 인증을 받은 종이로 만들었어요. 친환경 기준에 맞도록 엄격한 기준에 따라 나무를 관리하는 걸 말하는데요. FSC는 전 세계 숲의 지속 가능한 관리를 위해 설립된 국제 비영리 단체입니다. 산림 훼손을 막기 위해 산림 관리의 환경적, 사회적, 경제적 측면을 고려하여 설정된 10개의 원칙과 70개의 엄격한 기준을 두고 있어요. 신중하게 관리한 덕분에 2017년에는 다섯 개 허가 구역에서 695개의 미식축구 경기장에 해당하는 면적만큼의 숲이 증가한 것으로 나타났어요. 예일대학교에서 발행하는 온라인 잡지인 〈Environment 360〉에서는 이 지역을 '보전의 빛나는 등대'라고 표현했어요. 공감이 가나요? 자포자기하지 않고 비전을 세우고 희망을 가진 모든 사람들의 활동에 박수를 보내고 싶어요.

생각해 보기

• FSC와 비슷한 친환경 인증에 대해 조사해 보자.

멕시코

환경문제를 잘 아는
과학자 출신 대통령, 셰인바움

#멕시코시티 #대기 오염 #대중교통

한 나라의 대통령을 뽑거나 한 도시의 시장을 뽑는 일에 우리는 얼마나 진심으로 심혈을 기울이며 고심할까요? 정치적으로 불안한 아프리카와 남미 등의 사례에서도 충분히 느끼겠지만, 지도자의 역할은 신과 같은 위치에 있다고 생각합니다. 그만큼 지도자 한 사람에게 달린 책무가 막중하며 공동체의 운명이 한 사람의 결정에 좌우될 수도 있기 때문이지요. 환경문제에 관심이 많은 정치인을 만나기란 모래밭에서 바늘 찾기보다 어려운 것 같아요. 그래서 저는 가끔 '기후와 에너지 같은 환경문제를 잘 아는 과학자가 정치를 한다면 어떨까?' 생각할 때가 있어요. 단지 정치를 해서 권력을 잡고 명예를 높이려는 그런 과학자 말고, 실제로 인류에 닥친 환경문제를 해결하고 삶의 질을 높이기 위해 정치를 선택하는 그런 사람은 어디 없을까 하는 상상을 하곤 해요.

1987년 2월, 멕시코시티 하늘에서 수천 마리의 새가 갑자기 떨어지는 이상한 일이 벌어졌어요. 검사를 해 보니 새 사체에서 엄청난 양의 납, 카드뮴, 수은 등의 중금속이 검출되었어요. 새들이 동시에 이렇게 많이 떨어진 이유는 극심한 대기 오염으로 중금속에 중독되었기 때문이지요. 멕시코시티는 1980년대에 세계에서 최악의 대기 오염 도시였어요. 멕시코 중부 고원 해발 2,240m에 자리 잡은 멕시코시티는 지형이 분지여서 공기 이동이 적은 편이에요. 대략 1,000만 가까운 인구에 차량까지, 오염에서 벗어나기 어려운 요소를 모두 갖춘 도시였어요. 그랬던 멕시코시티가 지금은 서울보다 깨끗합니다. 대체 무슨 일이 있었을까요?

도시 문제 해결에 가장 먼저 필요한 것은 훌륭한 공직자들입니다. 대기 오염의 심각성을 깨닫고 문제의식을 느낀 멕시코시티의 시장을 비롯한 공무원들은 대기질 측정 시스템을 구축했어요. 그리고 대기를 오염시키는 여러 유해 물질 배출을 최소화하기 위해 다양한 노력을 했죠. 일단 도로 위 차량 숫자를 줄이려고 차량 5부제를 실시했어요. 운행할 수 없는 요일에는 차를 세워 두게 했고요. 자동차는 대기 오염 물질의 70% 이상을 배출하는 주요한 오염원이니까요. 자가용 대신 대중교통이나 자전거 이용을 권장했어요. 또 이용자들의 불편한 점에 귀를 기울이고 개선하기도 했지요. 멕시코시티에는 에코비시(Ecobici)라는 공공 자전거가 있어요. 서울의 따릉이 같은 거죠.

좋은 정책이 언제나 환영받는 건 아니고 완벽한 것도 아니에요. 상황에 따라 계속 수정해 나가야 해요. 부자들이 차를 여러 대 사서 규제를 피하자 차량 대수가 2배로 늘었어요. 그러자 이번에는 자동차에 사용하는 휘발유의 기준을 강화하고 배기가스의 배출 기준을 높였어요. 도심 내 차량 진입을 억제하는 정책도 펼쳤고요. 지하철과 청정 버스, 케이블카에 더 투자해서 사람들이 자가용을 끌고 나오지 않아도 쾌적하게 대중교통을 이용할 수 있도록 유도했어요. 산불이 발생할 경우 대기 오염은 더 악화되기에 그럴 때는 수만 대 차량의 통행을 금지시키고, 프로 축구 경기를 취소시키기도 했어요. 시민 단체들은 화석연료 보조금을 없애는 게 중요하다고 했어요. 보조금을 없애면 에코비시 이용이 더 활성화될 테니까요. 이러한 노력을 통해 최악의 대기질이었던 멕시코시티는 이후 인구가 더 늘었으나 1992년 공기질 개선에 성공합니다. 대기질 개선은 수명과 삶의 질에 무척 긍정적인 결과를 낳습니다.

이런 노력 뒤에 클라우디아 셰인바움 파르도가 있어요. 셰인바움이 멕시코시티의 시장이 된 이후 자전거 도로가 늘어났고 4.8km에 달하는 세계에서 가장 긴 케이블카도 건설했어요. 그리고 셰인바움 시장은 2024년 멕시코 최초로 여성 대통령에 당선됩니다. 셰인바움은 환경공학 박사이면서 기후변화에 관한 정부간 협의체(IPCC) 5차 보고서의 주 저자일 만큼 기후문제에 상당한 전문 지식이 있어요. IPCC 활동으로 미국의 앨 고어와 함께 노벨평화상을 공동 수상하지요. 대부분 중남미 국가와 비슷하게 멕시코도 정치권의 부정부패가 가장 큰 문제였는데요. 셰인바움은 이런 정치권의 비리가 멕시코 국민들이 겪는 불평등, 빈곤과 연결되는 문제라는 걸 인식하고 있었어요. 박사 학위 이후에도 '멕시코 원주민들의 효율적인 목재 화로' 등 다양한 주제의 논문을 쓰면서 사회 문제에 관심을 기울였고요. 셰인바움이 집권한 멕시코가 기후 위기 시대에 각 나라 지도자들의 좋은 롤 모델이 되길 기대해 봅니다.

생각해 보기

• 과학자가 정치인이 된다면 또 어떤 환경 정책을 펼칠 수 있을까?

중앙아메리카

쿠바

기후 위기를 극복할 대안적인 농업

#유기 농업   #육묘장

한 달에 두 번이나 그것도 강력한 허리케인이 닥친다면 그
지역은 어떻게 될까요? 상상만으로도 끔찍하지만 점점 기후 위기로
재난이 일상이 된 시대를 살아가면서 가끔 이런 상상을 해 봅니다.
그 처지에 놓인 사람들과 동물들의 처지가 얼마나 딱할지 결코 헤
아릴 수는 없지만 지극한 연민을 느낍니다. 허리케인에 그치는 게
아니라 지진까지 발생한다면요? 물론 지진이 온실가스 과다 배출
의 결과는 아니지만 말 그대로 온갖 재난이 닥친다는 가정을 해 보
는 거죠. 그런 상황에 처한 사람들은 얼마나 절망에 빠질까요? 카리
브해에 위치한 섬나라 쿠바의 이야기입니다. 카리브해에 있는 여러
섬나라와 마찬가지로 쿠바도 전에는 경험하지 못한 기상 이변이 점
점 잦아지고 있어요.

과거 미국과 소련이 군비 경쟁을 하던 냉전 체제 시절, 소련에
위협을 느낀 미국은 소련과 우호적인 관계에 있던 쿠바를 고립시킵

니다. 농사는 흙이 있고 씨앗이 있고 농작물을 가꾸는 농부가 짓는다고 생각하지만, 만약 석유가 이 세상에서 사라진다면 농사는 거의 불가능해요. 무엇보다 농기계를 돌리기 위해서도, 땅에 뿌릴 비료나 살충제를 생산하기 위해서도 모두 석유가 필요합니다. 물론 과거에는 석유에 의존하지 않고 모든 걸 사람과 가축의 힘으로 하던 시기가 있었지요.

쿠바는 갑자기 외부에서 들여오던 석유가 끊기며 모든 삶이 엉망이 됩니다. 이 시기에 쿠바인들은 좌절하지 않고 오래전 미래에서 지혜를 찾아냅니다. 석유가 없으니 농기계를 대신해 인간의 동력을 사용했어요. 비료와 살충제가 없으니 어쩔 수 없이 유기 농업을 할 수밖에 없게 되었지요. 농촌은 말할 것도 없고 도시 곳곳에 자투리 공간만 있어도 모두 텃밭으로 만들어요. 위기를 오히려 기회로 삼아 새로운 삶의 가능성을 열어 보인 거지요. 이후 쿠바는 전 세계 유기 농업의 메카로 거듭나며 이를 보려는 사람들이 쿠바를 찾습니다. 만약 내가 사는 도시에 이런 재난이 닥친다면 여러분은 어디를 텃밭으로 만들 수 있을 것 같나요? 이런 상상이 필요한 시대가 된 것 같아요.

먹을거리가 해결되면 이제 가장 중요한 한 가지는 뭘까요? 건강입니다. 그래서 쿠바에서는 의학 교육을 중요하게 여기며 의사를 많이 길러 냅니다. 모두 무상 교육으로요. 쿠바 의료진은 세계적으로도 유명해요. 코로나19 팬데믹 때 쿠바의 의료진이 아프리카의 가난한 나라에서 의료 지원을 했던 일은 감동이었어요. 자국에서 발생하는 환자 치료에 매달리던 많은 선진국 대신, 가난한 쿠바에서 의료진을 파견했다는 그 사실만으로도요. 생존에 가장 중요한 두 가지는 식량과 적절한 때 치료받을 수 있는 의료 시스템이라고 쿠바 정부는 생각했던 것 같아요. 그런데 바로 그 먹고사는 일에 문제가 생기기 시작해요. 카리브해 여러 나라 중 허리케인과 가뭄, 계절에 맞지 않는 폭우에 가장 많이 노출되는 나라가 쿠바입니다. 섬나라이기에 해수면 상승도 쿠바를 위협하는 요인이고요. 기온이 상승하고 강우량이 감소하는 등 기후 위기는 먹고사는 문제를 위협하기 시작했어요. 쿠바 경제의 근간인 농업과 임업 그리고 관광업에 영향을 미치게 되었고요. 급변하는 기후로 씨앗을 뿌려도 싹이 나질 않자 식량 자급에 빨간불이 켜집니다.

유엔 세계식량계획(WFP)은 이런 상황에 처한 쿠바에 여러 선진국들의 도움을 십시일반 받아 지원을 시작합니다. 우리나라를 비롯한 잘사는 나라에서 농산물을 지원해 주었어요. 우리나라는 과거 한국전쟁 이후 가장 가난한 나라여서 해외 원조를 받던 수원국이었는데요. 이제 원조를 지원해 주는 공여국이 되었어요. 수여국에서 공여국으로 지위가 바뀐 세계 최초의 나라가 대한민국입니다. 쿠바에서 한국 쌀은 대단히 인기가 있다고 해요. 그런데 직접 쌀을 지원해 주는 것도 좋지만, 그들이 직접 생산해서 자립할 수 있는 기회를 주는 것이 더 중요합니다. 식량은 주권이고 안보이기 때문이지요. WFP가 바로 이런 일을 시작했어요. 어려움에 처한 소농들을 지원하는 프로그램을 말입니다. 우선 육묘장을 만들었어요. 비닐하우스에 씨앗이 싹트기 좋은 조건을 만들어서 씨앗에서 싹이 나 일정 부분 자라면 이걸 밭에 내다 심는 거지요. 육묘장에서는 씨앗의 98%가 싹이 튼다고 해요. 쿠바인들은 이를 보며 "축복"이라고 했어요. 씨앗에서 싹이 틀 때까지 가장 중요한 순간을 비닐하우스에서 최적의 조건으로 키워 내는데요. 너무 뜨거운 볕이 쏟아지면 뜨거운 열이 식물 성장을 방해하기 때문에 그늘막 하우스를 지었어요. 스프링클러로 자주 물을 뿌려야 하는 등 에너지가 필요합니다. 육묘장의 에너지는 재생에너지를 사용해서 비용이 들지 않도록 했어요. 주민들이 안심하고 일할 수 있도록 인프라를 구축해 준 거지요. 쿠바의 이런 사례는 기후 위기에 적응하는 중요한 사례입니다.

생각해 보기

• 기후 위기 시대에 대안적인 농업은 또 어떤 것이 있을까?

PART 7

북아메리카 · 극지방

미국

북태평양

미국은 전 세계에서 쓰레기를 가장 많이 배출하는 나라예요. 기후 위기의 책임이 가장 많은 주범 국가 중 하나고요. 미국 트럼프 대통령은 다른 지역의 석유와 천연가스를 노리고 있어요. 그런데 기후 파괴 행동이 미국의 허리케인과 캐나다의 산불 등 그대로 북아메리카 국가에 피해로 이어진다면요?

북극해

그린란드(덴)

래브라도해

허드슨만

캐나다

북대서양

미국

멕시코만

멕시코

카리브해

미국

카트리나 대참사의 시작은 운하였다

#허리케인 #자연재해 #운하

기후 재난이 워낙 빈번하게 일어나다 보니 재난이 벌어질 때마다 모든 걸 기후 위기 탓으로 돌리는 경향이 있어요. 그런데 기후 위기로 재난이 벌어지더라도 어떻게 대비하느냐에 따라 피해를 최소화할 수 있습니다. 2005년 미국 멕시코만 일대 여러 주를 강타했던 허리케인 카트리나는 사람이 만든 재난이 얼마나 비참할 수 있는지를 보여 주는 중요한 사례라 할 수 있어요. 강력한 허리케인이 닥칠 거라는 예보가 며칠 전부터 있었어요. 전 세계에서 가장 과학이 발전한 미국인데 예보를 안 할 리가 없잖아요? 최대 시속 240km의 속도로 멕시코만 연안에 상륙한 카트리나는 루이지애나와 미시시피, 앨라배마주 등을 할퀴며 어마어마한 피해를 남겼어요. 허리케인 카트리나로 1,800명이 넘는 사망자와 수십만 명의 이재민이 발생했고, 수많은 건물이 파괴되었거든요. 이 가운데 가장 피해가 컸던 곳은 루이지애나주였고 그중에서도 뉴올리언스였어요. 뉴올리언스에서만 1,200명

324

이 넘는 희생자가 발생했으니까요.

이토록 센 허리케인이 상륙하기 이틀 전인데도 뉴올리언스 시장은 주민들에게 대피령을 내리지 않았어요. 호텔이나 영업 시설을 폐쇄했을 때 생길 손해를 우려해서 말이지요. 하루 전 사태의 심각성을 깨닫고 강제 소개령을 내렸을 땐 이미 수백 대의 버스가 주민들이 접근할 수 없는 곳에서 발이 묶이고 말았어요. 당시 뉴올리언스 전체 인구 가운데 흑인이 3분의 2가량을 차지했고 이들 대부분은 대피할 수단인 자동차가 없는 빈곤층이었다고 해요. 허리케인은 거센 바람과 함께 어마어마한 비를 몰고 오지요. 거기다 멕시코만에서 육지 쪽으로 부는 바람이 만든 폭풍 해일이 도시를 덮쳤어요.

뉴올리언스는 미시시피강 하구와 멕시코만이 만나는 지역에 있어요. 교통의 요충지로 1860년대엔 북미 대륙에서 가장 잘사는 도시로 꼽힐 정도였어요. 면화와 아프리카 노예무역의 중심지로 번창했고요. 과거 이런 역사로 인해 흑인 인구가 뉴올리언스에 유독 많이 살게 되었죠. 뉴올리언스가 흑인들의 애잔함이 배어 있는 재즈의 고향인 이유이기도 해요. 당시 공화당 출신 부시 대통령은 이 지역에 흑인이 많아 재난에 늑장 대응했다는 비난을 받기도 했어요. 가난한 흑인들이 대피를 못 한 것도 많은 희생의 원인이지만, 이들이 주로 사는 곳이 저지대였던 이유도 커요.

애당초 미시시피강은 자주 범람하는 데다 허리케인도 자주 드나드는 곳이어서 미시시피강을 따라 자연 제방이 형성되었고 그 위에 지어진 도시가 뉴올리언스였어요. 허리케인이 빈번한 지리적인 환경이었는데 왜 유독 2005년에 이토록 큰 참사가 벌어진 걸까요? 미네소타주에서 발원한 미시시피강이 바다와 만나는 곳에 복잡하게 형성된 해안선은 오랜 시간에 걸쳐 만들어진 지형입니다. 강을 따라 흘러온 퇴적물이 쌓여 형성된 땅은 습지로 바닷물에 잠기기도 하고 땅으로 드러나기도 합니다. 대개 사람들은 이런 땅이 쓸모없다고 생각해요. (우리나라에서도 서해안 갯벌을 쓸모없는 공간으로 여기고 간척해서 새만금 땅을 만들었어요.) 뉴올리언스는 미시시피강을 따라 난 자연 수로를 이용하는 교통의 요충지로 가장 부유하고 인구도 세 번째로 많은 도시였어요. 인구가 늘고 도시가 발전할수록 더 넓은 땅이 필요했지요.

　　뉴올리언스 도시 외곽은 습지여서 개발에 엄두를 못 내고 있었는데, 1913년에 원심 펌프가 발명됩니다. 이제 펌프로 물을 뽑아 올리면서 습지를 간척할 수 있게 된 거죠. 땅을 분양하면서 누군가는 막대한 이익을 봤을 거예요. 그런데 습지는 폭풍 해일이 일어날 때 완충지 역할을 하는 곳인데 그걸 없애 버린 거였어요. 간척하기 전 습지는 대체로 해발 60~100cm 정도 높이였는데, 습지로 들어오는 강과 호수의 물을 막으려 제방을 쌓자 땅이 가라앉기 시작해요. 강물이 실어 나르는 퇴적물이 막힌 데다 지하수를 계속 펌프로 뽑아 올리면서 그렇게 된 거죠. 멕시코만에서 미시시피강 하구를 직선으로 연결하는 운하도 건설해요. 꼬불거리는 강을 따라 오가는 것보다 직선이 되었을 때 물류 비용과 시간이 절약되니 기업에겐 큰 이득이었을 겁니다. 카트리나가 몰고 온 폭풍 해일은 이 운하를 따라 어마어마한 속도로 도시에 물을 퍼부었다고 해요. 폭풍 해일의 고속도로가 된 거지요. 운하를 건설하고 습지를 매립하느라 그곳에 살던 동식물은 어딘가로 쫓겨 가든 사라졌든 했겠지요.

강과 호수가 주변에 있다 보니 범람이 자주 발생하는 지역이라 저지대에는 결국 가난한 이들이 살 수밖에 없었어요. 카트리나가 휩쓸고 지나가며 대체로 흑인 거주 지역이 침수되었습니다. 카트리나로 다친 부상자들이 너무 많아서 병원에 신고 가 봤자 치료할 공간이 턱없이 부족했어요. 한 병원에서는 의료진들이 중환자들을 안락사시키고 부상자들을 받았던 일이 나중에 밝혀집니다. 이들은 법의 심판을 받게 되었는데 무죄로 풀려나요. 당시 상황이 얼마나 처참했는지 상상이 가나요? 커다란 희생을 치르고 나서 운하는 주민들의 요구로 폐쇄되었고 운하 하류 쪽으로 습지 복원 프로젝트가 시작되었어요. 자연을 기술로 극복할 수 있다고 생각하는 인간의 오만이 성공한 적은 아직 없었던 것 같아요. 최근에는 미국 미시시피강으로 바닷물이 역류하면서 그 지역 수돗물에 염분 함량이 높아지는 일이 발생하고 있어요. 기록적인 고온과 가뭄으로 미시시피강의 수위가 낮아지면서 바닷물이 역류하게 된 거예요. 메콩강에서도 벌어지고 있는 일이며 사실 전 세계 여러 강에서 나타나는 현상입니다. 카트리나 대참사는 자연재해로 시작된 게 맞아요. 그러나 적절한 시점에 대책을 제대로 못 세운 결과가 빚어낸 비극이고, 시민을 돌보지 못한 정부의 무능, 거기에 더해 자연을 인간이 마음대로 좌지우지할 수 있다는 잘못된 신념이 만든 총체적 재난이었어요.

생각해 보기

• 갯벌을 매립해 만든 우리나라의 새만금에는 어떤 환경문제가 발생하고 있는지 알아보자.

미국
캘리포니아의 그린 법률 패키지

#1인당 쓰레기 배출 1위   #친환경 법안

UNITED STATES OF AMERICA

2022년 어느 날 뉴욕시는 구인 광고를 냅니다. 연봉 2억 원에 자격 조건으로는 "뉴욕에 서식하는 쥐 떼와 싸우기 위한 킬러 본능과 신념이 필요하다"고 밝혔는데요. IT 전문가도 아닌 쥐 떼와 싸우는 킬러에 고액 연봉 지급이라니 무슨 코미디 같지요? 설치류 담당 공무원을 뽑은 까닭은 뉴욕에 쥐가 너무 많기 때문입니다. 미키마우스의 고향답다는 생각이 드나요? 뉴욕에서 쥐 떼 문제로 시민들의 불만이 커진 게 코로나19 팬데믹이 시작되면서였어요. 식당이 모두 문을 닫자 쥐 떼가 먹이를 찾아 밖으로 나오기 시작하면서 눈에 많이 띄기 시작했어요. 온난화로 기온이 올라 쥐늘이 실기에 더 좋아진 환경 요인도 있고요. 코로나19 방역에 많은 예산이 들다 보니 시 위생 예산이 대폭 줄어든 이유도 있다고 해요. 거리를 돌아다니는 쥐들은 사람의 시선도 두려워하지 않았다고 해요. 오히려 쥐를 만난 사람들이 비명을 질러 댔으니 사람들이 쥐를 두려워한 걸까요? 뉴욕은 미국에서도 인구밀도가 가장 높고 세계 경제와 문화 예술을 선도하는, 그래서 가장 세련된 도시로 꼽히는 곳인데 쥐 떼라니요? 미국에 가서 한국 사람들이 가장 놀라는 것 가운데 하나가 쓰레기를 분리 배출하지 않고 한꺼번에 다 버린다는 거예요. 심지어 음식물 쓰레기까지요. 이게 쥐 떼가 늘어난 근본적인 원인입니다.

2022년 발표된 세계 폐기물 지수에 따르면 OECD 국가 중 1인당 쓰레기를 가장 많이 배출하는 나라는 미국입니다. 1인당 1년에 811kg의 쓰레기를 배출하는 1등 국가 미국의 재활용률은 23.4%에 불과해요. 참고로 우리나라의 1인당 쓰레기 배출량은 400kg이고 재활용 비율은 60.8%입니다. 미국이 해마다 만들어 내는 쓰레기는 전 세계 쓰레기의 12%나 됩니다. 전 세계 인구수의 4%에 불과한 미국이 말이지요. 대기 오염을 방지하려 환경 대기법이 엄격해지면서, 미국은 발생한 쓰레기를 태우지 않고 매립합니다. 미국은 땅이 넓으니 언제까지고 매립이 가능할까요? 1986년 펜실베이니아주 필라델피아시는 쓰레기 매립지의 용량이 초과되면서 일부 쓰레기를 태운 재를 매립할 수 없게 되자 바하마 제도에 있는 인공 섬에 버리기로 해요. 필라델피아시는 한 해운 회사와 계약하고 쓰레기 재를 화물선에 실어 바하마로 보냅니다. 쓰레기 재의 무게는 1만 4,855톤이었어요. 그런데 바하마 정부가 이 배의 입항을 거부해요. 이후 배는 2년 동안 네 개 대륙 11개 나라를 찾아다니며 매립할 곳을 알아보았지만 모두 거절당해요. 중간에 대서양의 아이티섬 해변에 4,000톤의 재를 내려놓기도 했으나 주민들의 반대로 결국 다 내리지 못한 채 떠돌다가 나머지 재를 대서양과 태평양에 쏟아 버립니다. 이런 불법 행위는 훗날 들통이 나서 법적 처벌을 받아요. 그리고 아이티 해변에 내려놓았던 재는 2000년까지 13년 동안 방치돼 있다가 결국 미국으로 되가져옵니다. 쓰레기를 처리 못 해 배에 싣고 돌아다니다 되돌아온 사례는 또 있어요. 비슷한 시기인 1987년 미국 뉴욕 근교 아이슬립 지역의 쓰레기 1,168톤을 실은 배가 미국 남부 여섯 개 주를 거쳐 멕시코, 남미 연안까지 6개월 동안 1만 km를 항해했으나 쓰레기 처리 장소를 찾지 못하고 되돌아왔어요.

  환경 규제가 까다롭기로 유명한 캘리포니아주가 2021년에 친환경 법안인 '그린 법률 패키지'를 법제화했어요. 쓰레기 문제를 해결하는 가장 합리적인 방법은 발생을 줄이는 겁니다. 어쩔 수 없이 발생하는 쓰레기는 재활용하면서 사용 기한을 최대한 늘리는 거고요. 캘리포니아는 2018년 중국이 재활용품 쓰레기 수입을 중단하면서부터 쓰레기 처리 문제를 고민하기 시작했어요. 미국의 비영리 환경 단체인 해양보전센터(Ocean Conservancy)의 보고서에 따르면, 이 단체가 주관하는 세계적인 해안 대청소 행사에서 지난 35년간 수집된 아이템들 중 69%가 재활용 불가한 것들이었어요. 이 가운데 절반 가까이가 식품과 음료 관련 쓰레기였고, 플라스틱 재질이 절반을 차지했어요. 결국 일회용품을 줄이는 것과 재활용이 가능한지 여부를 소비자들이 명확히 알 수 있도록 하는 게 그린 법률 패키지의 목표가 되었어요. 이왕 물건을 산다면 재활용 가능한 포장재를 고르도록 해서 재활용률을 높이려는 의도입니다. 그런데 제품에 재활용이 가능한 레벨을 부착하려면 사전에 법에서 정한 특정 조건을 반드시 충족해야 합니다. 친환경적 실천을 원하는 소비자는 라벨을 보고 판단할 수 있는 거고요. 일회용 물티슈의 라벨에도 제품 포장에 '변기에 버리지 말라'는 문구를 반드시 표기하도록 규정하고 있어요. 그리고 유리병을 재활용하는 사람에게만 제공했던 재활용 보증금을 유리병을 세척해서 재사용하는 사람들에게까지 제공하도록 범위를 확대했어요. 로스앤젤레스에서는 일회용 식기 제공을 금지하는 규제를 시행하고 있는데 고객이 별도로 요청하지 않는 한 일회용 용기나 플라스틱 스푼, 포크, 빨대 그리고 일회용 소스 패키지 등을 우선 제공하는 걸 금지합니다. 이런 내용이 안내된 링크를 타고 들어가면 관련 법률을 자세히 확인할 수 있도록 공지하고 있어요.

　　이 법안이 통과되기 전에 캘리포니아주는 2016년부터 식료품점에서 일회용 플라스틱 비닐봉지 무상 제공을 금지했고, 2018년부터는 식당에서 고객 요청이 없는 한 플라스틱 빨대를 우선 제공하지 못하도록 규제하고 있었어요. 우리나라는 2003년부터 실시해 오던 일회용 컵 보증금 제도라는 좋은 제도를 2008년 이명박 정부가 들어서며 폐지했어요. 다시 부활시키려 했지만 2025년 6월 현재 시행되지 않고 있어요. 왜 이런 제도 하나 제대로 되살리지 못하고 있는 걸까요?

생각해 보기

• 우리나라에 어떤 친환경 법안이 있으면 좋을까? 그 법안은 어떤 문제를 해결할 수 있을까?

캐나다
고대 숲을 지키기 위한 시민 불복종

#벌목   #시민 불복종 운동

티제이 와트는 자연 사진가이자 환경 운동가입니다. 오래된 나무를 찾아다니며 사진을 찍는 그에게 고목 사냥꾼(Ancient tree hunter)이라는 별명이 붙었어요. 10년이 넘는 시간 동안 고목 사냥꾼으로 살고 있는 와트가 찍힌 사진을 우연히 보게 되었는데요. 브리티시컬럼비아주 밴쿠버섬의 케이쿠스강 유역에 있는 어마어마하게 큰 붉은 삼나무 곁에 와트가 서 있었어요. 와트는 같은 장소에서 두 번 사진에 찍힙니다. 한 번은 삼나무가 벌목되기 전, 또 한 번은 벌목된 뒤에요. 와트가 개미같이 느껴질 만큼 엄청나게 큰 나무였는데 그걸 베어 버린 거죠. 너무 충격이었어요. 멀쩡하게 서 있던 나무줄기로 두껍게 덮인 이끼며 주변에 쭉쭉 뻗어 올라간 장대한 나무들이 다 사라졌으니까요. 얼마나 다양한 동물들이 깃들어 살고 있었을까요? 새소리는 얼마나 정겨웠을까요? 생명력 넘치는 숲 가까이에는 오랜 시간 숲과 함께 살아가는 선주민들도 있지요. 그 평화롭고 아늑하던 숲이 벌목되면서 난장판이 되었더군요. 와트는 이 모습을 '그루터기 묘지'라고 표현했어요. 잘려 나가고 남겨진 그루터기들만 여기저기 있었으니까요. 와트는 야생위원회(Wilderness Committee) 빅토리아 사무소 전무 이사였던 켄 우와 함께 고대삼림연합(Ancient forest alliance)을 만들어요.

벌목되기 전 와트가 기록한 나무의 크기는 대략 46m 그러니까 아파트 15층 이상 높이에 밑부분 둘레는 5m였다고 해요. 남겨진 그루터기가 얼마나 넓은지 성인 남자가 가로질러 누운 사진을 봤는데 가장자리에 닿질 않더군요. 붉은 삼나무 대다수는 500년에서 1,000년 가까이 그 숲에서 살고 있었고 만약 잘리지 않았다면 최대 70m 높이까지 자랄 수 있었을 거예요. 24층 아파트 높이까지 자라는 나무를 본 적이 있나요? 그토록 오래 살아온 나무를 대체 왜? 하는 생각이 들었어요. 2019년과 2020년 사이에 그 지역의 많은 나무가 벌채되었어요. 이 숲은 세계에서 흔치 않은 해안 온대우림입니다. 최신 과학 연구에 따르면 해안 온대우림은 아마존 열대우림보다 대기에서 더 많은 탄소를 흡수하고 저장하는 걸로 알려져 있어요. 그러나 벌목 회사는 멈출 조짐 없이 계속 오래된 나무를 베고 있어요. 훌륭한 목재여서 고급 가구나 다양한 악기, 건축 자재 등을 만드는 데 사용됩니다. 아예 목재를 수출하기도 하고요. 와트가 사진 작업을 한 브리티시 컬럼비아주 남부 해안에 남아 있는 대부분의 원시림은 이미 상업 벌목으로 사라졌어요. 와트가 '전후 사진 시리즈'를 촬영하던 벤쿠버섬 원시림 역시 본래 숲의 10% 미만만 보호받고 있는 형편이에요. 벌목 산업이 돈벌이에는 도움이 되겠지만 환경에는 큰 비용을 초래하지요.

와트가 전과 후의 사진을 남기는 이유는 오래된 숲이 파괴되는 문제를 사람들에게 알리고 관심을 이끌어 내기 위해서입니다. 밴쿠버섬에 있는 또 다른 숲인 페어리 크릭에서도 와트를 비롯한 수많은 시민이 고대삼림연합 회원들과 함께 벌목 위기에 처한 나무를 구하려 행동했어요. 나무를 실어 나르는 트럭이 지나다니는 길을 봉쇄하고, 벌목할 나무 위에 올라가 매달려 있는 등 벌목에 저항했어요. 2020년 8월부터 1년 동안 활동가 882명이 체포되었는데요. 도로를 점거하는 농성은 불법이지만 더 큰 가치를 지키기 위한 이런 행동을 '시민 불복종'이라고 합니다. 캐나다 역사상 가장 큰 규모의 시민 불복종 운동으로 기록될 정도로 숲속의 전쟁은 치열했어요. 벌목으로부터 나무를 지키는 한 시민의 등에는 '생태 학살은 자살이다(Ecocide is suicide)'라는 글귀가 적혀 있었어요. 나무를 베어 낸다는 것은 단 한 그루의 나무만 사라지는 게 아니잖아요. 셀 수 없이 많은 생명을 죽이는 행위와 다르지 않고, 결국 우리의 삶 역시 보장할 수 없게 되는 거지요. 나무를 베고 나면 다시 나무가 자랄 테지만 수십 년 뒤에 또 벌목합니다. 그러니 수백 년에서 수천 년쯤 사는 숲을 이제 다시는 만나지 못하게 되는 거지요. 오래된 숲을 보전해야 하는 이유입니다.

캐나다와 브리티시컬럼비아주 정부의 숲을 보호하려는 노력은 여전히 너무 느려 달팽이 속도이긴 합니다. 그러나 벌채만을 경제 성장의 유일한 수단으로 삼았던 지역에서 주민들의 생각이 바뀌기 시작했어요. 오래된 나무를 보러 오는 사람들이 내는 관광 수입이 수익 창출의 수단이 될 수 있다는 걸 알게 된 거죠. 나무를 베어 내면 한 번의 이익으로 끝나지만, 오래된 나무는 두고두고 지속 가능한 경제를 제공한다는 사실을 알게 되었으니까요. 생물 다양성, 탄소를 흡수하고 저장하는 능력, 숲이 유지하는 강 그리고 오랜 시간을 한자리에서 지켜 오며 숲에 새겨진 다양한 문화유산까지, 오래된 숲은 그 무엇으로도 대체가 불가합니다.

생각해 보기

• 우리나라에서 일어나고 있는 시민 불복종 운동이 있는지 알아보자.

캐나다

키스톤 XL 프로젝트는
과연 어떻게 될까?

#산불 #프래킹 #송유관 건설 반대 운동

지구에서 온난화의 영향을 가장 많이 받는 지역 가운데 한 곳이 캐나다의 북극인 것으로 나타났어요. 세계 다른 지역에 비해 캐나다의 평균 온난화 속도가 2배 빠르다는 연구 결과가 나왔거든요. 특히 캐나다 북부와 브리티시컬럼비아주 북쪽이 심각합니다. 북극에 걸쳐 있는 이 지역의 연평균기온이 약 2.3℃ 증가한 걸로 나왔어요. 극심한 고온에 가뭄까지 겹치게 되면 산불이 자주 발생하고, 바다로 흡수된 이산화탄소 양이 많아지다 보니 바닷물이 산성화되면서 산소가 줄어 해양 생태계에도 영향을 끼칩니다. 이런 상황이 이어지면 수십 년 내에 캐나다 쪽 북극해의 일부에서 아예 빙하가 사라지는 기간이 나타날 것으로 내다보고 있어요. 또 빙하가 녹으면서 해수면이 상승하면 바닷가 지역에는 홍수가 발생하고, 그런 상황에 강수량이 증가하면 가뜩이나 높아진 해수면으로 도심이 범람하는 일도 잇따라 일어날 것으로 예상합니다.

2023년 캐나다 동부 퀘벡주, 서부 브리티시컬럼비아주 등 캐나다 곳곳에서 동시다발적으로 산불이 발생했어요. 대부분 산불이 낙뢰로 발생했는데요. 낙뢰를 방지하는 시설과 송전 선로가 오래되어 제 기능을 못 하면서 캐나다 전역에 적어도 400건이 넘는 산불이 번졌다고 전문가들은 보고 있어요. 이때 발생한 산불로 배출된 탄소량은 전 세계 화재로 배출된 탄소량의 4분의 1에 해당하는 것으로 조사됐어요. 산불은 삼림을 태우고 탄소를 배출한다는 점에서 기후 위기의 한 원인이 됩니다. 이 산불로 남한의 약 80%에 해당하는 면적이 불탔고, 연기는 그린란드와 아이슬란드, 노르웨이까지 도달했어요. 미국으로도 산불 연기가 넘어갔는데, 대기 오염을 우려한 미국 정부는 외출 자제 권고까지 내렸어요. 평균보다 2배 가까이 많은 산불이 기승을 부리는 이유로 과학 학술지 〈네이처〉는 덥고 건조해진 환경을 지목해요. 탄소 배출을 줄이는 건 당연하고, 노후한 낙뢰 시설 등을 미리미리 교체해 앞으로 일어날 수 있는 여러 재난을 사전에 차단하는 노력도 매우 필요해 보입니다.

이런 상황에서 캐나다의 프래킹은 뜨거운 감자입니다. 여러 기후 재난이 인명과 재산 그리고 건강상의 피해를 가져오는데도 프래킹으로 원유를 추출하고 있으니까요. 프래킹은 수압 파쇄로 진흙층에 있는 샌드 오일을 추출하는 공법인데요. 화석연료 채굴의 문제도 있지만, 수압 파쇄로 오염된 물이 가져올 환경문제도 너무나 심각합니다. 수압 파쇄에 사용하는 물에는 모래와 화학약품이 포함돼 있기 때문이지요. 프래킹 이후 오염된 물은 해양으로 투기할 수 없기에 더러운 호수가 계속 생겨나고 있어요. 샌드 오일은 원유를 정제할 때보다 훨씬 많은 에너지와 물이 필요합니다. 더 많은 이산화탄소를 배출하고요. 최근에 캐나다에서 지진 발생이 잦아졌어요. 캐나다 지질연구소 조사에 따르면 원인의 90%가 프래킹입니다. 미국의 조지 미첼이 프래킹 기술을 개발하기 전까지는 진흙층 사이에 있는 원유는 채굴 비용이 원유 가격보다 훨씬 비싸서 감히 엄두도 내지 못했어요. 그러다 유가가 치솟는 상황에서 프래킹 기술이 향상되었지요.

프래킹을 하는 지역은 오랜 숲이 있던 곳이고 캐나다 선주민들이 살던 터전이었어요. 프래킹으로 땅이 파헤쳐지니 선주민들과 환경 활동가들은 당연히 프래킹에 반대합니다. 프래킹뿐 아니라 샌드 오일을 캐나다 앨버타주에서 미국 네브라스카주까지 운반할 키스톤 XL 파이프라인(송유관) 건설도 반대해요. 송유관을 통해 원유가 미국으로 수출되거든요. 이 송유관의 길이는 총 1,931km예요. 이렇게 긴 송유관이 지나는 지역 어딘가에서 만약 송유관 사고가 벌어져 원유가 유출될 경우 토양 오염, 수질 오염 등의 문제가 발생할 수 있습니다. 환경문제를 시한폭탄처럼 지니고 있으니 주민, 시민, 환경 운동가 모두가 연대해 송유관 반대 운동을 펼쳤어요. 이 운동은 세계 기후 운동의 상징이자 목표가 되었지요. 하버드대 학생들도 백악관으로 향하며 시위했고, 결국 미국 오바마 대통령 때 송유관 건설 추진을 중단했어요. 이후 도널드 트럼프 대통령은 재개를 명령했고 조 바이든은 다시 중단을 결정할 정도로 송유관 건설 문제는 미국 정치에서 뜨거운 감자였어요. 13년간의 긴 갈등과 투쟁 끝에 2021년 9월, 사업자인 캐나다 TC에너지가 프로젝트의 영구 종료를 선언합니다. 키스톤 XL 송유관 사업 중단은 세계 환경 운동 역사에서 하나의 기념비적인 사건이었어요. 그런데 2025년 트럼프 대통령이 재선에 성공하면서 키스톤 프로젝트 재개를 촉구하고 나섰어요. 또 미국 송유관 기업인 에너지 트랜스퍼 파트너스 등은 국제 환경 단체인 그린피스가 송유관 건설에 반대하는 시위를 벌인 데 대해 소송을 제기했는데요. 2025년 3월 19일 미국 노스다코타주 지방법원 배심원단은 그린피스 측이 송유관 기업에 약 6억 6,000만 달러(9,700억 원)를 배상해야 한다고 판단했어요. 이 송유관 건설 문제에 세계시민의 연대가 필요해졌을 때, 여러분은 어떤 선택을 할 건가요?

생각해 보기

• 세계시민들이 연대할 수 있는 방법을 알아보자.

그린란드

트럼프는 왜 그린란드를
사고 싶어 할까?

#빙하 #석유 #희토류

트럼프 대통령은 재선에 성공하자마자 그린란드를 사겠다는 말을 거침없이 했어요. 영토 대부분이 빙하로 덮여 있어 아무짝에도 쓸모없는 그린란드를 사서 미국은 대체 뭘 하려는 걸까요? 참고로 국가 사이에 땅을 사고파는 일이 국제법으로 금지되어 있진 않아요. 미국은 19세기 초부터 프랑스의 루이지애나 땅을, 러시아로부터 알래스카를, 그리고 덴마크 소유였던 버진아일랜드도 돈 주고 산 이력이 있지요.

그린란드는 세계에서 가장 큰 섬으로 한반도 면적의 약 10배에 이르며 섬 가장자리에 5만 7,000명이 살고 있어요. 1814년, 노르웨이와의 연합 해체 이후 그린란드는 덴마크의 일부로 편입되었고, 이후 덴마크 자치령으로 지내다가 2008년에 덴마크 자치령이 아닌 '그린란드 자치 정부 도입'을 묻는 국민투표를 실시했어요. 인구의 85.5%가 찬성하며 2009년부터 그린란드는 국방, 외교, 통화 정책을 제외한 대부분의 분야에서 독립적인 정부입니다. 그렇지만 여전히 덴마크로부터 경제적 지원을 받고 있어요.

그린란드는 덴마크 소유가 아니라 자치령을 가진 지역이기에 주민들 스스로가 어느 나라에 속할지 결정할 권리가 있습니다. 그린란드 주민들이 결정하고 미국이 그린란드에 거액을 지불한다면 그린란드를 사는 일이 불가능하지 않아요. 그런데 이 부분은 대통령이라고 마음대로 할 수 있는 게 아닙니다. 미국 의회 승인을 받아야 해요. 가장 문제가 되는 것은 그린란드 주민들의 의사입니다. 엄연히 자치권이 있는 그린란드 주민들의 의사는 묻지도 않고 미국이 제멋대로 떠드는 것은 주민들의 결정권을 무시한 처사이며 외교적 규범에 도전하는 행위입니다. 신(新)식민주의라는 비판을 피하기 어렵지요. 러시아를 비롯한 외교 관계가 예민한 나라들로부터 반발을 살 여지도 충분히 있고요.

미국이 그린란드를 사려는 데에는 크게 지리적 이유와 경제적 이유가 있어요. 지리적으로는 유라시아 대륙과 북미 대륙의 중간에 그린란드가 위치해요. 그래서 중국이 2018년에 그린란드에 공항과 연구센터를 지으려 했으나 미국의 반발로 무산되었어요. 그런데 미군은 그린란드에 주둔하고 있어요. 아이러니한 일이죠? 지구는 미국을 중심으로 돌고 있는 건가요? 경제적으로 그린란드는 매우 중요합니다. 그린란드에는 석유와 가스뿐만 아니라 희토류가 전 세계에서 여덟 번째로 많이 매장돼 있어요. (참고로 전 세계에서 가장 많은 희토류가 매장된 나라는 중국입니다.) 풍부한 광물은 반도체, 전기차, 풍력 터빈 등의 제조에 필수 원료입니다. 또 북극 일대 빙하가 녹으면 아시아와 유럽을 잇는 북극 항로가 개척될 것이고 운송량이 증가할 텐데요. 그때가 되면 그린란드가 해상 무역의 새로운 글로벌 허브가 될 수 있다는 가능성을 보고 있는 거지요. 지구 기온 상승으로 그린란드 영토를 덮고 있는 빙하가 녹으면 석유 시추와 함께 여러 희토류를 비롯한 광물 채굴이 가능해질 거라는 점을 트럼프 대통령이 높게 사고 있는 겁니다. 그린란드에서 빙하가 녹을 경우 태평양 섬나라를 비롯해서 전 세계 해안 지역 저지대의 침수는 불 보듯 뻔해요. 이런 상황에서 트럼프 대통령은 파리 기후협약 탈퇴를 외치고 있습니다. '지구 기온 상승이 거짓 정보'라 주장하면서 기온 상승이 가져올 경제적 이득은 취하겠다는 이가 미국 정치의 최고 수장이라는 점에 대해 여러분 생각은 어떤가요?

생각해 보기

• 기온이 상승해서 그린란드 빙하가 줄어들면 그린란드 사람들에게 어떤 변화가 생길까?

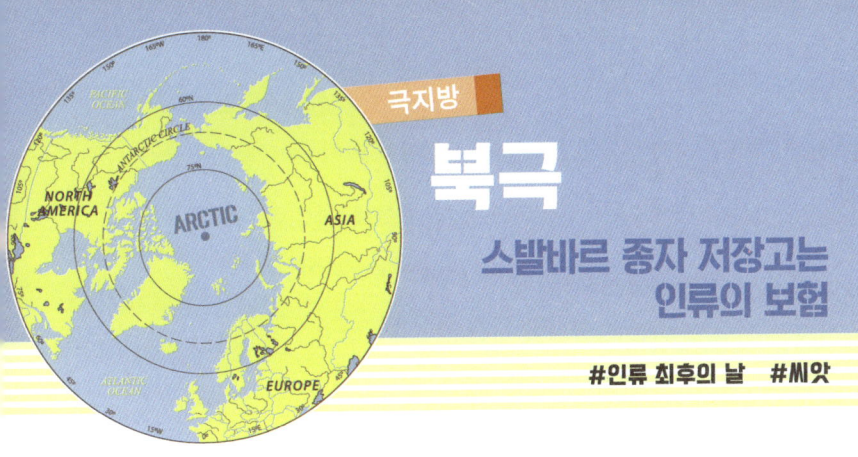

북극

스발바르 종자 저장고는
인류의 보험

#인류 최후의 날 #씨앗

노르웨이 북쪽 스발바르 제도는 북극에서 1,300km 떨어진 작은 섬으로 북위 74~81도에 위치하며 섬의 60%가 빙하로 덮여 있어요. 이곳은 어떤 시설도 자리 잡기 어려운 춥고 극도로 황량한 곳인데요. 이곳에 '인류 최후의 날' 종자 저장고가 있어요. 아무도 먹지 않고는 살아갈 수 없으니 인류 생존에 가장 중요한 것은 식량입니다. 우리는 식량을 전적으로 식물에 의지해 살아가지요. 동물 역시 마찬가지이고요. 그런 점에서 우리가 식물에게 진 빚은 어마어마합니다.

오늘날 지구에 존재하는 35만 종 이상의 식물 가운데 인류는 아주 일부의 식물만을 식량으로 삼고 있어요. 세계화의 영향이 크다 생각합니다. 기후가 빠르게 변하면서 기후에 적응하지 못하게 될 식물을 대체할 다양한 식물을 확보하는 일은 무척 중요합니다. 이렇게 식물의 유전적인 다양성을 확보하고 미래 식량을 확보해 두기 위해 전 세계 곳곳에 흩어져 있는 종자를 보관하려는 움직임이 일었어요.

2008년에 스발바르 제도의 롱위에아르비엔에 바위를 130m 파낸 긴 터널 끝에 종자 샘플을 보관해 두는 종자 저장고가 생겼어요. 종자는 100만 종 이상 5억 개가 넘습니다. 이곳은 과거 탄광이 있던 자리로 소행성이 충돌해도 견딜 수 있는 강력한 내진 설계로 보강되었어요. 온도는 늘 영하 18℃를 유지하고 있고요. 냉동고를 떠올려 보면 상상이 쉬울 듯합니다.

종자 저장고는 핵전쟁이든 소행성 충돌이든 지구환경이 완전히 망가져 곡식이 자취를 감출지도 모를 최악의 상황에 대비해서 만든 시설입니다. '노아의 방주'라는 별칭이 붙은 이유이지요. 현재로선 기후변화가 가장 가능성 높은 변수가 되었어요. 농작물의 다양성을 지키고 종자를 영구히 보호하는 게 종자 저장고의 사명입니다. 종자 저장고는 노르웨이 농업식품부, 북유럽 유전자원센터, 세계작물다양성재단이 공동으로 설립한 비영리 국제 협력 시설입니다. 세 기관이 협력해서 설립한 시설이지만 이곳에 보호를 요청하는 어떤 기관이든, 어떤 나라든 종자를 보내면 모두 보관 및 저장이 가능해요. 종자 보관소는 보통 씨앗이 들어갈 때만 열리는데요. 씨앗을 꺼내느라 열린 적이 딱 한 번 있어요. 2015년 시리아로 씨앗을 보내기 위해서였어요. 당시 시리아는 내전이 일어나 반군이 시리아의 유전자은행을 장악해 버린 상황이었어요. 이전에 맡겨 둔 씨앗의 일부가 절실해진 시리아가 도움을 요청했고 그렇게 해서 씨앗이 저장고에서 반출되었어요.

이후 상황이 안정되자 시리아는 2019년 스발바르에 씨앗을 반납했어요. 일종의 보험인 셈이죠. 종자 저장고에서 씨앗이 나가는 일이 지구에서 다시는 없길 바랍니다. 평화롭다면 그럴 일이 없을 거니까요.

이곳은 전기가 끊겨도 저온이 유지될 정도의 기온이어서 선택받은 장소인데요. 우려스러운 일이 자꾸 벌어집니다. 지구에서 가장 빠르게 기온이 상승하는 곳이 북극권이다 보니 영구동토층이 녹고 있어요. 영구동토층이 녹으면서 땅속 깊이 박은 콘크리트 구조물이 외부로 노출되었고요. 2017년에는 지하 저장고 세 곳 중 한 곳이 침수되었어요. 200년 후를 내다보고 만든 저장고가 침수될 줄은 미처 예상 못 했던 일이었습니다. 핵폭발이나 소행성 충돌은 예상했어도 말이지요. 그래서 방수 처리를 제대로 하지 못했던 탓에 침수 사고가 벌어진 겁니다. 방수 처리를 하면서 보완 공사는 당연히 이루어졌어요. 하지만 북극의 기온 상승은 이제 예견된 일입니다. 미국 해군이 2021년에 '파란 북극(A Blue Arctic)'이란 제목의 북극 전략 보고서를 발간했어요. 북극이 더 이상 하얀 빙하로 뒤덮인 곳이 아니라 파란 물결이 넘실내는 곳이 될 거라는 의미입니다. 북극해로 항해가 가능한 기간이 과거에는 5개월 정도였는데, 2020년에 9~10개월로 늘었습니다. 2030년에는 여름철 북극해에서 아예 얼음을 보기 어려울 거라고 합니다. 이런 상황에서도 주요 국가들은 온실가스 배출을 줄이려는 노력보다는 북극 항로를 선점하려는 데에만 골몰하는 것 같아 안타깝습니다. 세계시민의 목소리가 절실한 때가 아닐까 싶습니다.

남극

빙하가 누르고 있는 평화

#빙저 화산　#해양 컨베이어 벨트

　　북극의 빙하가 녹으면 햇빛을 반사시킬 빙하가 줄어드는 알베도(albedo) 효과로 기온이 더 상승해요. 남극의 빙하는 대륙 위의 빙하라 녹으면 해수면 상승에 직접 영향을 줍니다. 빙하가 지구에서 어떤 의미를 지니는지 많이 알고 있다고 생각했는데 새로운 사실이 또 하나 밝혀졌어요. 빙저 화산이라고 들어 보았나요? 남극 대륙의 빙하 아래에 화산이 자리 잡고 있다고 해요. 2025년 1월에 미국 브라운대학교와 독일 아헨공과대학교 소속 과학자들이 공동으로 연구한 결과를 국제 학술지에 발표했습니다. 인간이 유발한 지구온난화 때문에 남극에서 화산이 폭발할 수 있다는 내용이었어요. 화산이 인간 활동으로 인해 발생할 수 있다는 게 굉장히 비과학적으로 느껴지는데요. 내용은 이렇습니다. 남극 땅 위를 2~4km 두께로 덮은 거대 얼음(빙상)이 지구온난화로 크게 감소하고 있는데요. 이 빙하의 영향을 받는 게 바로 빙저 화산이라는 겁니다. 빙저 화산은 대륙 빙하 아래에 숨어 있는 화산을 말해요. 바다 밑 해저 화산처럼 얼음 아래에 있는 화산인 거지요. 빙저 화산은 얼음 밑에 있으니 우리가 볼 수는 없지만 분명 존재하는 화산이고요.

남극에는 빙저 화산이 100여 개 있는데 대부분 활동이 중지된 상태로 있어요. 대륙 빙하의 엄청난 무게 때문에 눌려 있어서 활동이 멈춰 있다는 거예요. 그런데 대륙 빙하가 녹고 있잖아요? 녹으면서 바다로 흘러가니까 무게가 줄어들겠지요. 이러면 빙저 화산을 누르고 있던 힘이 약해집니다. 즉 언제든 폭발할 위험성이 커지고 있는 것이지요. 이뿐만 아니라 100여 개의 빙저 화산이 동시다발적으로 폭발할 가능성도 전혀 배제할 수 없다는 게 더욱 두렵습니다. 만약 빙저 화산에서 마그마가 터져 나온다면 어떤 일이 벌어질까요? 대략 1,000℃에 이르는 뜨거운 마그마와 맞닿는 대륙 빙하는 빠르게 녹아내릴 것이고, 많은 물이 바다로 유입되면서 지구 해수면은 빠른 속도로 상승할 겁니다. 현재 기후과학자들이 예측하는 해수면 상승 속도와는 비교할 수 없는 속도가 될 수도 있다는 얘깁니다. 그동안 해수면 상승 요인으로 빙저 화산이 고려된 적이 없었으나 이번 연구로 새로운 변수가 하나 더 추가된 거죠.

남극 대륙 주변에는 서쪽에서 동쪽으로 주남극 해류가 흘러요. 이 해류는 인도양, 대서양 그리고 태평양으로 거대한 물기둥을 이동시키는 일종의 해양 컨베이어 벨트 역할을 합니다. 그런데 빙하가 녹으면 막대한 양의 담수가 바다로 흘러들어 바다의 염분 농도가 낮아지겠죠. 염분 농도는 해수 온도와 함께 해류 속도에 영향을 줍니다. 이 엔진이 고장 나면 여러 지역에서 기후 변동성이 더 커지고 바다의 탄소 흡수 능력도 줄어들어 지구온난화가 악화되는 데 영향을 주지요. 향후 25년 동안 탄소 배출량이 증가하면 해류 흐름은 20%가량 느려질 수 있는 것으로 알려져 있어요. 전 세계 정치인들이 기후 위기의 심각성을 제대로 공부하고 인식하여 정책에 반영해 나갔으면 좋겠습니다.

생각해 보기

• 빙저 화산에 대해 더 자세히 알아보자.

PART 8

동아시아

중국과 몽골의 사막화와 황사는 우리나라의 대기 오염에, 일본의 방사능은 해수 오염에 영향을 미쳐요. 한 나라의 환경문제에 주변국들이 동참해야 하는 이유입니다.

러시아

북한

동해

대한민국

일본

황해

동중국해

태평양

대만

남중국해

필리핀해

중국

세련된 디지털 기기 뒤에 가려진 비극

#광우병   #동물성 사료

　　인공지능 산업이 눈부신 발전을 거듭하는 가운데 2025년 초, 중국에서 개발된 인공지능 모델인 딥시크(DeepSeek)가 출시되었어요. 이 앱은 출시되자마자 많은 AI 전문가의 관심을 넘어 전 세계의 주목을 받기에 이르렀어요. 더구나 누구든 마음껏 활용할 수 있는 오픈 소스로 출시되었으니까요. 이런 중국의 기술에 대해 도널드 트럼프 미국 대통령은 "미국 기업들이 경쟁에서 승리하기 위해 집중해야 한다는 경종"이라고 했어요. 곧 인공지능으로 세계 산업계가 재편될 거라 미국과 중국이 선두를 차지하려는 치열한 경쟁이 느껴지지 않나요? 미국은 이미 2024년 바이든 정부 때 첨단 산업의 주도권을 차지하기 위해 중국으로 반도체 수출을 통제했어요. 그러자 중국은 미국으로 수출하던 갈륨 등 희토류 수출을 금지하는 조치로 맞대응을 했고요. 미국과 중국 간 총성 없는 전쟁은 이미 시작되었다고 봐야 해요.

반도체든 인공지능 앱이든 결국 첨단 기술이 구현되기 위해서는 원자재가 필요합니다. 요리 기술이 아무리 뛰어난들 식재료가 없다면 기술이 아무 소용없듯 말이지요. 중국은 세계 최대 희토류 보유국이면서 최대 소비국이기도 해요. 다시 말해 기술 혁명을 이루기 위해서는 엄청난 양의 광물 자원이 동원되어야 한다는 거지요. 미국 지질조사국(USGS) 통계에 따르면, 2023년 기준으로 전 세계 희토류 부존량(지구에 있는 자원량)은 1억 1,582만 톤이고 이 가운데 중국 부존량은 4,400만 톤으로 전 세계 부존량의 38%를 차지합니다. 중국 뒤를 이어 베트남, 브라질, 러시아가 전 세계 희토류 부존량의 84%를 차지하고 있어요. 중국은 부존량뿐만 아니라 세계 최대 희토류 생산국이기도 해요. 2023년 중국의 희토류 생산량은 24만 톤으로 전 세계 생산량의 68%를 차지했어요. 이어서 미국, 미얀마, 호주 순으로 희토류를 생산하고 있어요. 중국은 이토록 부존량도 생산량도 풍부하다 보니 2021년 기준, 세계 10위권에 드는 전기차 생산업체 가운데 여섯 곳이 중국 기업입니다.

최근 중국에서는 환경을 보호하고 무분별하게 희토류를 개발하는 것을 통제하기 위해 국유 기업 중심으로 산업을 새롭게 조직하고 희토류 채굴과 제련 쿼터를 발표하고 있어요. 채굴과 제련하는 양을 통제하겠다는 건데요. 중국의 이런 조치가 환경 보호를 진심으로 생각해서 나온 것인지 의심하는 이들도 많아요. 정확한 속내는 모르

겠으나, 희토류 채굴이 주로 이루어지는 지역의 환경을 살펴보면 미국과 힘겨루기 위한 중국의 변명으로만 들리진 않아요. 희토류 채굴이란 거대한 암석 속에 아주 소량 함유되어 있는 희소한 금속을 채굴하는 거라 여러 환경문제가 생길 수밖에 없어요. 가령 1kg의 바나듐을 얻으려면 8.5톤 바위를 처리해야 합니다. 바나듐은 강철에 아주 소량만 들어가도 강도를 높이는 성질이 있는 금속이고요. 자동차 부품, 제트엔진, 가스 터빈 등에 사용될 뿐만 아니라 미사일 등 방위 산업 분야에도 요긴하게 쓰이는 금속입니다. 이런 희토류를 채굴해서 정제하는 과정에는 반드시 화학물질이 사용되지요.

2006년, 태양광 전지판 제작에 쓰이는 인듐을 생산하는 중국 기업이 중국 남부 후난성 상강에 화학물질을 마구 쏟아부어 지역 주민들의 식수 공급을 위태롭게 만드는 일이 벌어졌어요. 2011년에는 갈륨을 채굴하는 과정에서 푸젠성의 진강 유역 생태계가 크게 오염되었다는 보도도 있었고요. 채굴하고 제련하는 장소 주변에는 온통 땅속에서 끄집어낸 것들이 산을 이루고 있어요. 그곳에서 원하는 희토류를 얻기 위해 화학물질을 사용하면서 어떤 일이 벌어질지는 너무나 명약관화한 일입니다.

이렇게 바윗덩이에서 희토류를 정제하는 걸 프랑스의 국제 월간 시사지 〈르몽드 디플로마티크〉의 기욤 피트롱 기자는 빵에 빗대어 비유했습니다. 수십억 년 전에 엉겨 붙은 여러 광물로 이루어진 바위에서 희귀 금속을 얻는 일은, 마치 화덕에서 반죽을 구워 만든 빵에서 소금을 따로 분리하는 것처럼 어려운 일이라고요. 그렇게 바위에서 희토류를 분리하기 위해서는 황산이나 질산 같은 지독한 화학물질을 사용해야만 합니다. 기후 위기의 해법으로 태양광, 전기차를 이야기하는 것이야말로 가짜 복음이라고 이야기하는 사람들도 있어요. 모두 희토류가 있어야 제조가 가능한 거니까요. 종이책은 숲을 없애니까 전자책이 훨씬 친환경 아니냐는 이야기를 종종 들어요. 하지만 태블릿 PC든 스마트폰이든 전자책을 보기 위한 도구에는 희토류가 필요합니다. 디지털 산업 이면에서 벌어지는 채굴의 문제와 그에 따르는 환경문제를 생각하면 친환경의 정의를 새롭게 써야 할 것 같아요.

중국 전역에 약 1만 개 이상의 광산이 산재해 있어요. 내몽골 자치구의 중심 도시 바오터우는 지구에서 가장 중요한 희토류 생산지입니다. 이곳에 있는 바오강 회사가 해마다 채굴하는 희토류가 10만 톤이나 되니까요. 바오터우에서 100km쯤 떨어진 바오강 광산 근처에는 넓이 $10km^2$에 이르는 인공 호수가 있는데, 제련소에서 배출한 시커먼 물이 그곳을 가득 채운 뒤에도 넘치는 유독성 액체는 간헐적으로 황허강으로 흘러들어요. 제련소 근처에 있는 마을의 토양에서 토륨이 바오터우보다 36배나 높게 측정되었고요. 오랫동안 그 지역에서 살아왔다는 주민을 기욤 기자가 인터뷰했는데,

암 환자, 심혈관 질환자, 고혈압 환자 등 마을에 아픈 사람들이 많다고 해요. 전 세계의 디지털 혁명을 위해 채굴과 제련이 이뤄지는 지역 사람들이 희생당한 거라고밖에 볼 수 없어요.

멋진 전자제품을 보고 희토류 채굴지에서 벌어지는 온갖 오염과 희생되고 있는 지역민을 상상하기란 어렵죠. 그래서 이면에서 벌어지는 일을 알 필요가 있답니다. 한 번 산 제품을 가능하면 오래 사용하고, 기업에는 고쳐서 다시 사용할 수 있게 기술을 혁신하라고 가열 차게 요구해야 하고요.

생각해 보기

• 제품 수명을 늘리거나, 수리에 적극적인 기업을 찾아보자.

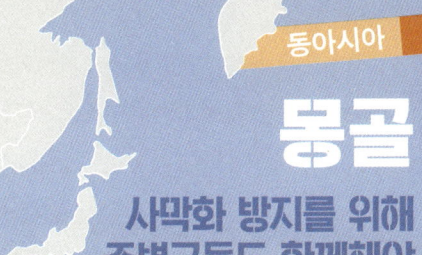

몽골

사막화 방지를 위해 주변국들도 함께해야

#사막화 #조드 #환경 난민

"몽골은 기후변화 피해국이면서 가해국이에요. 하지만 몽골의 아이와 청소년들은 100% 피해자입니다."

노문다리 씨가 우리나라의 한 언론사와 나눈 인터뷰에서 했던 말입니다. 노문다리 씨는 몽골의 툰베리라 불릴 정도로 왕성한 기후 활동을 펼치는 몽골의 기후 활동가예요. 몽골뿐만 아니라 전 세계 모든 아동은 100% 피해자가 맞아요. 기성세대가 원인 제공을 했으니까요. 그런데 왜 노문다리 씨는 몽골을 기후변화 피해국이면서 가해국이라고 했을까요?

몽골은 지구에서도 손꼽힐 정도로 기후변화를 겪고 있어요. 가뜩이나 건조한 사막에 가뭄이 이어지다가 겨울에 폭설과 한파가 닥치면, 광대한 초원이 눈과 얼음에 뒤덮여 가축들은 풀을 뜯지 못하고 굶어 죽게 됩니다. 몽골과 중앙아시아 지역에서는 한파로 인해 수

많은 가축이 굶어 죽는데 이를 '조드'라고 해요. 조드는 몽골어로 재난을 뜻합니다. 비가 내리지 않아 가뭄이 발생해 가축이 떼죽음당하는 걸 검은 조드, 눈이 지나치게 많이 와서 가축이 떼죽음당하는 걸 하얀 조드라 합니다. 주로 스텝, 반사막 등 건조한 지역에서 발생하는 재난인데요. 유목을 주요한 생계로 삼는 이들에게 가축의 떼죽음은 가장 큰 재난일 겁니다. 2024년 겨울에 몽골에 조드가 닥쳐 가축뿐만 아니라 인명 피해까지 났는데요. 외교부에 따르면 몽골 국토의 약 80%가 조드 또는 조드 위험 지역으로 분류되었어요. 가축 309만 마리가 폐사되었고, 2024년 2월까지 극심한 눈보라로 아홉 명의 사망자가 발생했다고 미국 예일대 환경조사팀이 보고했어요. 당시 어느 70세 유목민은 1월 강설량이 평년의 2배 이상이었다며, 평생 이토록 많은 눈이 내린 걸 처음 봤다고 할 정도였으니 조드가 얼마나 심각했는지 느껴집니다.

겨울철 조드로부터 가축을 지키기 위한 고비 사막의 키자크(Kizyak) 피난처 모습(2010).

ⓒBrücke-Osteuropa.

가축의 떼죽음으로 생계 수단을 잃고 울란바토르나 인근 지역으로 일자리를 찾아 떠나는 유목민들을 환경 난민이라 부르지요. 가뭄이든 한파든 모두 기후변화로 벌어지는 재난이니 환경 난민이지요. 몽골 인구의 20%가 환경 난민이 되었습니다. 도시라고 마냥 인구가 늘어도 괜찮은 건 아니에요. 울란바토르나 인근 지역은 유입되는 인구로 도시 문제가 생기고 있어요. 울란바토르의 적정 인구는 50만 명인데 2017년 기준 140만 명 정도가 되었으니 무척 과밀한 상태입니다. 이토록 많은 사람이 몰려드니 일자리 구하는 일은 더 어려워지고, 그래서 도시 빈민으로 전락합니다. 이들 대부분은 울란바토르 외곽에 게르촌을 형성해서 지내고 있는데요. 겨울철 난방을 해결하기 위해 원탄이나 나무 등을 연료로 사용합니다. 원탄은 채굴 뒤 아직 가공하지 않은 석탄인데요. 연소 과정에서 오염 물질을 많이 배출합니다. 이조차 구하기 어려운 가구는 각종 쓰레기나 타이어를 태워요. 이는 미세먼지를 일으키는 주요한 원인이 되고 있습니다. 울란바토르는 겨울철 난방이 집중되는 11월부터 4월까지 특히 극심한 대기 오염을 겪습니다. 울란바토르는 산으로 둘러싸인 분지라 대기 오염이 더욱 심각한 수준이지요. 기후변화로 벌어진 재난이 또 다른 환경오염을 일으키는 이중고를 몽골이 겪고 있어요.

가뭄과 한파가 거듭되면서 사막화와 토지 황폐화가 빠르게 진행되고 있어요. 2018년 몽골 과학아카데미 지리·지구생태학연구소에서 개발한 토지 황폐화 지도에 따르면, 몽골 전체의 64.7%에서 사막화가 진행되고 있고, 토지 황폐화가 진행되는 곳도 12.2%나 됩니다. 1990년대 초반 몽골의 삼림 지대는 국토 전체의 9%를 차지했는데요. 2023년 몽골 환경관광부 발표에 따르면 삼림 지대가 7.9%로 줄어들었다고 합니다. 이렇게 사막화와 황폐화가 진행되면서 식량 수급에도 문제가 생기고 있어요. 또한 몽골 전역의 사막화, 황폐화는 동아시아 전체에 영향을 미칩니다. 모래 먼지가 상층으로 떠올라 모래 폭풍을 일으키고 황사 발생이 증가하니까요. 기후 피해국인 몽골에 나무를 심어 사막화를 막는 일은 비단 몽골뿐 아니라 동아시아, 나아가 지구 전체에도 꼭 필요한 일이지요.

우리나라는 탄소 배출 저감 노력이 부족하다고 해서 기후 악당 국가라는 오명을 받고 있어요. 그렇지만 다행히도 조림 사업 등으로 몽골에 도움을 주고 있는 우리나라 환경 NGO가 있습니다. '푸른아시아'인데요. 숲 가꾸기를 통해 주민들의 일자리를 만들어 자립을 돕는 일을 오랜 시간 해 오고 있어요. 나무를 심기만 하고 돌보지 않으면 사막화와 토지 황폐화가 가속화되는 환경에서 나무가 제대로 자라기 어려워요. 푸른아시아는 나무를 심기만 하는 게 아니라 지속적으로 주민들을 교육하면서 지속 가능한 생활을 돕고 있어요. 모래 폭풍으로부터 마을을 지키기 위한 방풍림도 조성하고 과일나무를 심어 나무에서 소득이 발생하도록 돕고 있지요. 주민들이 자립할 수 있는 나무 심기 노력은 유엔에서도 인정받아 푸른아시아는 2014년에 '생명의토지상' 최우수상을 수상했어요. 여전히 몽골의 사막화는 진행 중이지만, 몽골과 주변국들이 힘을 합쳐 노력한다면 희망이 보일 거라 생각합니다.

생각해 보기

• 환경 NGO가 하는 여러 일들에 대해 알아보자.

대만

치파겟돈을 이끌 뻔한 가뭄

#태풍 휴일   #반도체 산업

섬나라 대만은 필리핀 해상에서 주로 발생하는 태풍이 북상하면서 지나가는 길목입니다. 지구온난화로 태풍의 발생 빈도도 높아진 데다 규모도 커져서 태풍이 한 번 휩쓸고 지나가면 심각한 피해를 입히기도 하지요. 그래서 대만에는 태풍 휴일이라는 게 있어요. 2024년에 7월 태풍 '개미'가 북상하면서 타이베이시는 학교와 회사가 모두 멈추는 임시 휴무일을 발표했어요. 태풍이 절정에 달할 즈음에는 지하철 운행도 중단합니다. 대만 사람들은 비상식량을 준비하고 집안에서 차분하게 태풍이 지나가길 기다리지요. 태풍은 바람과 함께 많은 비를 뿌려요. 같은 해 10월에는 태풍 '끄라톤'이 대만을 강타했는데요. 최대 풍속이 시속 173km로 1966년 태풍 '엘시' 이후 대만의 인구 밀집 지역인 서남부 지역을 직접 강타한 태풍이었어요. 이때도 대만 전역의 회사와 학교를 폐쇄했어요. 공항도 모든 운항이 중단되었고요. 끄라톤이 지나는 동안 많게는 1,280mm의 비를 내렸어요.

태풍이 지나갈 때마다 공포스럽지요. 그렇다면 대만 사람들은 태풍이 없길 바랄까요? 태풍의 길목인 대만으로 상륙한 태풍이 하나도 없었던 적이 있어요. 2020년 일입니다. 그뿐만 아니라 이듬해인 2021년에는 강수량이 기상 관측 이후 최저 수준이었어요. 대가뭄이 닥친 거지요. 56년 만에 처음 있는 일이었다고 해요. 오죽하면 2021년 3월에 대만 중부 타이중 지역에서는 3,000여 명의 사람들이 모여 기우제를 지냈어요. 기우제를 지낸 가장 큰 이유 가운데 하나는 21세기 최첨단 산업인 반도체 공장으로 공급될 물이 부족했기 때문이었어요. 대만 경제를 이끄는 산업은 세계 최대 반도체 파운드리 업체인 TSMC입니다. 반도체가 쓰이는 제품이 주로 전자제품들이다 보니, 반도체 공장에 물이 필요할 거라는 생각을 잘 떠올리지 못하는 경향이 있어요. 그렇지만 반도체 산업은 물 산업이라고 할 정도로 많은 물을 필요로 합니다. TSMC가 하루에 사용하는 물은 대략 16만 톤으로 올림픽 규격 수영장 60개를 가득 채울 수 있는 양이에요. 왜 이토록 많은 물이 필요할까요? 반도체 제조 공정에 150번 정도 클리닝 과정이 있는데 불순물이 전혀 없는 초순수 물을 사용하기 때문이지요. 반도체 공정이 정밀해질수록 물 소비량은 더 증가하기 때문에 향후 더 많은 물이 필요해질 겁니다.

2020년에 태풍이 단 하나도 대만을 지나가지 않아 규모가 작은 저수지는 완전히 바닥을 드러낼 정도로 물이 부족해졌어요. 이렇게 되면서 반도체 공장의 가동을 중단해야 할 상황이 돼 버린 거예요. 대만 정부는 100만 가구에 대해 물 배급제를 실시하고 농부들을 설득해서 급히 농사지을 물까지 끌어다 반도체 공장을 돌렸어요. 이렇게 기후 위기는 반도체 생산에도 영향을 끼칩니다. 2021년 2월에는 TSMC와 경쟁하는 삼성전자의 미국 텍사스 오스틴에 있는 반도체 공장이 가동을 중단하는 일이 벌어졌어요. 텍사스는 남부 지방이라 겨울도 온화한 기후였는데요. 예상 밖의 한파가 닥친 거지요. 전례 없던 한파가 미국을 강타하면서 텍사스주에 정전이 발생합니다. 이로 인해 전력 공급이 끊기고 물도 얼어붙으면서 삼성전자 오스틴 반도체 공장은 한 달 동안 가동이 중단되었어요. 이 기간 동안 발생한 피해액은 3,000억에서 4,000억 정도라고 해요.

반도체는 이미 많은 분야에서 필수가 되었어요. 오죽하면 21세기의 쌀이라고 불릴까요? 그런데 가뭄으로, 한파로 반도체 공장이 멈출 수 있다는 걸 최근 드러나는 극단적인 기후로 깨닫게 된 겁니다. 대만은 연간 강수량이 2,600mm로 우리나라의 2배에 달할 정도로 세계적으로도 강수량이 많은 지역이었어요. 그런데 최근 기후변화로 대만에 비를 몰고 오던 태풍 상륙이 줄어들면서 가뭄이 빈번해지고 있습니다. 태평양 중부의 수온이 상승하면서 대만의 북동쪽 지역에서 태풍이 형성되는 일이 잦아지기 때문이지요. 반도체(chip)에 종말을 뜻하는 아마겟돈(amageddon)을 합쳐서 '치파겟돈'

이라는 말이 생겼어요. 글로벌 반도체 공급이 부족해지면 산업계가 타격을 받는다는 의미에서 만들어진 신조어입니다. 기후 위기의 해법으로 등장한 재생에너지며 전기차 역시 반도체 없이는 작동이 불가능한데, 바로 그 기후 위기가 반도체 생산에 차질을 빚게 된다는 건 정말 아이러니가 아닐 수 없어요.

생각해 보기

• 태풍의 이로운 점과 해로운 점을 찾아 비교해 보자.

일본
바다는 방사성 쓰레기장이 아니다

#후쿠시마 핵발전소 사고   #방사능 오염수

　　2023년에 우리나라의 한 국회의원이 수산시장을 방문해서 횟감 생선이 들어 있는 수조 속 물을 떠 마시는 어이없는 행동을 했어요. 수조 물이 아무리 깨끗하다손 치더라도 그 물을 마시는 사람은 없어요. 이 국회의원은 왜 이런 퍼포먼스를 했을까요? 당시 우리 정부는 일본이 후쿠시마 오염수를 해양으로 방류하는 결정에 대해 제대로 된 항의조차 하지 않았을 뿐만 아니라, 오염수를 일본 정부 표현 그대로 '처리수'라고 표현하기까지 했어요. 이에 국민들의 불만이 터져 나왔고 바다에 대한 전반적인 불안감이 커졌어요. 소금을 사재기하는 일이 벌어지자 소금값이 치솟더니 급기야 소금 품귀 현상이 빚어지기도 했거든요. 이러자 수조의 물을 떠 마시면서 수산물이 안전하다고 국민을 설득하려 했던 거죠. 수조의 물을 퍼마시는 국회의원을 보면서 안심할 국민이 과연 있기는 할까요? 더구나 당시에는 아직 일본이 방류를 시작하지도 않은 시점이었어요. 국회의원이 국민을 인식하는 수준이 그대로 드러난 퍼포먼스였어요.

2011년 3월 11일. 동일본해에서 리히터 규모 9.0의 강진이 발생하고 그 에너지가 만든 쓰나미가 해안가를 덮쳤어요. 해안가에 있던 핵발전소가 물에 잠기면서 발전소에 전력을 공급하는 발전기가 모두 침수되는 일이 벌어졌지요. 핵발전소든 화력발전소든 원리는 같아요. 연료를 연소시킬 때 나오는 열에너지로 물을 끓여 터빈을 돌리는 방식으로 전력을 생산합니다. 핵발전소는 연료인 우라늄을 핵분열시킬 때 높은 열이 발생하는데, 이 열을 전력 생산을 위한 에너지로 활용합니다. 핵분열이 일어나는 곳이 원자로 노심인데요. 핵이 분열될 때 나오는 열은 1,200℃까지 올라가기 때문에 노심을 흐르는 냉각수가 노심 온도를 일정 온도 이하로 냉각시켜 줍니다. 후쿠시마 사고는 쓰나미로 발전기가 침수되면서 작동이 멈추자 발전소로 들어오는 전원이 차단되었고 원자로 노심을 식혀 줄 냉각수 공급이 중단되면서 발생한 거였어요. 기존에 있던 냉각수는 모두 증발한 데다 새로 공급되어야 할 냉각수는 공급되지 않자 원자로 내부 온도가 섭씨 1,200℃까지 상승하면서 방호벽이 녹아내렸고, 마침내 핵연료가 공기 중으로 확산되기 시작했어요. 지진이 발생한 다음 날부터 1호기, 2호기, 4호기가 수소 폭발을 일으킨 7등급 사고로 인류 역사상 최악의 핵발전소 사고입니다.

왜 일본 정부는 후쿠시마 사고가 난 지 12년이 지난 뒤에야 오염수 방류를 결정했던 걸까요? 사고 당시 헬기로 바닷물을 퍼 올려 발전소에 들이붓던 장면이 뉴스를 통해 보도되었어요. 더 이상의 연쇄 폭발을 막기 위해서였어요. 사고 이후에도 계속 냉각수를 붓고 있어요. 사고가 난 지 10년도 훌쩍 넘었는데 왜 아직도 냉각수를 붓고 있냐고요? 원자로 내부가 어떤 상태인지는 지금까지 확인조차 못 하고 있기 때문이지요. 방사능 농도가 너무 높아 접근이 어렵거든요. 인간은 말할 것도 없고 로봇 조차도요. 2022년 기준, 방사능 오염수는 137만 톤에 이르고 있어요. 2023년 방류를 결정하기 전까지는 발생한 오염수를 탱크에 담아 저장하고 있었어요. 그런데 이 과정에 들이는 비용을 줄일 생각을 한 거죠. 알프스라 불리는 다핵종 제거 시설을 통해서 오염수에서 방사성 물질을 걸러 내고, 앞으로 30년에 걸쳐 이것을 바다로 흘려보낼 계획을 일본 정부는 하고 있어요. 당시 우리나라 정부와 언론조차 알프스를 거쳤으니 안전하다고 말했습니다. 우리나라 야당 의원과 관련 전문가들이 일본으로 가서 직접 시료를 채취해서 안전 여부를 판단하고자 했으나 일본 정부는 자기들이 채취한 시료만 제시했어요. 이건 공정한 시료 채취라 볼 수 없어요. 투명하지 않은 정보 공개예요. 비밀은 위험합니다.

체르노빌 핵발전소에 약 570톤의 핵연료가 남아 있는 것으로 보고되는데, 우크라이나 정부는 이 핵연료를 제거하는 데 적어도

100년이 소요될 것으로 예상해요. 이때 100년이라는 것은 산술적인 숫자가 아니라 언제 끝나게 될지 예측할 수 없는 긴 기간을 뜻하는 걸로 해석되고 있어요. 후쿠시마 원자로에는 체르노빌 핵발전소보다 2배 많은 1,001톤가량의 핵연료와 폐기물이 있는 걸로 알려져 있어요. 그렇다면 일본 정부의 말처럼 30년은 불가능한 숫자 아닐까요? 우리의 후손의 후손의 후손에 이르기까지 바다가 오염수를 계속 받아들이게 된다면 해양 생태계는 온전할까요? 일부 사람들은 알프스로 처리했는데 왜들 호들갑이냐고도 해요. 과학이라는 것은 불변의 진리가 아닙니다. 언제든 반론이 제기되고 증명된다면 뒤집힐 수 있는 게 과학 이론입니다. 우리가 알지 못하는 방사성 물질도 얼마든 있을 수 있어요. 알프스를 통과한 방사성 물질이 이후에 발견된다면 그때 어떡할까요?

게다가 일본은 1993년 러시아가 방사성 폐기물 900톤을 블라디보스토크 연해에 버렸을 때 "방사능 스시를 먹게 됐다"면서 주일 러시아 대사관을 찾아가 격렬하게 항의했고, 정부가 외교 경제 채널을 총동원해 초강경 대응에 나섰던 나라입니다. "바다는 방사성 쓰레기장이 아니다!"라 외치며 국제해양법상 방사성 폐기물을 바다에 버리지 못하도록 하는 규정을 강화한 당사국이에요. 당사국에서 규정을 어기는 나라로 입장을 바꾼 일본을 어떻게 생각해야 할까요? 일본은 1945년 히로시마와 나가사키에 핵폭탄이 투하된 큰 상처가 있는 나라입니다. 비키니 환초의 수소폭탄 실험의 피해국이기도 하고요. 역사에서 교훈을 얻지 못한 이들에게 비극은 반복된다는 사실을 우리는 타산지석 삼아야겠습니다.

생각해 보기

• 후쿠시마 핵발전소 사고 말고도 5등급 이상의 핵발전소 사고에는 또 어떤 게 있는지 알아보자.

대한민국

새만금으로 새들의 밥상을 걷어차고 얻은 것은?

#간척 사업

"새만금의 광활한 간척지는 21세기 번영을 기약하는 땅이 될 것입니다."

1991년 새만금 방조제 사업을 시작하는 착공식에서 당시 대통령이었던 노태우 씨는 이렇게 21세기를 내다보았어요. 그리고 19년 후인 2010년 4월 27일에 완공되었어요. 새만금 방조제 사업은 우리나라의 지도를 바꾸는 단군 이래 최대 간척 사업이었습니다. 이 사업은 1971년 박정희 정부 때 농업개발사업계획에서 시작된 사업으로, 애당초 목표는 갯벌을 매립해서 농지를 만드는 것이었어요. 당시 우리나라의 농업 비중이 무척 높았고, 인구가 늘어나는 상황이어서 영토 확장이 필요하다는 게 이유였어요. 그러나 1991년 새만금 방조제 사업을 착공하던 무렵 우리나라 주요 산업은 이미 제조업을 지나 서비스업으로 변하던 때였어요. 본래 농지를 만들겠다는 목적은 이후 산업과 관광, 경제 등이 어우러진 복합 공간을 조성하는 것으로 계속 바뀌었습니다. 현재는 동북아 경제 중심지와 글로벌 경제 특구를 조성하는 것이 목적이라고 합니다.

새만금 방조제 사업을 시작하겠다는 발표가 나오면서 국내는 물론이고 국제적인 환경 단체, 생태학자들까지 반대했어요. 방조제로 막히기 전 드넓은 갯벌은 수많은 철새들이 이동하는 동아시아대양주 이동 경로의 중간 기착지였거든요. 장거리를 이동하는 도요새, 물떼새는 월동지인 호주와 뉴질랜드를 떠나 북극권으로 날아가 번식하는데요. 이곳 갯벌은 철새 이동의 중간지로, 새들이 쉬고 먹이를 먹으며 힘을 얻어 다시 날아갈 수 있게 돕는 매우 요긴한 곳이었어요. 이동 경로에 무려 22개국이 있으나 가장 중요한 쉼터가 바로 새만금 갯벌이었던 거죠. 이를 알고 있던 국내외 수많은 환경을 생각하는 사람들이 갯벌을 사라지게 하는 방조제 건설에 반대하는 건 너무나 당연했습니다. 단지 새들만을 위한 반대는 아니었어요. 이곳은 김제시에 거전항, 심포항을 비롯해서 부안군, 군산시에 걸쳐 11개 항구가 있을 만큼 어업이 활성화되었던 곳이었어요. 수많은 사람들이 갯벌과 인근 바다에 기대어 살아왔던 거지요. 갯벌이 매립되면서 이 항구는 모두 사라졌어요. 갯벌은 육상의 오염수를 걸러 바다로 내보내는, 말하자면 정수기 역할을 합니다. 비가 많이 내릴 때는 물을 담아 두는 완충지 역할도 하고요. 방조제 안쪽에 만들어진 새만금호는 물이 드나

들지 못하면서 미세조류가 번성하며 썩고 있어요. 환경 단체들은 바닷물을 유통시켜서 수질을 개선하라 요구했습니다. 수질이 크게 악화되자 담수호로 만들려던 애당초 계획을 변경해서 바닷물을 유통시키고 있어요. 새만금호 내부에는 인공 구조물이 많은 데다 수온이 높아지면서 플랑크톤도 많아졌어요. 결국 해파리가 서식하기 좋은 최적의 조건으로 바뀌면서 해파리가 집중적으로 발생하고 있어요. 새만금호 내에 사정이 이렇다 보니 정부에서 4조 원이 넘는 예산을 투입해서 수질을 개선하고 있어요.

새만금 아래쪽에 위치한 고창 갯벌은 유네스코 세계 자연유산으로 등재된 한국의 갯벌 가운데 한 곳입니다. 고창 어민들은 새만금 사업을 시작할 당시만 해도 고창에는 피해가 있을 거라 생각을 못 했는데 30년이 지난 지금은 심각한 피해를 겪고 있다고 한목소리로 이야기합니다. 고창에서 생산되는 바지락은 전국 바지락 생산량의 절반을 차지해요. 그런데 어업이 날로 어려워지면서 젊은 어민들이 많이 떠났다고 합니다.

새만금 갯벌에 와서 쉬던 수많은 새들은 어떻게 되었을까요? 붉은어깨도요는 방조제 완공 전까지 새만금에서 8만여 마리가 관찰되었지만 최근에는 수백 마리밖에 보이질 않아요. 2007년 새만금을 찾아왔던 붉은어깨도요 중 93%가 한꺼번에 몰살당한 것으로 추정하고 있어요. 전 세계 동시 조사를 통해 개체 수를 파악한 결과, 새만금에서 굶어 죽은 개체 수가 과장이 아닌 것으로 확인되었고요. 붉은어깨도요는 환경부 지정 멸종 위기 2급 생물이에요. 새만금 방조제 사업을 단군 이래 최대 생태 학살이라고 환경 단체들이 분노하는 까닭입니다.

역시 유네스코 세계 자연유산 갯벌 가운데 한 곳인 서천 갯벌 바로 아래에 수라 갯벌은 방조제 사업을 비껴간 운 좋은 갯벌입니다. 그런데 이곳에 새만금 신공항을 건설할 계획을 하고 있어요. 사실 한국의 갯벌이 유네스코 세계 자연유산으로 등재될 당시 새만금 갯벌 간척으로 연결된 서해안 갯벌이 자연성을 유지할 수 있겠느냐는 지적을 심사 과정에서 많이 받았어요. 그러나 우리 정부가 개발 중심의 갯벌 정책을 보전 중심으로 전환하겠다는 의지를 밝혀 조건부로 세계 자연유산에 등재가 이루어진 겁니다. 그런데 이런 약속과 배치되게 갯벌에 공항 건설이라니요? 더구나 2024년 12월 29일에는 수라 갯벌에서 멀지 않은 곳에 위치한 무안공항에서 조류 충돌에 의한 항공기 사고가 발생했습니다. 179명이 목숨을 잃는 참사였어요. 수라 갯벌의 환경 영향을 조사한 결과 무안공항의 총위험도보다 무려 134배에서 최대 610배나 높은 결괏값이 나왔어요.

1991년부터 2023년까지 이 지역에서 어업이 줄면서 잃어버린 값어치를 16조 원으로 추정하고 있어요. 2024년 전라북도 전체 예산이 8조 원인 걸 생각하면 2배에 달하는 어마어마한 경제적 손실을 입은 거지요. 가만두었더라면 새도 사람도 그냥 그렇게 살아오고 있었을 갯벌을 22조가 넘는 사업비를 들여서 과연 누가 행복해진 걸까요? 당시 대통령의 말처럼 번영을 기약하는 땅이 되었을까요? 새들의 밥상을 걷어차고, 지역 주민들의 생계를 뒤엎으며 우리가 얻은 건 뭘까요? 오랜 세월 자연은 그곳에 가장 적절한 형태의 지형을 만들어 왔어요. 남극과 그린란드의 빙하가 빠르게 녹는 등 극지방의 변화로 해수면 상승 속도가 급격히 진행될 경우 방조제는 과연 바닷물을 끝까지 막아 낼 수 있을까요? 어떤 선택이 지금 이 순간 최선일지 우리의 지혜를 모아야 하지 않을까 싶습니다.

생각해 보기

• 우리나라에서 가장 심각하게 생각하는 환경문제를 10개 골라 이야기해 보자.

마치며

"세계적으로 생각하고
지역적으로 행동하라."

     후쿠시마 사고 이후 일본 정부가 방사능 오염수를 바다에 방류하기로 결정하면서 바다를 공유하고 있는 우리나라 수산물에 비상이 걸렸어요. 삼면이 바다로 둘러싸인 우리나라 근해에서 잘 잡혀 국민 생선으로 불리던 고등어는 이제 저 멀리 노르웨이에서 수입해서 먹기 시작했고요. 고등어뿐 아니라 갈치, 문어, 새우 등에 이르기까지 오랜 시간 우리 밥상에 올라 익숙했던 먹을거리의 원산지가 반드시 우리 앞바다가 아니라는 사실은 뭔가 찜찜합니다. 먹을거리의 이동 거리가 길어지고 있는 만큼 탄소 배출도 비례해서 증가할 테니까요. 아이러니한 것은 탄소 배출이 증가하면서 온난화로 해수 온도가 상승했고, 그로 인해 우리나라 앞바다에서 많이 잡히던 생선이 급감하면서 수입하게 되었는데 이에 따라 또다시 탄소 배출이 증가하고 있다는 거예요. 더욱 놀라운 건 노르웨이와 인근 나라의 앞바다에서 고등어가 많이 잡히기 시작한 것 역시 해수 온도 상승과 관련이 깊다는 사실입니다. 한편, 우리의 식탁을 풍요롭게 하고 우리 입맛을 즐겁게 해 주느라 감비아를 비롯한 서아프리카 앞바다는 텅 비고 남아시아의 맹그로브 숲은 빠르게 사라지며 어업으로 생계를 잇던 지역 사람들의 삶이 막막해지고 있어요.

유럽을 시작으로 아프리카, 건조 아시아, 남아시아를 지나 남아메리카에 이르는 글로벌 사우스를 비롯해서 전 지구적으로 벌어지고 있는 여러 환경, 생태 문제를 살펴보았어요. 그저 물건이나 식재료에 있는 원산지 표기만으로는 그곳에서 어떤 일이 벌어지는지 제대로 알기 어렵습니다. 남반구 나라들은 북반구 나라들보다 적어도 30~40년 이상 먼저 기후로 인한 재난에 직면해 있지요. 이미 환경, 생태 문제에 일찍 직면하고 다양한 해법을 모색 중인 유럽과 북미 대륙의 사례는 본보기로 삼기에 충분합니다. 그런데 북반구 여러 나라의 긍정적인 사례를 소개하는 게 한편 불편합니다. 남반구 나라들로 여러 오염 산업을 옮긴 덕분에 그들이 여유 있게 긍정적인 대안을 논할 수 있는 게 아닌가 하는 생각이 들기 때문이지요. 그러나 이유야 어떻든 대안은 필요하고, 앞서 실천하는 사례를 벤치마킹할 필요 또한 있는 거라 소개했습니다.

책을 쓰느라 자료를 찾으며 놀라웠던 건 아프리카 대부분 나라에서 일회용 비닐봉지 사용을 금지하고 있다는 사실이었어요. 자연과 공존하며 살려는 노력, 기후 재난을 극복하기 위해 오랜 전통의 지혜에서 가져온 해법들에 귀 기울일 필요가 있을 것 같아요. 전 지구적으로 벌어지는 여러 문제와 대안을 살펴보는 까닭은 돌고 돌아 결국 내가 발을 딛고 선 우리 땅에서 우리는 어떤 삶을 살 것인지 구체적인 아이디어를 얻을 수 있기 때문입니다.

2024년 계엄령이 선포되고 6개월의 시간 동안 다양한 시민의 목소리가 터져 나왔어요. 농민들이 트랙터를 몰고 서울로 올라오기도 했는데요. 당시 국회를 통과한 양곡관리법에 대통령 권한대행이 거부권을 행사했기 때문입니다. 양곡관리법이란 간단히 말하면 남는 쌀을 정부가 매입하고, 양곡 가격이 평년 가격 아래로 하락하면 차액을 정부가 지급한다는 내용입니다. 언뜻 보면 농민만을 위한 정책 같지만 결국 우리가 곡식을 안정적으로 공급받을 수 있는 기본 장치가 양곡관리법이지요. 세계 곳곳에서 벌어지고 있는 기후 문제로 인해 물이 부족해지고 농사나 어업이 예년 같지 않은 현실을 다양한 사례로 살펴보았어요. 기후 위기로 벌어질 가장 큰 재난은 결국 식량 문제입니다. 우리 식탁을 풍성하게 해 주는 수많은 식재료의 원산지를 따지는 것을 넘어, 그곳에서 벌어지는 수많은 환경문제에도 관심을 두게 할 계기를 마련하고 싶었습니다.

학창 시절 가장 재미없던 과목이 지리였어요. 이번에 책 작업을 하는 동안 제 평생 가장 많이 지도를 들여다보았던 것 같아요. 구글 맵(Google Maps)을 켜 놓고 지구 곳곳의 나라들을 찾아보며 세계 지리에 흥미가 생긴 건 이번 책 작업에서 얻은 큰 성과입니다. 지리에 환경 이야기가 곁들여진다면 훨씬 입체적인 지리 공부가 되지 않을까 싶습니다. 내 삶이 지구 곳곳에 살고 있는 이들의 삶과 얼마나 가깝고도 촘촘히 연결되어 있는지 아는 일, 남반구 어딘가에 살아가는 존재에 대해 상상하는 일은 깊은 사유의 길을 열어 줍니다. 부디 이 책이 사유의 길로 가는 길에 길동무가 되길 바랍니다.

지구의 벗(Friends of the Earth), '의제 21(Agenda 21)' 등에서 슬로건으로 채택하며 유명해진 문장이 있어요. 도시 계획가이면서 환경 운동가이기도 했던 패트릭 게디스부터 환경 운동가인 데이비드 브라우어, 역시 환경 운동가이자 생물학자였던 르네 뒤보스 그리고 사회학자이자 신학자였던 자크 엘륄에 이르기까지 많은 이가 지향했던 문장입니다. 어디에 적용해도 훌륭하고 멋진 그 문장으로 이 책이 담고 있는 의미를 대신합니다. "세계적으로 생각하고 지역적으로 행동하라."

참고자료

PART 1_ 유럽과 러시아

- 책 《지구의 마지막 숲을 걷다》, 벤 롤런스 저, 노승영 역, 엘리, 2023.
- 기사 정석준, "세네갈 갈치·노르웨이 고등어…업계는 '대체 품종 확보 전쟁' [수산물 지도가 바뀐다]", 헤럴드경제, 2024.09.08.
- 기사 이득홍, "영국서 3년 만에 사료 원인으로 추정되는 광우병 발생", 돼지와사람, 2024.05.12.
- 책 《프리온》, D.T 맥스 저, 강병철 역, 꿈꿀자유, 2022.
- 기사 송기호, "'광우병 촛불'을 비웃는 이들에게", 경향신문, 2021.08.04.
- 기사 곽상은, "'사지 말고 고쳐 입자'…수선비 보조금까지 주는 프랑스", SBS NEWS, 2024.05.19.
- 기사 "Pfand: How Germany plans to expand its bottle deposit scheme in 2024", THE LOCAL de, 2023.08.18.
- 웹 https://www.recycling-pfand.at/ruecknahme-automat.html
- 기사 Katharine Viner, "Hunger stones, wrecks and bones: Europe's drought brings past to surface", The Guardian, 2022.08.19.
- 기사 김진호, "가뭄의 암울한 증거 '헝거 스톤' 속출…신음하는 지구촌", YTN 사이언스, 2022.08.22.
- 기사 "[글로벌 현장] 핀란드 순환경제 Case Study", Triplelight, 2023.06.29.
- 기사 Simon Johnson, "Sweden's north frets over financial risks as green boom stumbles", Reuters, 2024.12.19.
- 영화 그레타 스토클라소바, 〈키루나: 새로운 세상〉, 2019.
- 기사 송평인, "스페인 온실농업의 재앙", 동아일보, 2011.05.31.
- 기사 홍영선, "스페인 스마트 팜 현황", KOTRA, 2019.08.30.
- 기사 곽노필, "우주에서 봐도 선명한 '플라스틱 지구'", 한겨레, 2022.04.15.
- 기사 Nacho Sánchez, Rafa Burgos, Virginia Vadillo, "La España que sigue asfixiada por la falta de lluvias: 'Estamos sobreviviendo, poco más'", EL PAIS, 2025.01.22
- 기사 Inge, "Cycling the Dutch way: Priority rules, fines, and signs", HOLLAND2STAY, 2024.11.19.
- 웹 https://www.government.nl/topics/bicycles/bicycle-policy-in-the-netherlands
- 기사 Catherine Mack, "Embracing the etiquette of cycling in the Netherlands", The Natural Adventure, 2024.05.07.
- 기사 김나용, "등산로 폐쇄되고 스키장 문닫고…알프스, 유럽 폭염에 '직격탄'", 뉴스트리, 2022.08.01.
- 기사 박소희, "자연온도계 알프스 산액 빙하 무너져…6명 사망", MBC 뉴스, 2022.07.04.
- 기사 이재영, "나는 녹색차가 필요 없다'… 세르비아 리튬광산 개발을 둘러싼 이면", 임팩트온, 2024.08.23.
- 기사 신창용, "유럽 최대 세르비아 리튬 광산 개발 프로젝트 재개된다", 연합뉴스, 2024.07.17.
- 기사 김현민, "흑해가 바다 되고 보스포루스 해협이 생긴 사연", 아틀라스, 2019.11.14.
- 웹 https://archive.aramcoworld.com/ko/issue/201402/bosporus.strait.between.two.worlds.htm
- 기사 최경숙, "체르노빌 핵발전소 사고, 벨라루스의 비극", 환경운동연합, 2014.04.25.
- 기사 주벨라루스대사관, "벨라루스의 체르노빌 원전사고 피해 극복 노력" 주벨라루스 대한민국 대사관, 2016.03.05.

PART 2_ 아프리카

- 기사 이회경, "'생명의 나무' 바오밥 나무도 기후변화에 쓰러졌다 [월드이슈]", 세계일보, 2019.01.01.
- 기사 세드릭 구베뇌르, "탄자니아 정부가 마사이족을 추방하는 이유", 르몽드 디플로마티크, 2023.04.28.
- 기사 윤신영, "야생동물 천국' 세렝게티, 인간 활동으로 몸살", 동아사이언스, 2019.03.29.
- 기사 카일 브라운, "물고기를 약탈당하는 아프리카", 르몽드 디플로마티크, 2019.02.28.
- 기사 김영미, "세계는 왜 굶주리는가", 주간경향, 2021.12.06.
- 기사 박병률, "분쟁'이 기아를 만든다", 경향신문, 2021.12.20.
- 기사 황규득, "해적과 내전의 나라, 소말리아는 왜 실패했을까", 서울대총동창신문, 2022.07.
- 기사 김재율, "[기자수첩] 식민지 독립 국가의 비극을 보여주는 소말리아 내전", 팝콘뉴스, 2023.04.26.
- 기사 김현민, "아프리카 흑인왕국⑧…카톨릭 국가 콩고왕국", 아틀라스, 2020.10.27.
- 기사 Ed Holt, "New survey nearly doubles Grauer's gorilla population, but threats remain", MONGABAY, 2021.06.22.
- 기사 로드리그 나나 응가삼, "실패한 '민주콩고' 국민의 64년 수난사", 르몽드 디플로마티크, 2024.05.31.
- 기사 이정애, "나이지리아의 '검은 눈물' 기름유출 정화 30년 걸릴 듯", 한겨레, 2011.08.05.
- 기사 김덕훈, "[글로벌 리포트] '방치된 재앙', 나이저 델타가 사라진다", KBS 뉴스, 2017.03.11.
- 기사 구정은, "나이지리아의 석유채굴권 환수…식민지 그늘 벗어나 탈탄소까지?", 한겨레, 2024.02.24.
- 기사 최윤필, "독재-석유 자본에 맞섰던 켄 사로위와", 한국일보, 2015.11.10.
- 기사 David Pilling, "Could T-shirts be the way to industrialise an African nation?", Financial Times, 2024.08.28.
- 기사 신웅재, "전자 쓰레기 처리장의 대명사", 시사IN, 2018.01.08.
- 기사 표경희, "우리가 쓰다 버린 물건은 왜 가난한 나라에 도착하나요?", EBS NESW, 2021.08.26.
- 기사 정상훈, "광고에 낚였다! 우리가 소비한 패스트패션의 실체는?", 그린피스, 2024.12.02.
- 기사 Peter Yeung, "Ivory Coast law could see chocolate industry 'wipe out' protected forests", The Guardian, 2019.10.16.
- 기사 지통가 네제루, "코코아가 화석 연료를 대체할 수 있을까?", BBC NEWS 코리아, 2021.07.06.
- 기사 한예란, "값싼 초콜릿 시대 끝났다…'코코아 쇼크'와 가난한 농부들[딥다이브]", 동아일보, 2024.02.24.
- 기사 이안 어비나, "감비아, 썩은 생선 냄새를 쫓아서", 르몽드 디플로마티크, 2021.05.31.
- 기사 박차영, "세네갈 강 소유권을 두고 세네갈-모리타니 분쟁", 아틀라스, 2020.06.13.

기사 남종영, "'방사능 낙진' 황사 날아오듯 반나절만에 한반도에 우수수", 한겨레, 2011.04.27.
- 기사 어기선, "[역사속 경제리뷰] 우크라이나 초르노젬(흑토)", 파이낸셜 리뷰, 2022.10.04.
- 책 《흙의 시간》, 후지이 가즈미치 저, 염혜은 역, 늘와, 2017.
- 기사 박재항, "[박재항의 反轉 커뮤니케이션] 전쟁과 굶주림을 이긴 반전", MADTIMES, 2022.02.28.
- 기사 신유리, "식량학자 바빌로프를 아시나요', 연합뉴스, 2012.01.03.
- 책 《바빌로프》, 피터 프링글 저, 서순승 역, 휴머니스트, 2011.

- 기사 Èlia Borràs, "'We water, rest, water': the green belt of vegetable plots cooling a city", The Guardian, 2025.02.06.
- 기사 "[물의 도전] 사막화로 빠르게 고갈되는 차드호", 아틀라스, 2019.04.19.
- 기사 김율현, "카스피해, '바다'일까 '호수'일까…주변국들 해법은?", 한겨레, 2018.08.13.
- 기사 유헌민, "에티오피아 나일강 상류 대형 댐 담수 완료…이집트 반발", 연합뉴스, 2023.09.11.
- 기사 송영찬, "홍해 막혔는데 기후변화 악천후까지…해상 운임 두 배 뛰었다", 한국경제, 2024.05.24.
- 기사 김상훈, "수에즈운하, 선박 좌초사고 발생장소 물길 더 넓고 깊게", 연합뉴스, 2022.02.16.
- 기사 정의길, "강풍 속 과속이 수에즈 운하 화물선 사고 원인", 한겨레, 2021.05.31.

PART 3_ 서남아시아 · 중앙아시아

- 기사 이회용, "이슬람 라마단은 왜 갈등의 씨앗이 됐을까?", 민들레, 2024.03.03
- 기사 "Middle East becoming more aware of food waste impact, survey shows", Arabian Business, 2018.06.06.
- 기사 "Residents in UAE, Egypt and KSA take action to reduce food waste", ZAWYA, 2018.06.06
- 기사 김미향, "19억 무슬림 인구, '그린 라마단' 실천한다면 어떤 일?", 한겨레, 2023.04.18.
- 기사 멀린 토마스, 바이브케 베네마, "사우디 사막에 건설중인 친환경 미래 도시, 누구를 위한 도시인가?", BBC NEWS 코리아, 2022.02.23.
- 기사 박종원, "네옴시티 신기루였나…사우디정부 고문도 '사업 축소·연기'", 파이낸셜뉴스, 2024.06.24.
- 기사 김기범, "철새 보호 위한 국제회의에서 '러시아 규탄 결의안'이 채택된 이유", 경향신문, 2022.11.17.
- 기사 하채림, "난민 비극 일깨운 '꼬마 쿠르디', 구조선 이름으로 남아", 연합뉴스, 2019.02.12.
- 기사 앤드류 하딩, "영불 해협에서의 죽음…14세 소년은 왜 죽음의 길에 올랐을까", BBC NEWS 코리아, 2024.01.29.
- 기사 이정아, "[포토] 난민 어린이 '리틀 아맘', 우크라 동심을 위로하다", 한겨레, 2022.05.12.
- 기사 "세계 4대 호수 아랄해의 비극", 환경운동연합, 2010.12.25.

PART 4_ 남아시아 · 동남아시아

- 기사 김학재, "파키스탄, '숨막히는' 대기오염에 첫 인공강우 시도", KBS 뉴스, 2023.12.17.
- 기사 박병수, "최악 대기오염 휴교령' 파키스탄, 인도에 환경 대화 요청", 한겨레, 2024.11.05.
- 기사 자히드 후세인, "기후위기 통신원 Ⅰ 눈 앞에서 히말라야 빙하가 무너지는 모습을 보았어요…", 그린피스, 2023.07.24.
- 기사 이영애, "막대한 홍수 피해 파키스탄 장관 '기후변화 일으킨 선진국이 배상해야'", 동아사이언스, 2022.09.05.
- 기사 하종훈, "[글로벌 인사이트] 소 잡으면 종신형…인도 농축산업 망하겠소", 서울신문, 2017.12.04.
- 기사 이유경, "소 자경단 테러 배후는 집권 인도국민당?", 시사IN, 2017.06.01.
- 기사 이해영, "소 신성시하는 인도, 실은 세계 최대 소고기 수출국", 연합뉴스, 2017.04.24.
- 기사 아르카나 슈클라, "산업 재해: 인도 '죽음의 공장'의 실태", BBC NEWS 코리아, 2022.09.05.
- 기사 베네딕트 마니에, "새로운 '세계의 공장'이 나타났는가?", 르

몽드 디플로마티크, 2024.07.31.
- 기사 김서영, "최악 대기오염에 빛바랜 태국 '북방의 장미' 치앙마이…'경치 안 보여' 호텔 예약률 반토막", 경향신문, 2023.04.11.
- 기사 강중훈, "태국인 90% '미세먼지 문제 우려'…첫 대기오염전문병원도 설립", 연합뉴스, 2023.12.18.
- 보고서 "[월간경제변화] 시민 건강 위협하는 심각한 대기 오염 대기질 개선 위해 힘쓰는 아세안 각국", EMERiCs(신흥지역정보 종합지식포털), 2025.01.09.
- 기사 "태국 제당소가 불에 탄 사탕수수 구매를 줄이면서 스모그가 걷히고 있습니다", THE nation, 2025.01.28.
- 기사 마일리스 키데르, "기후 변화의 위기, 베트남 쌀을 위협하다", 르몽드 디플로마티크, 2024.12.31.
- 기사 조홍섭, "쓰레기 매립 해상 인공섬 추진 논란", 한겨레, 2007.02.14.
- 웹 https://www.vietnam.vn/singapore-chay-dua-de-cuu-dao-rac-thien-duong
- 기사 허경주, "세계 최악 필리핀 해양 쓰레기 문제, 다국적 기업이 가장 큰 책임", 한국일보, 2024.08.22.
- 기사 천권필, "필리핀에 쌓인 한국산 쓰레기산…'매일 밤 연기 치솟는다'", 중앙일보, 2019.12.04.
- 기사 정의길, "인구 1천만의 자카르타 가장 빨리 침수 전망…'2050년이면 잠겨", 한겨레, 2018.08.13.
- 기사 민은주, "일할수록 빚만 늘어' 인도 면화농장 아동·강제노동 만연", 한국섬유산업, 2021.01.09.
- 기사 강경윤, "자카르타 관통하는 '쓰레기 강' 충격", 서울신문, 2012.07.26.
- 기사 이후림, "핏빛 공포' 염료 폐기물 흐르는 인도네시아 찌다룸 강", 뉴스펭귄, 2022.05.31.
- 기사 이정희, "운동화 제작 과정 추적해보니…흥미롭고 놀랍네요", 오마이뉴스, 2018.08.29.
- 기사 김경희, "말레이, '오랑우탄 외교' 수정…'선물하되 원서식지서 보존'", SBS 뉴스, 2024.08.20.

PART 5_ 오세아니아

- 기사 "산호가 동물이었다? 산호초에 대한 (거의) 모든 것", 그린피스, 2020.09.14.
- 기사 Michelle Duff, "New Zealand rushes vaccination of endangered birds before deadly strain of H5N1 bird flu arrives", The Guardian, 2024.08.22.
- 기사 구정은, "(1) 태평양의 '콜라 식민지'", 경향신문, 2015.10.01.
- 기사 "사이클론 팸으로 인해 바누아투 어린이 60,000명이 위기에 처했습니다", 유니세프, 2015.03.30.
- 기사 최우리, "바누아투, 국제사법재판소에 '기후변화 권리' 의견 구해", 한겨레, 2021.09.28.

PART 6_ 남아메리카 · 중앙아메리카

- 기사 이후림, "사막의 비극? 우주서도 보이는 거대한 옷무덤", 뉴스펭귄, 2023.06.21.
- 기사 김정수, "에콰도르 '자연권 헌법' 버금갈 '환경 헌법' 만들어질까", 한겨레, 2018.01.09
- 기사 이수연, "세계 최초' 헌법재판소에서 해안의 권리 인정한 나라", 뉴스펭귄, 2025.01.21.
- 기사 최소라, "[과학도시] 갈라파고스 제도! 진화론의 성지…생태계 보호 시급", YTN 사이언스, 2023.07.17.
- 기사 "Pollution Turns Argentina Lake Bright Pink", VOA, 2021.07.25.
- 기사 김지헌, "서울 고지대에 케이블카가 생긴다면…콜롬비아에서 본 도시재생", 연합뉴스, 2019.07.15.

- 기사 이승민, "'어머니 지구에도 권리를!' 법 제정 나서는 볼리비아", 기후변화행동연구소, 2011.04.21
- 웹 https://www.nationalgeographic.co.kr/news.php?mgz_seq=274&aseq=100494
- 기사 신기섭, "생물 다양성 보고인 브라질 열대 초원, 파괴 가속화", 한겨레, 2022.01.04.
- 기사 김잔디, "지난해 브라질 화재 피해, 남한의 3배 규모…전년보다 79% 증가", YTN, 2025.01.23.
- 기사 Akola Thompson, "The Guiana Shield, the 'greenhouse of the world'", MONGABAY
- 기사 Gloria Dickie, "Gold mining spreads mercury to tropical birds, study says", Reuters, 2023.11.01.
- 논문 Paul E Ouboter, Gwendolyn Landburg, Gaitrie U Satnarain, Sheryl Y Starke, Indra Nanden, Bridget Simon-Friedt, William B Hawkins, Robert Taylor, Maureen Y Lichtveld, Emily Harville, Jeffrey K Wickliffe, "Mercury Levels in Women and Children from Interior Villages in Suriname, South America", ⟨Int J Environ Res Public Health⟩, 2018.05.17.
- 논문 Paul E Ouboter, Gwendolyn A Landburg, Jan H M Quik, Jan H A Mol, Frank van der Lugt, "Mercury Levels in Pristine and Gold Mining Impacted Aquatic Ecosystems of Suriname, South America", 2021.06.06.
- 기사 인교준, "남미 최대금광 잡은 中…쯔진광업, 수리남 로즈벨광산 인수", 연합뉴스, 2023.02.03.
- 기사 엘렌 페라리니, "금광에 눈이 먼 수리남의 권력자들", 르몽드 디플로마티크, 2022.09.30.
- 기사 이정호, "트럼프 눈독' 파나마 운하 진짜 문제는 이상기후", 경향신문, 2025.02.17.
- 기사 윤원섭, "글로벌 물류 동맥, 파나마 운하 '최악 가뭄'으로 통과 선박 수 제한…'엘니뇨로 더 악화 우려", greenium, 2023.08.29
- 기사 윤원섭, "파나마 최대 수원 '가툰 호수' 염도 증가·외래종 유입…'원인은 운하 물 재사용 조치 때문?'", greenium, 2024.03.22.
- 기사 Patrick Greenfield, "'Sweet City': the Costa Rica suburb that gave citizenship to bees, plants and trees", The Guardian, 2020.04.29
- 기사 권홍우, "사탕수수 농장의 북소리…생 도밍그 혁명", 서울경제, 2016.08.22.
- 기사 Rashmee Roshan Lall, "Haiti to plant millions of trees to boost forests and help tackle poverty", The Guardian, 2013.03.28.
- 웹 https://www.terraformation.com/blog/biodiversity-restoration-haiti?utm_source=chatgpt
- 기사 Adri Salido, "Is circular migration a solution to the crisis at the US border? Guatemala provides a clue", The Guardian, 2024.09.19.
- 웹 https://www.worldbank.org/en/country/guatemala/overview
- 기사 Anne Vigna, "Mayan forest concessions in Guatemala: A model for combating deforestation", Le Monde, 2024.09.02.
- 기사 다니엘 파르도, "'멕시코 역사상 첫 여성 대통령이 된 과학자' 클라우디아 셰인바움은 누구?", BBC NEWS 코리아, 2024.06.04.
- 기사 Dalila Castro Fontanella, "쿠바: 기후 위기에 맞서 농업을 다시 생각하다", WFP, 2024.03.26.

PART 7_ 북아메리카 · 극지방

- 기사 "최근 주목받고 있는 美 캘리포니아주의 '친환경' 법안 주요 내용", KITA(한국무역협회), 2021.11.26.

- 기사 Jayrne Moye & Jayme Moye, "The Ancient Tree Hunter", patagonia, 2021.07.01.
- 기사 Leyland Cecco, "Photography campaign shows the grim aftermath of logging in Canada's fragile forests", The Guardian, 2020.12.02
- 기사 '트럼프, 미국-캐나다 송유관 사업 '키스톤 프로젝트' 재개 촉구", KITA(한국무역협회), 2025.02.26.
- 기사 조문희, "트럼프는 왜 그린란드에 눈독 들일까", 경향신문, 2025.01.08.
- 기사 채제우, 홍준기, "'안 판다'…트럼프에 No라고 말하는 그린란드 사람들", 조선일보, 2025.01.25.
- 기사 구정은, "인류의 방주' 노르웨이 스발바르 종자보관소에 들어온 '100만번째 씨앗", 경향신문, 2020.02.26.
- 기사 지속가능 바람, "남극 반도의 온도가 내려갔다는 연구가 나타났다", 르몽드 디플로마티크, 2016.08.23.
- 기사 이정호, "어찌 이런 일이…온난화가 남극서 동시다발 화산폭발 부른다고?", 경향신문, 2025.01.12.

PART 8_ 동아시아

- 기사 기욤 피트롱, "지구를 파괴하는 디지털", 르몽드 디플로마티크, 2021.09.03.
- 기사 구자용, "몽골에 닥친 기후재난 '조드'…추위와 가뭄 눈 겹쳐 710만 가축 아사", 뉴시스, 2024.06.12
- 논문 ⟨IPCC 제6차 평가보고서⟩
- 웹 KOTRA 울란바토르 무역관(https://www.kotra.or.kr/ulanbaatar/index.do)
- 기사 김지연, "세계 최대 반도체 생산국 대만, 물 보호조치 발표…'100년만의 가뭄 또 찾아올까'", greenium, 2023.03.31
- 기사 조지원, "[토요워치] 가뭄·한파에…반도체도 水난시대", 서울경제, 2021.05.28.
- 기사 곽재훈, "野 '일본은 러 핵폐기물 투기 때 항의' vs 與 '역사 호도", 프레시안, 2023.08.31.
- 기사 김정민, "새만금은 4번이나 망한 사업…상시 해수유통 요구하는 목소리 커져", 부안독립신문, 2024.06.30.
- 기사 김윤정, "새만금 어디에서 와서 어디로 가는가…해수유통 논쟁과 새만금의 본질", 전북일보, 2024.10.13.

기타 참고자료

- 책 ⟨무역의 세계사⟩, 윌리엄 번스타인 저, 박홍경 역, 라이팅하우스, 2019.
- 책 ⟨인섹타겟돈⟩, 올리버 밀먼 저, 황선영 역, 블랙피쉬, 2022.
- 책 ⟨지리의 힘⟩, 팀 마샬 저, 김미선 역, 사이, 2016.
- 책 ⟨기계의 신화 1⟩, 루이스 멈포드 저, 유명기 역, 아카넷, 2013.
- 책 ⟨기계의 신화 2⟩, 루이스 멈포드 저, 김종달 역, 경북대학교출판부, 2012.
- 책 ⟨거대한 전환⟩, 칼 폴라니 저, 홍기빈 역, 도서출판 길, 2009.
- 책 ⟨침묵의 봄⟩, 레이첼 카슨 저, 김은령 역, 에코리브르, 2024(개정증보판).
- 책 ⟨휴머니즘의 옹호⟩, 머레이 북친 저, 구승회 역, 민음사, 2002.
- 책 ⟨프로메테우스의 금속⟩, 기욤 피트롱 저, 양영란 역, 갈라파고스, 2021.
- 책 ⟨뉴 맵⟩, 대니얼 예긴 저, 우진하 역, 리더스북, 2021.
- 책 ⟨유한 계급론⟩, 소스타인 베블런 저, 김성균 역, 우물이있는집, 2012.
- 논문 ⟨Nature(2023)⟩ DOI: https://doi.org/10.1038/d41586-023-02729-9